U0325978

21 世纪全国高职高专土建立体化系列规划教材

建筑力学与结构

主　编　　陈水广

副主编　　陈世宁　杨　艳　张少坤

主　审　　王二磊

北京大学出版社
PEKING UNIVERSITY PRESS

内 容 简 介

本书根据新形势下高职高专建筑工程类专业教学改革的要求，采用"任务驱动、项目化教学"的理念组织全书内容。全书共分为 9 个项目，主要内容有建筑结构材料认识、建筑结构设计方法应用、静定平面桁架计算、钢筋混凝土受压构件计算、钢筋混凝土受弯构件计算、预应力混凝土构件认识、砌体结构房屋认识、钢筋混凝土结构房屋设计简介、钢结构认识。

本书采用全新体例编写。每个项目都包含教学目标、教学要求、引例、预备知识和若干个工作任务等，在每个项目中将抽象的力学理论知识融入实际结构构件的计算中。本书针对职业教育的特点，做到理论知识适用、够用，专业技能实用、管用，密切联系实际。

本书既可作为高职高专院校建筑工程类相关专业的教材和指导书，也可作为土建施工类及工程管理类各专业执业资格考试的培训教材，还可为备考从业和执业资格考试人员提供参考。

图书在版编目(CIP)数据

建筑力学与结构/陈水广主编. —北京：北京大学出版社，2012.8
（21 世纪全国高职高专土建立体化系列规划教材）
ISBN 978 - 7 - 301 - 20988 - 2

Ⅰ. ①建⋯ Ⅱ. ①陈⋯ Ⅲ. ①建筑科学—力学—高等职业教育—教材②建筑结构—高等职业教育—教材 Ⅳ. ①TU3

中国版本图书馆 CIP 数据核字(2012)第 163134 号

书　　　　名：	建筑力学与结构
著作责任者：	陈水广　主编
策 划 编 辑：	王红樱　赖　青
责 任 编 辑：	刘健军
标 准 书 号：	ISBN 978 - 7 - 301 - 20988 - 2/TU・0251
出　版　者：	北京大学出版社
地　　　　址：	北京市海淀区成府路 205 号　100871
网　　　　址：	http://www.pup.cn　http://www.pup6.cn
电　　　　话：	邮购部 62752015　发行部 62750672　编辑部 62750667　出版部 62754962
电 子 邮 箱：	pup_6@163.com
印　刷　者：	河北滦县鑫华书刊印刷厂
发　行　者：	北京大学出版社
经　销　者：	新华书店
	787 毫米×1092 毫米　16 开本　16.75 印张　384 千字
	2012 年 8 月第 1 版　　2012 年 8 月第 1 次印刷
定　　　　价：	32.00 元

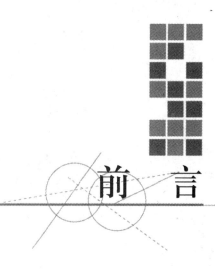

前　言

　　本书为北京大学出版社"21世纪全国高职高专土建立体化系列规划教材"之一。为适应21世纪职业技术教育发展需要，必须进一步深化对传统的教学模式和教学方法的改革，从而培养出能够满足社会需求的职业技能人才。本书是基于工作工程的项目化教学改革，对于提高职业教育人才培养的质量必将产生积极而深远的影响。

　　"建筑工程与力学"是建筑工程类专业的一门重要专业基础课，编者通过长期的教学改革实践和深入调查研究，依据高职教育"培养生产第一线技术应用型人才"和"实用性、针对性、先进性"的教育特点，优化教材结构，整合教材内容，采用全新体例编写了本书。

　　本书结构新颖，突出重点，内容深入浅出，简明实用；以基本构件的受力类型为主线，将抽象的力学理论知识融入实际结构构件的计算。

　　编者编写本书的目标是使学生掌握建筑力学与结构的基本理论、基本知识、基本技能，为学生后续专业课学习打下坚实基础。

　　编者推荐总学时数为96学时，教师可根据不同的使用专业灵活安排学时。学生应重点学习本书项目1～项目5，选学其他内容。

　　本书由武汉电力职业技术学院陈水广担任主编，武汉船舶职业技术学院陈世宁、长江工程职业技术学院杨艳、湖北水利水电职业技术学院张少坤担任副主编，全书由陈水广负责统稿。编写分工为：陈水广编写项目1、3、6，陈世宁编写项目5、9，杨艳编写项目2、4，张少坤编写项目7、8。武汉理工大学设计研究院设计所所长、研究生导师、国家一级注册结构工程师王二磊博士对本书进行了审读，并提出了很多宝贵意见，在此表示衷心的感谢！

　　本书在编写过程中，参考和引用了国内外大量文献资料，在此谨向原书作者表示感谢。由于编者水平有限，本书难免存在不足和疏漏之处，敬请各位读者批评指正。

编　者

2012年4月

目　录

项目 1　建筑结构材料认识 ………… 1

　　任务 1.1　建筑钢材强度指标选取 …… 7

　　任务 1.2　混凝土强度指标选取 …… 15

　　任务 1.3　砌体材料强度指标选取 … 17

　　小结 ……… 24

　　习题 ……… 24

项目 2　建筑结构设计方法应用 …… 26

　　任务 2.1　结构极限状态的认识 …… 34

　　任务 2.2　某教学楼楼面荷载效应值
　　　　　　　计算 ……… 43

　　小结 ……… 48

　　习题 ……… 48

项目 3　静定平面桁架计算 ……… 50

　　任务 3.1　静定平面桁架计算概述 … 55

　　小结 ……… 59

　　习题 ……… 59

项目 4　钢筋混凝土受压构件计算 … 61

　　任务 4.1　某宾馆轴心受压柱的计算 … 66

　　任务 4.2　某钢筋混凝土框架柱的
　　　　　　　计算 ……… 79

　　小结 ……… 91

　　习题 ……… 91

项目 5　钢筋混凝土受弯构件计算 … 93

　　任务 5.1　钢筋混凝土矩形截面梁
　　　　　　　承载力计算 ……… 107

　　任务 5.2　钢筋混凝土 T 形截面梁
　　　　　　　承载力计算 ……… 126

　　任务 5.3　钢筋混凝土受弯构件斜截面
　　　　　　　承载力计算 ……… 129

　　任务 5.4　钢筋混凝土受弯构件裂缝及
　　　　　　　变形验算简介 ……… 136

　　小结 ……… 143

　　习题 ……… 144

项目 6　预应力混凝土构件认识 …… 145

　　任务 6.1　预应力施加 ……… 149

　　任务 6.2　预应力混凝土构件设计 … 150

　　小结 ……… 152

　　习题 ……… 153

项目 7　砌体结构房屋认识 ……… 154

　　任务 7.1　砌体结构的受力分析——
　　　　　　　静力计算方案确定 ……… 160

　　任务 7.2　砌体房屋的构造要求 …… 164

　　任务 7.3　砌体房屋其他构件简介 … 171

　　小结 ……… 176

　　习题 ……… 176

**项目 8　钢筋混凝土结构房屋设计
　　　　　简介** ……… 178

　　任务 8.1　框架结构设计简介 ……… 183

　　任务 8.2　剪力墙结构设计简介 …… 194

　　任务 8.3　框-剪结构设计简介 …… 199

　　小结 ……… 202

　　习题 ……… 203

项目 9　钢结构认识 ……… 204

　　任务 9.1　钢结构的结构原理认识 … 211

　　任务 9.2　钢结构连接认识 ……… 217

　　任务 9.3　钢结构构件及钢屋盖
　　　　　　　认识 ……… 227

　　任务 9.4　钢梁承载力计算 ……… 231

　　小结 ……… 253

　　习题 ……… 253

参考文献 ……… 255

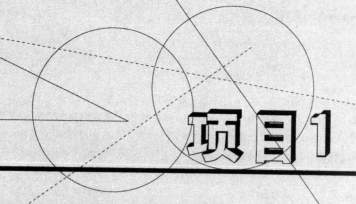

项目1

建筑结构材料认识

教学目标

熟悉各类建筑结构材料的性能，能正确查取材料的强度指标，会选用建筑结构材料。

教学要求

知 识 要 点	能 力 要 求	相 关 知 识	所占分值 （100分）
建筑钢材	查取强度指标、选用材料	钢材的强度、变形、选用	40
混凝土	查取强度指标、选用材料	混凝土的强度、变形、选用	40
砌体材料	查取强度指标、选用材料	砌体材料的分类、特点、应用	20

引例1

全球著名杂志《时代》周刊"历数"世界上看似"岌岌可危"的奇险建筑，北岳恒山悬空寺进入该杂志"法眼"。2010年12月，在《时代》周刊公布的全球十大最奇险建筑中，悬空寺与"全球倾斜度最大的人工建筑"阿联酋首都阿布扎比市的"首都之门"、希腊米特奥拉修道院、意大利比萨斜塔等国际知名建筑同列榜中，引起国内外广泛关注。

悬空寺(图1.1)位于山西省浑源县北岳恒山金龙峡翠屏峰的悬崖峭壁间，始建于北魏后期，迄今已有一千五百多年的历史，是国内现存最早、保存最完好的高空木构摩崖建筑，也是国内唯一真正儒、释、道三教合一的独特古建筑，早在1982年就被国务院公布为首批国家级重点文物保护单位，为恒山十八景中"第一胜景"。

图1.1 山西恒山悬空寺

独特的建筑特色和令人匪夷所思的古代人类智慧使悬空寺这一古老华夏文明的奇葩熠熠生辉。整座寺院上载危崖，下临深谷，背岩依龛，以"奇、险、巧、奥"为基本特色，体现在建筑之奇、结构之巧、选址之险、文化多元、内涵深奥，建寺初衷可谓超常脱俗，实为世界一绝。40间殿楼的分布对称中有变化，分散中有联络，曲折回环，虚实相生，小巧玲珑，布局紧凑，错落相依。整体格局既不同于平川寺院的中轴突出，左右对称，也不同于山地官观依山势逐步升高，而是巧依崖壁凹凸，审形度势，顺其自然，凌空而构。远望，悬空寺像一幅玲珑剔透的浮雕，镶嵌在万仞峭壁间；近看，殿阁撑掇大有凌空欲飞之势，令人叹为观止。古代劳动人民究竟倾注了怎样的智慧才得以成就这一集建筑学、力学、美学、宗教学等为一体的伟大建筑，至今仍吸引着众多的学者、观瞻者们探究、求索的目光。

此次上榜的全球十大最奇险建筑中，建造年代较早的意大利比萨斜塔修建于公元1173年，德国利希腾斯坦城堡始建于11世纪，而建造于南北朝时期北魏的悬空寺比之早了700多年。尤其悬空寺历经一千五百多年风雨、地震等灾害的侵袭，竟保存完好，的确是华夏文明的奇迹。

山下有块巨石，上凿李白所书"壮观"二字。悬空寺何止是壮观，这座千年古刹实是世界木结构建筑的奇迹。深埋在崖壁上的许多横梁才是寺院承重的主体，为此带来一连串的疑问，梁木为何历千年而不腐朽？退一步说，就算它不腐烂，可我们知道，木材也难免热胀冷缩，打入岩孔的梁木千百年来经无数次的胀和缩，岂能保证它不松脱？再者，木结构建筑怕雨又怕晒，何况历经一千五百年雨打日晒，为何能避免风化作用？

然而，建于一千五百年前的悬空寺巍然屹立在我们眼前却是不争的事实。种种疑问经过专家考证后才能一一解开。

横梁是承重的主构件，解决横梁问题就大有学问，首先其木料用的是不易腐烂的铁杉，又经桐油煮熬，再上数次漆，防腐防霉做到了极致。木材当然也会热胀冷缩，怎么至今一点不松脱？为探究这千年之谜，有关专家曾试图拉出一根看个究竟。没能成功，就是拉不动。后从有关资料获知，石孔深1m，也即横梁入孔1m，打梁入岩孔前，在孔底置一个三角形木楔，又在横梁入岩孔顶端开一缝隙，打入时对准木楔，全部进后，木楔使横梁末端张开，从而使其与岩石紧紧咬合，这跟我们日常所用膨胀螺栓是一个原理,所以怎么也拔不出来。

　　在悬崖峭壁上建寺,布局势必横排,从东边往西看,翠屏峰的这一面向内凹进,有如手掌的凹处,悬空寺就建在这里,下雨时,雨帘挂在寺前,自然损害不了木构件,而内收的弧形,每天日照仅数小时,也就避免了暴晒。

　　20世纪90年代中期,曾有41位德国友人到寺,正兴致勃勃问这问那,不料忽然地动山摇,大小石块纷纷从山顶落下,轰轰乱响,眼前灰蒙蒙一片,将中外游客吓得胆战心惊,晕头转向。惊恐万状之际,只见那些石块从眼前坠落,一块也砸不到游客,也无损寺院建筑,为什么?就因为悬空寺建在山坡凹处,从山顶落下的石块砸不着它。还因为悬空寺为木结构,它的梁柱衔接全为榫卯结构,寺院建筑摇晃时那些榫卯结构吸收了地震的能量。这次地震为6.2级,且悬空寺距震中仅60km,附近民房毁坏数千间,而悬空寺毫发无损,安然无恙。

引例2

　　赵州桥(图1.2)是石拱桥,它不仅是我国而且也是世界上现存最早、保存最完整的巨大石拱桥,对世界后代的桥梁建筑有着十分深远的影响,特别是拱上加拱的"敞肩拱"的运用,更为世界桥梁史上的首创。在欧洲,最早的敞肩拱桥为法国在亚哥河上修造的安顿尼铁路石拱桥和在卢森堡修造的大石桥,但它比中国的赵州桥已晚了1100多年。

图1.2　赵州桥

　　古代宗教教堂为了体现出神灵的神圣威严,教堂尽可能做得高大。由于局限于当时的建筑材料仅为砖或者石料,门洞和穹顶大多采用拱券结构(图1.3)。

图1.3　教堂

虽然建筑材料发展突飞猛进，现代大跨度结构中也不乏采用拱形结构，如图1.4所示。

赵州桥、教堂、钢管混凝土拱桥虽出现于不同历史时期，但是有着惊人相似的结构形式。

图1.4 钢管混凝土拱桥

 案例小结

建筑结构是指在建筑物(包括构筑物)中由建筑材料做成，用来承受各种荷载或者作用，以起骨架作用的空间受力体系。建筑结构虽然经历了漫长的发展过程，但至今仍生机勃勃，不断发展。特别是近年来，在设计理论、材料、结构等方面都得到了迅猛发展。

建筑结构因所用的建筑材料不同，可分为木结构、砌体结构、混凝土结构、钢结构等。

 预备知识

建筑是供人们生产、生活和进行其他活动的房屋或场所。建筑物中由若干构件(如板、梁、柱、墙、基础等)相互连接而成的，能承受荷载和其他间接作用(地基不均匀沉降、温度变化、混凝土收缩、地震等)的体系称为建筑结构。建筑结构在建筑中起骨架作用，是建筑的重要组成部分。

建筑结构按所用的材料不同可分为木结构、砌体结构、混凝土结构、钢结构等类型。

1. 木结构

以木材为主制作的结构称为木结构。木结构以梁、柱组成的构架承重，而由砖、石、木材等多种材料组成的墙体主要起填充、防护作用。木结构建筑具有自重轻、构造简单、施工方便等优点。

木结构是我国最早应用的建筑结构。早在新石器时代末期(4500～6000年前)就出现了木架建筑和木骨泥墙建筑。应县木塔是中国现今绝无仅有的最高、最古老的重楼式纯木结构塔(图1.5)，位于山西省朔州市应县县城内西北角的佛官寺院内，建于辽清宁二年(公元1056年)，金明昌六年(公元1195年)增修完毕。全塔高67.31m。据考证，在近千年的岁月中，应县木塔除经受日夜、四季变化、风霜雨雪侵蚀外，还遭受了多次强地震袭击，仅烈度在五度以上的地震就有十几次。中国工程院院士叶可明和江欢成认为，保证木塔千年不倒的原因从结构力学的理论上来看是因为木塔的结构非常科学合理，卯榫咬合，刚柔相济，这种刚柔结合的特点有着巨大的耗能作用，这种耗能减震作用的设计甚至超过现代建筑学的科技水平。

现代由于木材资源的缺乏，加上木材有易腐蚀、耐久性差、易燃等缺陷，单纯的木结构已极少采用。

2. 砌体结构

砌体结构是用块材(包括砖、石材、砌块等)通过砂浆砌筑而成的结构。砌体结构根据所用块材的不同，又可分为砖结构、石结构和砌块结构。

砌体结构(图1.6)的主要优点是容易就地取材、造价低廉、良好的耐火性和耐久性、施工工艺简单。所以在建筑中广泛应用，主要应用于多层住宅、办公楼等民用建筑承重结构；在中小型工业厂房及框架

图 1.5　应县木塔

结构中常用砌体作围护结构。其缺点是自重大、强度低、抗震性能差、砌筑劳动强度大、不能适应建筑工业化的要求，有待进一步改进和完善。

图 1.6　砌体结构施工

 特别提示

　　传统的砌体结构房屋大多采用黏土砖建造，黏土砖的用量十分巨大，黏土砖需用黏土制造，毁坏农田，影响农业生产。近年来，为响应国家节约耕地的号召，逐步实现禁用黏土砖，砌体结构材料应大力发展新型墙体材料，如加气混凝土砌块、蒸压粉煤灰砖、蒸压灰砂砖、混凝土多孔砖等，这些材料来源广泛，易于就地取材和废物利用。

　　3. 混凝土结构

　　主要以混凝土为材料组成的结构称为混凝土结构(图 1.7)，混凝土结构包括素混凝土结构、钢筋混凝土结构和预应力混凝土结构。其中钢筋混凝土结构应用最为广泛。

图1.7 混凝土结构施工

混凝土结构有如下优点。

(1) 易于就地取材。在混凝土结构的组成材料中，用量较大的石子和砂往往容易就地取材，有条件的地方还可以将工业废料制成人工骨料应用，有利于降低工程造价。

(2) 耐久性好。钢筋被混凝土包裹而不致锈蚀，只要保护层厚度适当，混凝土结构就能保持良好的耐久性。若处于侵蚀性的环境中，可以适当选用水泥品种、外加剂及增大保护层厚度，以满足工程要求。

(3) 耐火性好。混凝土是不良热导体，遭受火灾时，混凝土起隔热作用，使钢筋不致很快达到软化温度而造成结构破坏。对于承受高温作用的结构还可选用耐热混凝土。

(4) 可模性好。新拌和未凝固的混凝土是可塑的，可根据工程需要制成各种形状的构件，这给合理选择结构形式及构件断面提供了方便。

(5) 刚度大、整体性好。相对于砌体结构，钢筋混凝土现浇结构的整体性较好，有利于抗震、抗爆及结构变形控制。

(6) 强度大、节约钢材。混凝土结构合理地应用了材料的性能，在一定条件下可以代替钢结构，达到节约钢材、降低造价的目的。

混凝土结构有如下缺点。

(1) 结构自重大。不利于大跨度、高层结构。

(2) 抗裂性较差。在正常使用时往往带裂缝工作。

(3) 一旦损坏修复比较困难。

(4) 施工工序多、受季节环境影响较大。

钢筋混凝土结构的缺点使其应用范围受到某些限制。但是随着科学技术的发展，上述缺点已在一定程度上得到了克服和改善。如采用轻质混凝土可以减轻结构自重，采用预应力混凝土可以提高结构或构件的抗裂性能，采用植筋、粘钢、粘碳纤维布等加固技术可以较好地对局部损坏的混凝土结构或构件进行修复。

 特别提示

钢筋和混凝土是两种不同性质的材料，它们之所以能共同工作的原因如下。

(1) 混凝土硬化后，钢筋和混凝土之间存在粘结力，使两者之间能传递力和变形。粘结力是使这两种不同性质的材料能够共同工作的基础。

(2) 钢筋和混凝土两种材料的温度线膨胀系数接近，钢筋为 1.2×10^{-5}。混凝土为 $(1.0 \sim 1.5) \times 10^{-5}$，所以当温度变化时，钢筋和混凝土的粘结力不会因两者之间过大的相对变形而破坏。

(3) 钢筋被混凝土包裹着，从而使钢筋不会因大气的侵蚀而生锈。

4. 钢结构

钢结构是指以钢材为主制作的结构。钢结构的应用正日益增多，尤其是在高层建筑及大跨度结构(屋架、网架、悬索等结构)中。

钢结构有如下优点。

(1) 强度高，自重轻。钢材与其他材料相比，在同样的受力条件下，钢结构用材料少，故结构自重轻。

(2) 塑性好，韧性强。钢材的塑性好指破坏前有较大的变形，易于被发现。钢材的韧性强指对动力荷载的适应性强，具有良好的吸能能力，抗震性能优越。

(3) 材质均匀，和力学计算的假定较为符合，可靠度高。

(4) 密封性好。钢结构采用焊接连接后可以做到安全密封，能够满足气密性和水密性要求高的压力容器、油罐和管道等结构的要求。

(5) 便于工厂生产，机械化程度高，工期短。

(6) 无污染、可再生、节能、安全，符合建筑可持续发展的原则。

钢结构有如下缺点。

(1) 钢材价格昂贵。

(2) 耐腐蚀性差，易锈蚀，需经常维护，故维护费用高。

(3) 钢结构在低温条件下可能发生脆性断裂。

(4) 耐火性差，高温软化。当温度达到 500℃时，钢结构会完全丧失承载能力而崩溃。美国9·11被撞的双子塔楼就是因为客机燃油爆炸产生的高温使钢框架软化，导致结构坍塌的(图 1.8)。

图 1.8 9·11 事件中的双子塔楼

任务 1.1 建筑钢材强度指标选取

1.1.1 混凝土结构用钢筋

1. 钢筋的种类

在钢筋混凝土结构中使用的钢筋品种很多，主要有两大类：一类是有明显屈服点的钢筋，如热轧钢筋；另一类是无明显屈服点的钢筋，如钢丝、钢绞线及热处理钢筋。

按外形分，钢筋可分为光面钢筋和变形钢筋两种。变形钢筋有带肋钢筋（人字纹、螺旋纹、月牙纹）、刻痕钢丝和钢绞线，如图 1.9 所示。

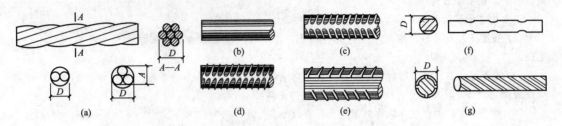

图 1.9　钢筋的类型

(a) 钢绞线；(b) 光面钢筋；(c) 人字纹钢筋；(d) 螺旋纹钢筋；(e) 月牙纹钢筋；
(f) 刻痕钢丝；(g) 螺旋肋钢丝

按钢筋的加工方法又可将其分为热轧钢筋、热处理钢筋、冷加工钢筋、钢丝、钢绞线等。

热轧钢筋是由低碳钢、普通低合金钢在高温状况下轧制而成的，属于软钢。

热处理钢筋是将特定的热轧钢筋再通过加热淬火和回火等调质工艺处理的钢筋。处理后，强度有较大提高，但塑性有所降低，经处理后的钢筋的应力—应变曲线上不再有明显的屈服点。

钢筋冷加工方法有很多，如冷拉、冷拔，冷加工后的钢筋强度会提高，塑性会降低。冷拉是在常温下将热轧钢筋张拉，使其超过屈服点进入强化段，然后再放松钢筋；冷拔钢筋是将热轧光面钢筋用强力拔过比其直径小的硬质合金模具，冷拔后强度有较大幅度的增长，但塑性降低很多。

冷轧带肋钢筋是采用普通低碳钢或低合金钢热轧圆盘条为母材，经冷轧后在其表面形成具有三面或两面月牙形横肋的钢筋。

钢丝的直径为 4～10mm，钢丝的外形有光面、刻痕、月牙肋及螺旋肋几种，而钢绞线为绳状，由 2 股、3 股或 7 股钢丝捻制而成。钢丝和钢绞线一般用作预应力混凝土结构的钢筋。

2．钢筋的力学性能

1）有明显屈服点的钢筋

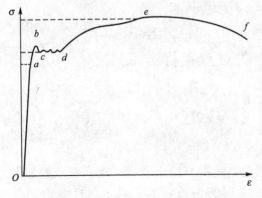

图 1.10　有明显屈服点钢筋的 σ-ε 曲线

图 1.10 所示为有明显屈服点钢筋拉伸时的应力—应变曲线（σ-ε 曲线），在拉伸的初始阶段（图中 a 点以前），应力与应变成正比例地增长，应力与应变之比为常数，称为弹性模量，即 $E_s = \sigma/\varepsilon$。a 点对应的应力为比例极限，oa 段称为弹性阶段。

当应力超过比例极限（a 点）后，应变的增长速度大于应力的增长速度，当达到 b 点时，应变急剧增加，而应力基本不变，钢筋发生显著的、不可恢复的塑性变形，一般取屈服下限 c 点的应力作为屈服强度，这是钢筋强度的设计依据，cd 段称为屈服阶段。

当钢筋塑性流动到一定程度后(图中 d 点)，应力—应变曲线又呈上升形状，曲线最高点(图中 e 点)的应力称为极限抗拉强度(抗拉强度)，de 段称为强化阶段。

当钢筋应力达到抗拉强度后，在试件的薄弱处发生颈缩现象，变形迅速增加，应力随之下降，最后直至拉断(图中 f 点)，ef 段称为颈缩破坏阶段。

屈强比为钢筋屈服强度与极限强度的比值，反映了钢筋的强度储备。GB 50010—2010《混凝土结构设计规范》规定，按一、二级抗震等级设计的各类框架，当采用普通钢筋配筋时，要求按纵向受力钢筋检验所得的强度实测值确定的屈强比不应大于 0.8。

钢筋除满足强度要求外，还应具有一定的塑性变形能力，通常用伸长率和冷弯性能指标衡量钢筋的塑性。钢筋拉断后的伸长值与原长的比率称为伸长率，伸长率大的钢筋在拉断前有足够的变形预兆，延性较好。伸长率按式(1-1)确定：

$$\delta = \frac{l_1 - l}{l} \qquad (1-1)$$

式中　δ——伸长率；

　　l_1——拉断时的钢筋长度；

　　l——钢筋原长。

冷弯性能是指钢筋在常温下承受弯曲变形的能力。冷弯试验是将直径为 d 的钢筋绕弯芯直径 D 弯曲到规定的角度 a(冷弯角度)，如图 1.11 所示。通过检查被弯曲后的钢筋试件是否发生裂纹、鳞落或断裂来判断合格与否，弯芯的直径 D 越小，弯转角越大，说明钢筋的塑性越好。国家标准规定了各种钢筋必须达到的伸长率和冷弯时相应的弯芯直径和冷弯角度的要求。有关参数可参照相应的国家标准。

屈服强度、抗拉强度、伸长率和冷弯性能是检验有明显屈服点钢筋的 4 项主要力学性能指标，对于无明显屈服点的钢筋只测定后 3 项。

2) 无明显屈服点的钢筋

无明显屈服点钢筋拉伸时的 σ-ε 曲线如图 1.12 所示。从图中可见，这类钢筋没有明显的屈服点，伸长率小，塑性差，破坏时呈脆性。

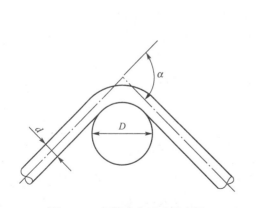

图 1.11　钢筋冷弯试验示意图

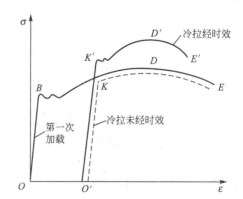

图 1.12　钢筋冷拉的 σ-ε 曲线

大约在极限抗拉强度的 65% 以前，σ-ε 关系为直线，此后，钢筋表现出塑性性质，曲线最高点对应的应力称为极限抗拉强度。对于这类钢筋，如预应力钢丝、钢绞线和热处理钢筋，GB 50010—2010 规定在构件承载力设计时，取极限抗拉强度的 85% 作为条件屈服点，加载至该点后对应的残余应变为 0.2％，钢筋强度的取值为 $0.85\sigma_b$，称为条件屈服强度，σ_b 为国家标准规定的极限抗拉强度。钢筋的伸长率、冷弯性能的概念与有明显屈服点的钢筋相同。

3. 钢筋的强度指标

GB 50010—2010 规定钢筋强度的标准值应具有不小于 95％ 的保证率。热轧钢筋的强度标准值按屈服强度确定，符号为 f_{yk}；热轧钢筋的强度标准值与设计值应按表 1－1 采用。预应力钢绞线和钢丝的强度标准值根据极限强度确定，符号为 f_{ptk}，见表 1－2。

表 1－1　普通钢筋强度标准值、设计值和弹性模量　　　　单位：MPa

种　类		符号	普通钢筋强度			钢筋弹性模量
			标准值 f_{yk}	设计值 f_y	设计值 f_y'	
热轧钢筋	HPB 235(Q235)	Φ	235	210	210	2.1×10^5
	HRB 335(20MnSi)	Φ	335	300	300	2.0×10^5
	HRB 400(20MnSiV，20MnSiNb，20MnTi)	Φ	400	360	360	2.0×10^5
	RRB 400(20MnSi)	$Φ^R$	400	360	360	2.0×10^5

表 1－2　预应力钢筋强度标准值、设计值和弹性模量　　　　单位：MPa

种　类		符号	直径 d/mm	预应力钢筋强度			钢筋弹性模量 E_s
				标准值 f_{ptk}	设计值 f_{py}	设计值 f_{py}'	
钢绞线	1×3	$Φ^S$	8.6、10.8	1860、1720、1570	1320	390	1.95×10^5
			12.9	1720、1570	1220 1110		
	1×7		9.5、11.1、12.7	1860	1320		
			15.2	1860、1720	1220		
消除应力钢丝	光面螺旋肋	$Φ^P$	4、5	1770、1670、1570	1250	410	2.05×10^5
		$Φ^H$	6	1670、1570	1180		
			7、8、9	1570	1110		
	刻痕	$Φ^I$	5、7	1570	1110		
热处理钢筋	40Si₂Mn	$Φ^{HT}$	6	1470	1040	400	2.0×10^5
	48Si₂Mn		8.2				
	45Si₂Cr		10				

4. 钢筋的冷加工

钢筋的冷加工是指在常温下采用某种工艺对热轧钢筋进行加工而得到的钢筋。常用的工艺有冷拉、冷拔、冷轧与冷轧扭 4 种。冷加工的目的主要是为了提高钢筋的强度和节约钢材，但经冷加工后的钢筋虽然强度提高了，但塑性明显降低。

1）钢筋的冷拉

冷拉是用超过屈服强度的应力对热轧钢筋进行拉伸。如图 1.12 所示，当拉伸到 K 点（$\sigma_k > f_y$）后卸载，其卸荷曲线为 KO'（$KO' /\!/ BO$），卸荷后的残余变形为 OO'。此时如立即对钢筋再次拉伸，则应力—应变曲线将是 $O'KDE$，即弹性模量不变，但屈服点提高至 K 点，说明钢筋的强度提高了，但没有出现流幅，尽管极限破坏强度没有变，但延性降低了，如图 1.12 中的虚线所示。如果停留一段时间后再进行张拉，则应力—应变曲线沿着 $O'KK'D'E'$ 变化，屈服点从 K 又提高到 K' 点，即屈服强度进一步提高，且流幅较明显，这种现象称为时效硬化。

特别提示

对需要焊接的钢筋应先焊好再进行冷拉，因为焊接时产生的高温会使钢筋软化（强度降低、塑性增加）；冷拉只能提高钢筋的抗拉强度而不能提高钢筋的抗压强度，一般不采用冷拉钢筋作受压钢筋；由于钢筋冷拉后塑性降低、脆性增加，故不得用冷拉钢筋制作吊环。

2）钢筋的冷拔

冷拔是将钢筋用强力拔过比其直径小的硬质合金模具。在冷拔的过程中，钢筋受到纵向拉力和横向压力的作用，其内部晶格发生变化，截面变小而长度增加，钢筋强度明显提高，但塑性则显著降低，且没有明显的屈服点（图 1.13）。冷拔可以同时提高钢筋的抗拉强度和抗压强度。

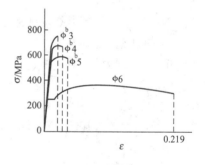

图 1.13　冷拔对钢筋 σ-ε 曲线的影响

5. 钢筋的选用

钢筋混凝土结构及预应力混凝土结构的钢筋应按下列规定选用。

（1）钢筋混凝土结构中的钢筋和预应力混凝土结构中的非预应力钢筋宜优先采用 HRB400 级和 HRB335 级钢筋，以节省钢材，也可以采用 HPB235 级和 RRB400 级热轧钢筋，以及强度级别较低的冷拔、冷轧和冷轧扭钢筋。

（2）预应力钢筋宜采用预应力钢绞线、中高强钢丝，也可以采用热处理钢筋，除此之外，还可以采用冷拉钢筋和强度级别较高的冷拔低碳钢丝和冷轧扭钢筋。

冷加工钢筋固然可以提高强度，但同时也会使钢筋的脆性增加，使钢筋受力后容易发生突然断裂，因此不宜推广使用。为了提高结构构件的质量，应尽量选用强度较高、塑性较好、价格较低的钢材。

1.1.2　钢结构用的钢材

1. 钢材的品种

钢结构用的钢材主要是碳素结构钢和低合金高强度结构钢。

1) 碳素结构钢

碳素结构钢的牌号由字母 Q、屈服点数值、质量等级代号、脱氧方法代号 4 个部分组成。其中 Q 是 "屈" 字汉语拼音的首位字母；屈服点数值有 195、215、235、255、275，以 MPa 为单位；质量等级代号有 A、B、C、D，表示质量由低到高；脱氧方法代号有 F、b、Z、TZ，分别表示沸腾钢、半镇静钢、镇静钢、特殊镇静钢，其中代号 Z、TZ 可以省略不写。钢结构常用的 Q235 钢分为 A、B、C、D 4 级，A、B 两级有沸腾钢、半镇静钢和镇静钢，C 级全部为镇静钢，D 级全部为特殊镇静钢。如 Q235A·F 表示屈服强度为235MPa，A 级，沸腾钢。

2) 低合金高强度结构钢

低合金高强度结构钢是指在冶炼过程中添加一些合金元素，其总量不超过 5% 的钢材，以提高钢材的强度、耐腐蚀性及冲击韧性等。

低合金高强度结构钢一般为镇静钢，钢的牌号中不注明脱氧方法。所以它的牌号只有字母 Q、屈服点数值、质量等级符号 3 个部分。钢的牌号有 Q295、Q345、Q390、Q420、Q460 共 5 种，质量等级有 A 到 E 5 个级别，A、B 级属于镇静钢，C、D、E 级属于特殊镇静钢，A 级无冲击功要求，其他级均有冲击功要求。不同质量等级对碳、硫、磷、铝等含量的要求也有区别。

2. 钢材的规格

钢结构采用的型材有热轧成型的钢板和型钢，以及冷弯(或冷压)成型的薄壁型钢。

1) 热轧钢板

钢板有厚钢板、薄钢板、扁钢(或带钢)之分。厚钢板常用作大型梁、柱等实腹式构件的翼缘和腹板，以及节点板等；薄钢板主要用来制造冷弯薄壁型钢；扁钢可用作焊接组合梁、柱的翼缘板，各种连接板、加劲肋等，钢板用 "—宽×厚×长" 表示，单位为 mm，如 "—800×12×2100"。钢板的供应规格如下。

厚钢板：厚度 4.5～60mm，宽度 600～3000mm，长度 4～12m。

薄钢板：厚度 0.35～4mm，宽度 500～1500mm，长度 0.5～4m。

扁钢：厚度 4～60mm，宽度 12～200mm，长度 3～9m。

2) 热轧型钢

热轧型钢有角钢、工字钢、槽钢、H 型钢、剖分 T 型钢和钢管，如图 1.14 所示。

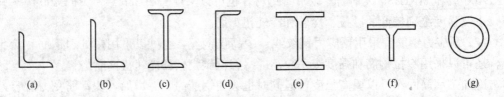

(a)　　　(b)　　　(c)　　　(d)　　　(e)　　　(f)　　　(g)

图 1.14　热轧型钢截面
(a) 等边角钢；(b) 不等边角钢；(c) 工字钢；(d) 槽钢；
(e) H 型钢；(f) 部分 T 型钢；(g) 钢管

角钢分为等边(也叫等肢)的和不等边(也叫不等肢)的两种，主要用来制作桁架等格构式结构的杆件和支撑等连接杆件。角钢型号的表示方法为在符号 "L" 后加 "长边宽×短边宽×厚度"(对不等边角钢，如 L125×80×8)，或加 "边宽×厚度"(对等边角钢，如∟125×8)。目前我国生产的角钢最大边长为 200mm，角钢的供应长度一般为 4～19m。

工字钢有普通工字钢、轻型工字钢和 H 型钢 3 种。普通工字钢的型号用符号"I"后加截面高度的厘米数来表示，20 号以上的工字钢又按腹板的厚度不同分为 a、b 或 a、b、c 等类别，如 I20a 表示高度为 200mm，腹板厚度为 a 类的工字钢。轻型工字钢以符号"QI"加截面高度来表示，单位为 cm，如 QI25。普通工字钢的型号为 10～63 号，轻型工字钢为 10～70 号，供应长度均为 5～19m。

H 型钢与普通工字钢相比，其翼缘板的内外表面平行，便于与其他构件连接。H 型钢的基本类型可分为宽翼缘(HW)、中翼缘(HM)及窄翼缘(HN)3 类。还可剖分成 T 型钢供应，代号分别为 TW、TM、TN。H 型钢和相应的 T 型钢的型号分别为代号后加"高度 H×宽度 B×腹板厚度 t_1×翼缘厚度 t_2"，如 HW400×400×13×21 和 TW200×400×13×21 等。

槽钢有普通槽钢和轻型槽钢两种。适于作檩条等双向受弯的构件，也可用其组成组合或格构式构件。槽钢的型号与工字钢相似，例如 I32a 指截面高度为 320mm，腹板较薄的槽钢。

钢管有无缝钢管和焊接钢管两种。由于回转半径较大，常用作桁架、网架、网壳等平面和空间格构式结构的杆件；在钢管混凝土柱中也有广泛的应用。型号可用代号"D"后加"外径 d×壁厚 t"表示，如 D180×8 等。

3) 冷弯薄壁型钢

采用 1.5～6mm 厚的钢板经冷弯和辊压成型的型材(图 1.15(a)～(i))，和采用 0.4～1.6mm 的薄钢板经辊压成型的压型钢板(图 1.15(j))，其截面形式和尺寸均可按受力特点合理设计，能充分利用钢材的强度、节约钢材，在国内外轻钢建筑结构中被广泛地应用。近年来，冷弯高频焊接圆管和方、矩形管的生产和应用在国内有了很大的进展，冷弯型钢的壁厚已达 12.5mm(部分生产厂可达 22mm，国外为 25.4mm)。

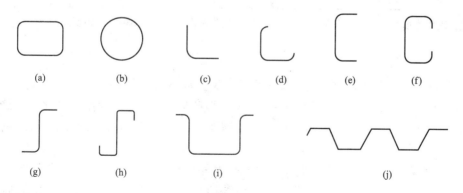

图 1.15　冷弯薄壁型材的截面形式

(a)～(i) 冷弯薄壁型钢；(j) 压型钢板

3. 钢材的强度指标

强度标准值除以材料分项系数 γ_s 即为材料强度设计值，钢材的材料分项系数 γ_s 的取值大约为 1.15。钢材强度设计值根据钢材厚度或直径按表 1-3 采用。

表 1-3 钢材的强度设计值 单位：MPa

钢 材		抗拉、抗压和抗弯 f	抗剪 f_v	端面承压（刨平顶紧）f_{ce}
牌号	厚度或直径/mm			
Q235 钢	≤16	215	125	325
	>16～40	205	120	
	>40～60	200	115	
	>60～100	190	110	
Q345 钢	≤16	310	180	400
	>16～35	295	170	
	>35～50	265	155	
	>50～100	250	145	
Q390 钢	≤16	350	205	415
	>16～35	335	190	
	>35～50	315	180	
	>50～100	295	170	
Q420 钢	≤16	380	220	400
	>16～35	360	210	
	>35～50	340	195	
	>50～100	325	185	

注：表中厚度系指计算点的厚度，对轴心受力构件系指截面中较厚板件的厚度。

4. 钢材的选用

钢材的选用既要确保结构物的安全可靠，又要经济合理，必须慎重对待。为了保证承重结构的承载能力，防止在一定条件下出现脆性破坏，应根据结构的重要性、荷载特征、连接方法、工作环境、应力状态和钢材厚度等因素综合考虑，选用合适牌号和质量等级的钢材。

一般而言，对于直接承受动力荷载的构件和结构（如吊车梁、工作平台梁或直接承受车辆荷载的栈桥构件等）、重要的构件或结构（如桁架、屋面楼面大梁、框架横梁及其他受拉力较大的类似结构和构件等）、采用焊接连接的结构，以及处于低温下工作的结构，应采用质量较高的钢材。对于承受静力荷载的受拉及受弯的重要焊接构件和结构，宜选用较薄的型钢和板材构成；当选用的型材或板材的厚度较大时，宜采用质量较高的钢材，以防钢材中较大的残余拉应力和缺陷等与外力共同作用形成三向拉应力场，引起脆性破坏。

承重结构采用的钢材应具有抗拉强度、伸长率、屈服强度和硫、磷含量的合格保证，对于焊接结构尚应具有含碳量的合格保证。焊接承重结构及重要的非焊接承重结构采用的钢材还应具有冷弯试验的合格保证。

任务 1.2　混凝土强度指标选取

1.2.1　混凝土的强度

混凝土的强度与水泥强度、水灰比、骨料品种、混凝土配合比、硬化条件和龄期等有很大关系。此外，根据试件的尺寸及形状、试验方法和加载时间的不同，所测得的强度也不同。

1. 混凝土的抗压强度

1) 混凝土立方体抗压强度

混凝土立方体抗压强度是衡量混凝土强度大小的基本指标。立方体抗压强度标准值是采用标准试块(边长为 150mm 的立方体)，在标准条件下(温度为 $20 \pm 3℃$，相对湿度在 90% 以上)养护 28 天，依照标准试验方法(中心加载，平均速度为 $0.3 \sim 0.8$MPa/s，试件上下表面不涂润滑剂)测得的具有 95% 保证率的抗压强度，用符号 $f_{cu,k}$ 表示。

混凝土强度等级按立方体抗压强度标准值确定，共 14 个等级，分别为 C15、C20、C25、C30、C35、C40、C45、C50、C55、C60、C65、C70、C75、C80。例如，C40 表示立方体抗压强度标准值为 40N/mm²。其中，C50 及 C50 以上为高强混凝土。

2) 混凝土轴心抗压强度

用棱柱体试件(150mm×150mm×300mm)测定的具有 95% 保证率的抗压强度为混凝土轴心抗压强度标准值，用符号 f_{ck} 表示。

特别提示

实际工程中的混凝土构件高度通常比截面边长大很多，因此，试件采用棱柱体比立方体能更好地反映混凝土结构的实际抗压能力。

2. 混凝土的抗拉强度

混凝土的抗拉强度远小于其抗压强度，一般只有抗压强度的 5%～10%。混凝土轴心抗拉强度标准值用 f_{tk} 表示。

特别提示

混凝土的抗拉强度取决于水泥石的强度和水泥石与骨料的粘结强度，采用表面粗糙的骨料及较好的养护条件可提高抗拉强度。

3. 混凝土的强度指标

混凝土强度设计值等于混凝土强度标准值除以混凝土材料分项系数 γ_c，$\gamma_c = 1.4$。各种强度等级的混凝土强度标准值、设计值列于表 1-4、表 1-5。

表 1-4　混凝土强度标准值　　　　　单位：N/mm²

强度种类	混凝土强度等级													
	C15	C20	C25	C30	C35	C40	C45	C50	C55	C60	C65	C70	C75	C80
f_{ck}	10.0	13.4	16.7	20.1	23.4	26.8	29.6	32.4	35.5	38.5	41.5	44.5	47.4	50.2
f_{rk}	1.27	1.54	1.78	2.01	2.20	2.39	2.51	2.64	2.74	2.85	2.93	2.99	3.05	3.11

表 1-5　混凝土强度设计值和弹性模量　　　　　单位：N/mm²

强度种类	混凝土强度等级													
	C15	C20	C25	C30	C35	C40	C45	C50	C55	C60	C65	C70	C75	C80
f_c	7.2	9.6	11.9	14.3	16.7	19.1	21.1	23.1	25.3	27.5	29.7	31.8	33.8	35.9
f_t	0.91	1.10	1.27	1.43	1.57	1.71	1.80	1.89	1.96	2.04	2.09	2.14	2.18	2.22
弹性模量 $E_c/\times10^4$	2.20	2.55	2.80	3.00	3.15	3.25	3.35	3.45	3.55	3.60	3.65	3.70	3.75	3.80

1.2.2　混凝土的变形

1. 混凝土的收缩与膨胀

混凝土在空气中结硬时体积减小的现象称为收缩；在水中结硬时体积增大的现象称为膨胀。一般情况下混凝土的收缩值比膨胀值大很多，因此，分析研究收缩和膨胀的现象以分析研究收缩现象为主。

混凝土收缩的原因主要是混凝土的干燥失水和水泥胶体的碳化、凝缩，是混凝土内水泥浆凝固硬化过程中的物理化学作用的结果，与力的作用无关。

混凝土的自由收缩只会引起构件体积的缩小而不会产生应力和裂缝。但当收缩受到约束时（如支承的约束、钢筋的存在等），混凝土将产生拉应力，甚至会开裂。

水泥强度等级越高制成的混凝土收缩越大；水泥用量越多、水灰比越大，收缩越大；骨料的级配越好、弹性模量越大，收缩越小；养护时温、湿度越大，收缩越小；构件的体积与表面积比值大时，收缩小。

2. 混凝土的徐变

结构在荷载或应力保持不变的情况下，变形或应变随时间增长的现象称为徐变。徐变对于结构的变形和强度、预应力混凝土中的钢筋应力有重要的影响。

产生徐变的主要原因有：水泥胶凝体在外力作用下产生黏性流动；混凝土内部微裂缝在长期荷载作用下不断发展和增加，从而引起徐变增加。

影响混凝土徐变的主要因素有内在因素、环境影响、应力条件。

混凝土的组成配比是影响徐变的内在因素。骨料的弹性模量越大、骨料的体积比越大，徐变就越小；水灰比越大，水泥用量多，徐变也越大；构件的形状及尺寸、混凝土内钢筋的面积和应力性质对徐变也有不同程度的影响。

养护及使用条件下的温度、湿度是影响徐变的环境因素。养护时温度高、湿度大、水泥水化作用充分，徐变就小。实践证明，采用蒸汽养护可使徐变减小20%～35%；受荷后

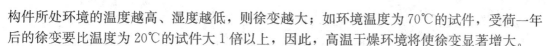

构件所处环境的温度越高、湿度越低，则徐变越大；如环境温度为70℃的试件，受荷一年后的徐变要比温度为20℃的试件大1倍以上，因此，高温干燥环境将使徐变显著增大。

混凝土的应力条件是影响徐变的主要因素。加荷时混凝土的龄期越长，徐变越小，混凝土的应力越大，徐变越大。

　特别提示

混凝土徐变对混凝土构件的受力性能有如下重要影响。

(1) 它将使构件的变形增加，如长期荷载下受弯构件的挠度由于受压区混凝土的徐变可增加一倍。

(2) 在截面中引起应力重分布，如使轴心受压构件中的钢筋压应力增加，混凝土压应力减少。

(3) 在预应力混凝土构件中，混凝土的徐变将引起相当大的预应力损失。

1.2.3 混凝土的选用

钢筋混凝土构件的混凝土强度等级不应低于C15；当采用HRB 335级钢筋时，混凝土强度等级不宜低于C20；当采用HRB 400和RRB 400级钢筋及承受重复荷载的构件，混凝土强度等级不得低于C40。

预应力混凝土构件的混凝土强度等级不应低于C30；当采用钢绞线、钢丝、热处理钢筋作预应力钢筋时，混凝土的强度等级不应低于C40。

任务1.3　砌体材料强度指标选取

1.3.1 砌墙砖

1. 烧结砖

1）烧结普通砖

烧结普通砖是以黏土、页岩、煤矸石、粉煤灰为主要原料，经焙烧而成的普通砖。按主要原料分为烧结黏土砖(符号为N)、烧结页岩砖(符号为Y)、烧结煤矸石砖(符号为M)和烧结粉煤灰砖(符号为F)。

烧结普通砖的外形为直角六面体，公称尺寸是240mm×115mm×53mm，强度指标见表1-6。

表1-6　烧结普通砖的强度等级(GB/T 5101—2003)　　　　单位：MPa

强度等级	抗压强度平均值 $f \geqslant$	变异系数 $\delta \leqslant 0.21$	变异系数 $\delta > 0.21$
		强度标准值 $f_k \geqslant$	单块最小抗压强度值 $f_{min} \geqslant$
MU30	30.0	22.0	25.0
MU25	25.0	18.0	22.0
MU20	20.0	14.0	16.0
MU15	15.0	10.0	12.0
MU10	10.0	6.5	7.5

烧结普通砖是传统墙体材料，主要用于砌筑建筑物的内墙、外墙、柱、烟囱和窑炉。烧结普通砖价格低廉，具有一定的强度、隔热、隔声性能及较好的耐久性。它的缺点是制砖取土、大量毁坏农田、烧砖能耗高、砖自重大、成品尺寸小、施工效率低、抗震性能差等。

在应用时，必须认识到砖砌体的强度不仅取决于砖的强度，而且受砂浆性质的影响。砖的吸水率大，在砌筑中吸收砂浆中的水分，如果砂浆保持水分的能力差，砂浆就不能正常硬化，导致砌体强度下降。为此，在砌筑砂浆时除了要合理配制砂浆外，还要使砖润湿。黏土砖应在砌筑前 1～2 天浇水湿润，以浸入砖内深度 1cm 为宜。

2) 烧结多孔砖

用多孔砖或空心砖代替实心砖可使建筑物自重减轻 1/3 左右，节约原料 20%～30%，节省燃料 10%～20%，且烧成率高，造价降低 20%，施工效率提高 40%，并能改善砖的绝热和隔声性能，在相同的热工性能要求下，用空心砖砌筑的墙体厚度可减薄半砖左右。

一些较发达国家多孔砖占砖总产量的 70%～90%，我国目前也正在大力推广，而且发展很快。

烧结多孔砖是指空洞率等于或大于 15%，孔的尺寸小而数量多的烧结砖。使用时孔洞垂直于受压面，主要用于建筑物承重部位。

其外形尺寸，长度为 290mm、240mm、190mm，宽度为 240mm、190mm、180mm、175mm、140mm、115mm，高度为 90mm。其孔洞尺寸为：圆孔直径不大于 22mm，非圆孔内切圆直径不大于 15mm。手抓孔尺寸为(30～40)mm×(75～85)mm。典型烧结多孔砖规格有 190mm×190mm×90mm（M 型）和 240mm×115mm×90mm（P 型）两种，如图 1.16 所示。

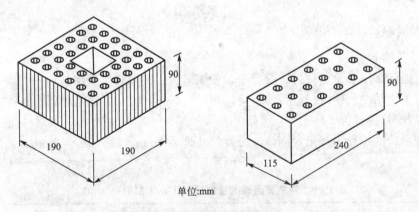

单位:mm

图 1.16　烧结多孔砖示意图

多孔砖的强度等级同烧结普通砖一样分成 MU30、MU25、MU20、MU15、MU10 这5 个强度等级。

烧结多孔砖可以代替烧结黏土砖，用于承重墙体，尤其在小城镇建设中用量非常大。在应用中，强度等级不低于 MU10，最好在 MU15 以上；孔洞率不小于 25%，最好在28%以上；孔洞排布最好为矩形条孔错位排列，而不采用圆孔，以提高产品热工性能指标。优等品可用于墙体装饰和清水墙砌筑，一等品和合格品可用于混水墙，中等泛霜的砖不得用于潮湿部位。

3）烧结空心砖

烧结空心砖是以黏土、页岩、煤矸石为主要原料，经焙烧而成的孔洞率不小于15%，孔的尺寸大而数量少的砖。常见烧结空心砖如图1.17所示。

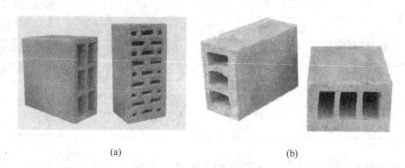

(a)   (b)

图1.17　常见烧结空心砖

（a）烧结煤矸石空心砖（左）与多孔砖（右）；（b）烧结粉煤灰空心砖

《烧结空心砖和空心砌块》（GB 13545—2003）规定，烧结空心砖的长、宽、高应符合以下系列：①290mm、190（140）mm、90mm；②240mm、180（175）mm、115mm。

烧结空心砖的强度等级及具体指标要求见表1-7。

表1-7　烧结空心砖的强度等级

强度等级	抗压强度平均值 $\bar{f}\geqslant$	变异系数 $\delta\leqslant0.21$ 强度标准值 $f_k\geqslant$/MPa	变异系数 $\delta>0.21$ 单块最小抗压强度 $f_{min}>$/MPa	密度等级范围/（kg/m³）
MU10.0	10.0	7.0	8.0	≤1100
MU7.5	7.5	5.0	5.8	≤1100
MU5.0	5.0	3.5	4.0	≤1100
MU3.5	3.5	2.5	2.8	≤1100
MU2.5	2.5	1.6	1.8	≤800

烧结空心砖主要用作非承重墙，如多层建筑内隔墙或框架结构的填充墙等。使用空心砖强度等级不低于MU3.5，最好在MU5以上，孔洞率应大于45%，以横孔方向砌筑。

2. 非烧结砖

蒸压（养）砖是以含钙材料（石灰、电石渣等）和含硅材料（砂子、粉煤灰、煤矸石、灰渣、炉渣等）与水拌和，经压制成形，在自然条件下或人工热合成条件下（常压或高压蒸汽养护）反应生成以水化硅酸钙、水化铝酸钙为主要胶结料的硅酸盐建筑制品。主要品种有灰砂砖、粉煤灰砖、炉渣砖等。

1）蒸压灰砂砖

蒸压灰砂砖是用磨细生石灰和天然砂，经混合搅拌、陈化（使生石灰充分熟化）、轮碾、加压成形、蒸压养护（175～191℃，0.8～1.2MPa的饱和蒸汽）而成的。

灰砂砖的外形尺寸与烧结普通砖相同。根据浸水24h后的抗压和抗折强度分为

MU25、MU20、MU15、MU10 这 4 个强度等级,见表 1-8。

表 1-8　蒸压灰砂砖的强度等级

强度等级	抗压强度/MPa,不小于		抗折强度/MPa,不小于	
	平均值	单块值	平均值	单块值
MU25	25.0	20.0	5.0	4.0
MU20	20.0	16.0	4.0	3.2
MU15	15.0	12.0	3.3	2.6
MU10	10.0	8.0	2.5	2.0

蒸压灰砂砖是在高压下成形,又经过蒸压养护,砖体组织致密,具有强度高、大气稳定性好、干缩率小、尺寸偏差小、外形光滑平整等特点。它主要用于工业与民用建筑的墙体和基础。其中,MU15、MU20 和 MU25 的灰砂砖可用于基础及其他部位,MU10 的灰砂砖可用于防潮层以上的建筑部位。

蒸压灰砂砖不得用于长期受热 200℃以上、受急冷、受急热或有酸性介质侵蚀的环境,也不宜用于受流水冲刷的部位。灰砂砖表面光滑平整,使用时注意提高砖与砂浆之间的黏结力。

2) 蒸压(养)粉煤灰砖

蒸压(养)粉煤灰砖是以粉煤灰、石灰和水泥为主要原料,掺入适量的石膏、外加剂、颜料和骨料,经坯料制备、压制成形、高压或常压蒸汽养护而制成的实心砖。

蒸压(养)粉煤灰砖的外形尺寸与烧结普通砖相同,按抗压强度和抗折强度分为 MU30、MU25、MU20、MU15、MU10 这 5 个强度等级,见表 1-9。

表 1-9　粉煤灰砖的强度等级

强度等级	抗压强度/MPa,不小于		抗折强度/MPa,不小于	
	10 块平均值	单块值	10 块平均值	单块值
MU30	30.0	24.0	6.2	5.0
MU25	25.0	20.0	5.0	4.0
MU20	20.0	16.0	4.0	3.2
MU15	15.0	12.0	3.3	2.6
MU10	10.0	8.0	2.5	2.0

蒸压(养)粉煤灰砖可用于工业与民用建筑的基础和墙体,但应注意以下几点:

(1) 在易受冻融和干湿交替的部位必须使用优等品或一等品砖。用于易受冻融作用的部位时要进行抗冻性检验,并采取适当措施以提高其耐久性。

(2) 用粉煤灰砖砌筑的建筑物应适当增设圈梁及伸缩缝或采取其他措施,以避免或减少收缩裂缝的产生。

(3) 粉煤灰砖出炉后,应存放一段时间后再用,以减少相对伸缩值。

(4) 长期受高于 200℃作用,或受冷热交替作用,或有酸性侵蚀的建筑部位不得使用粉煤灰砖。

3）蒸压炉渣砖

蒸压炉渣砖是以煤燃烧后的残渣为主要原料，配以一定数量的石灰和少量石膏，经加水搅拌混合、压制成形、蒸养或蒸压养护而制成的实心砖。

炉渣砖的外形尺寸同普通黏土砖。根据抗压强度和抗折强度分为 MU25、MU20、MU15 和 MU10 这 4 个等级，见表 1－10。

表 1－10　炉渣砖的强度等级

强度等级	抗压强度（MPa），不小于		抗折强度（MPa），不小于	
	平均值	单块值	平均值	单块值
MU25	25.0	20.0	5.0	3.5
MU20	20.0	15.0	4.0	3.0
MU15	15.0	11.0	3.3	2.4
MU10	10.0	7.5	2.5	1.9

炉渣砖可用于一般工业与民用建筑的墙体和基础。但应注意：用于基础或易受冻融和干湿交替作用的建筑部位必须使用 MUl5 及以上强度等级的砖；炉渣砖不得用于长期受热在 200℃以上或受急冷急热或有侵蚀性介质的部位。炉渣砖的生产消耗大量工业废渣，属于环保型墙材。

4）混凝土多孔砖

混凝土多孔砖是一种新型墙体材料，是以水泥为胶结材料，以砂、石等为主要集料，加水搅拌、压制成形、养护制成的一种多排小孔的混凝土砖。其制作工艺简单，施工方便。用混凝土多孔砖代替实心黏土砖、烧结多孔砖可以不占耕地，节省黏土资源，且不用焙烧设备，节省能耗。

混凝土多孔砖的外形为直角六面体，产品的主要规格尺寸（长、宽、高）有：240mm×190mm×180mm、240mm×115mm×90mm、115mm×90mm×53mm。最小外壁厚不应小于 15mm，最小肋厚不应小于 10mm，常见形状如图 1.18 所示。为了减轻墙体自重及增加保温隔热功能，规定其孔洞率不小于 30%。强度等级分为 MU10、MU15、MU20、MU25、MU30 这 5 个等级。

混凝土多孔砖原料来源容易、生产工艺简单、成本低、保温隔热性能好、强度较高，且有较好的耐久性，在建筑工程中多用于建筑物的围护结构和隔墙。

图 1.18　混凝土多孔砖

1.3.2　墙用砌块

建筑砌块是一种体积比砖大、比大板小的新型墙体材料，其外形多为直角六面体，也有各种异形的。

砌块按规格可分为大型(高度>980mm)、中型(高度为380～980mm)和小型(高度为115～380mm);按用途可分为承重砌块和非承重砌块;按孔洞率分为实心砌块、空心砌块;按原料的不同可分为蒸压加气混凝土砌块、硅酸盐混凝土砌块、普通混凝土砌块、轻集料混凝土砌块、粉煤灰砌块、石膏砌块等。

1. 蒸压加气混凝土砌块(代号 ACB)

蒸压加气混凝土砌块(简称加气混凝土砌块),代号 ACB,是以钙质材料(水泥、石灰)和硅质材料(砂、矿渣、粉煤灰等)为基本原料,经过磨细,并以铝粉为发气剂,按一

定比例配合,再经过料浆浇筑、发气成形、坯体切割和蒸压养护等工艺制成的一种轻质、多孔的建筑材料,如图1.19所示。

加气混凝土砌块的主要规格尺寸按《蒸压加气混凝土砌块》(GB/T 11968—2006)规定,长度为:600mm;高度为:200mm、240mm、250mm、300mm;宽度为:100mm、125mm、150mm、180mm、200mm、240mm、250mm、300mm,如需要其他规格,可由供需双方协商解决。

图 1.19 加气混凝土砌块

砌块按抗压强度分为 A1.0、A2.0、A2.5、A3.5、A5.0、A7.5、A10.0 这 7 个强度级别,各级别的立方体抗压强度值见表 1-11。

表 1-11 加气混凝土砌块的抗压强度

	强度等级	A1.0	A2.0	A2.5	A3.5	A5.0	A7.5	A10.0
立方体抗压强度/MPa	平均值≥	1.0	2.0	2.5	3.5	5.0	7.5	10.0
	单块最小值≥	0.8	1.6	2.0	2.8	4.0	6.0	8.0

蒸压加气混凝土砌块具有表观密度小、保温及耐火性好、易加工、抗震性好、施工方便的特点,适用于低层建筑的承重墙,多层建筑和高层建筑的分隔墙、填充墙及工业建筑物的维护墙体。不得应用于建筑物的基础和温度长期高于80℃的建筑部位。

2. 蒸养粉煤灰砌块(代号 FB)

粉煤灰砌块是以粉煤灰、石灰、石膏和骨料为原料,经加水搅拌、振动成形、蒸汽养护而制成的一种密实砌块。通常采用炉渣作为砌块的集料。

粉煤灰砌块的主要规格尺寸有两种:880mm×380mm×240mm 和 880mm×430mm×240mm。砌块端面应加灌浆槽,坐浆面宜设抗剪槽,砌块各部位名称如图1.20所示。砌块的强度等级按其立方体试件的抗压强度分为 MU10 和 MU13 两个强度等级。

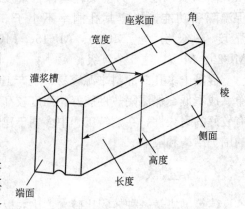

图 1.20 粉煤灰砌块示意图

粉煤灰砌块的干缩值比水泥混凝土大，弹性模量低于同强度的水泥混凝土，可用于耐久性要求不高的一般工业和民用建筑的围护结构和基础，但不适用于有酸性介质侵蚀、长期受高温影响和经受较大振动影响的建筑物。

3. 普通混凝土小型空心砌块(代号 NHB)

普通混凝土小型空心砌块是以水泥为胶结材料，砂、碎石或卵石、煤矸石、炉渣为集料，加水搅拌、振动加压成形、养护而成的小型砌块。

普通混凝土小型空心砌块主规格尺寸为 390mm×190mm×190mm、390mm×240mm×190mm，最小外壁厚不应小于 30mm，最小肋厚不应小于 25mm，如图 1.21 所示。

按抗压强度分为 MU3.5、MU5.0、MU7.5、MU10.0、MU15.0、MU20.0 这 6 个强度等级，见表 1-12。

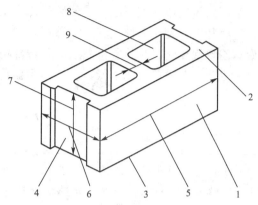

图 1.21 混凝土小型空心砌块
1—条面；2—坐浆面(肋厚较小的面)；
3—壁；4—肋；5—高度；6—顶面；
7—宽度；8—铺浆面(肋厚较大的面)；9—长度

表 1-12 混凝土空心小砌块抗压强度

强度等级	砌块抗压强度(MPa)，不小于		强度等级	砌块抗压强度(MPa)，不小于	
	5 块平均值	单块最小值		5 块平均值	单块最小值
MU3.5	3.5	2.8	MU10	10.0	8.01
MU5.0	5.0	4.0	MU15	15.0	2.0
MU7.5	7.5	6.0	MU20	20.0	16.0

混凝土小型空心砌块主要适用于各种公用或民用住宅建筑及工业厂房、仓库和农村建筑的内外墙体。为防止或避免小砌块因失水而产生的收缩导致墙体开裂，应特别注意：小砌块采用自然养护时，必须养护 28 天后方可上墙；出厂时小砌块的相对含水率必须严格控制；在施工现场堆放时，必须采用防雨措施；砌筑前，不允许浇水预湿；为防止墙体开裂，应根据建筑的情况设置伸缩缝，在必要的部位增加构造钢筋。

4. 轻集料混凝土小型空心砌块(代号 LHB)

轻集料混凝土小型空心砌块是以陶粒、膨胀珍珠岩、浮石、火山渣、煤渣、自燃煤矸石等各种轻粗、细集料和水泥按一定比例配制，经搅拌、成形、养护而成的空心率大于或等于 25%、表观密度小于 1400kg/m³ 的轻质混凝土小砌块。

该砌块的主规格尺寸为 390mm×190mm×190mm，强度等级为 MU1.5、MU2.5、MU3.5、MU5.0、MU7.5 和 MU10.0 这 6 个强度等级，密度为 500~1400kg/m³。

与普通混凝土小型空心砌块相比，这种砌块重量更轻、保温隔热性能更佳、抗冻性更好，主要用于非承重结构的围护和框架结构的填充墙，也可用于既承重又保温或专门保温的墙体。

5. 石膏砌块

生产石膏砌块的主要原料是天然石膏或化工副产品及废渣（化工石膏）。石膏砌块有实心、空心和夹心砌块3种。其中空心石膏砌块体积密度小，绝热性能较好，应用较多。采用聚苯乙烯泡沫塑料为芯层可制成夹芯石膏砌块。石膏砌块轻质、绝热吸声、不燃、可锯可钉、生产工艺简单、成本低，多用作非承重内隔。

小　结

建筑结构因所用的建筑材料不同可分为木结构、砌体结构、混凝土结构、钢结构等。了解结构材料的性能和正确选择材料是建筑结构设计、施工的基础。本项目主要介绍了建筑钢材、混凝土和砌体材料。

混凝土结构用钢筋分为有明显屈服点和无明显屈服点两类，其强度和变形性能有较大的差别，钢筋的基本力学性能指标为抗拉强度、屈服强度、伸长率和冷弯性能。钢结构用钢材基本上是碳素结构钢和低合金高强度结构钢，在选择钢材时应考虑以下各因素：结构或构件的重要性、荷载的性质、连接方法、工作条件、结构所处的环境和工作条件等。

混凝土强度的基本指标有立方体抗压强度、轴心抗压强度和轴心抗拉强度。混凝土强度等级是由立方体抗压强度标准值确定的。混凝土具有的收缩和徐变性能对混凝土结构构件的受力和变形有重要影响，影响混凝土收缩和徐变的因素大体相同，但产生的原因有本质区别，请注意理解。

砌体材料主要包括砌墙砖和墙用砌块。砌墙砖分烧结砖和非烧结砖两大类。烧结砖有烧结普通砖、烧结多孔砖和烧结空心砖。烧结砖有强度高、耐久性好、取材方便、生产工艺简单、价格低廉等优势，但生产率低，且要消耗大量土地资源，逐步会被禁止或限制生产和使用；非烧结砖种类很多，常用的有灰砂砖、粉煤灰砖和炉渣砖，这些砖强度高，完全可取代普通烧结砖用于一般的工业与民用建筑，但在急冷急热或有腐蚀性介质的环境使用时应慎用。砌块是尺寸大于砖的一种人造块材。常用的砌块有普通混凝土小型砌块、加气混凝土砌块和粉煤灰砌块等。

习　题

1. 建筑结构按所用材料分有哪几类？各有什么特点？

2. 阐述混凝土结构的优缺点。混凝土结构中钢筋和混凝土为什么能共同工作？

3. 阐述钢结构的优缺点。

4. 试根据有明显屈服点钢筋的拉伸应力-应变曲线指出受力各阶段的特点和各转折点的应力名称。

5. 有明显屈服点和无明显屈服点的钢筋在设计强度取值上有何不同？

6. 何谓钢筋冷拉？冷拉后的钢筋性能有什么改变？

7. 承重钢结构宜用哪些钢材？

8. 混凝土强度等级怎么确定？

9. 何谓混凝土的徐变？影响徐变的因素有哪些？徐变对混凝土构件的受力性能有何影响？

10. 砌墙砖有哪些？各有什么特点？

11. 简述常用砌块的特性及应用。

项目2

建筑结构设计方法应用

教学目标

掌握建筑结构的功能要求、极限状态、荷载效应、结构抗力的概念；掌握结构构件承载力极限状态和正常使用极限状态的设计表达式以及表达式中各符号所代表的含义；根据可靠度设计标准的规定，学会荷载效应基本组合值、标准值组合值、准永久组合值的计算。

教学要求

知识要点	能力要求	相关知识	所占分值 (100分)
建筑结构的功能要求、极限状态、荷载效应、结构抗力	能理解建筑结构的功能要求、极限状态、荷载效应、结构抗力的概念	结构设计标准中的相关专业名词	20
结构构件承载力极限状态和正常使用极限状态	能熟练使用承载力极限状态和正常使用极限状态的设计表达式	表达式中各符号的含义	35
荷载效应组合的设计值、标准值和准永久值的计算	能进行内力组合值的计算	永久荷载、可变荷载等的计算方法	45

引例

当结构超过承载力极限状态时会发生什么情况(图2.1)?

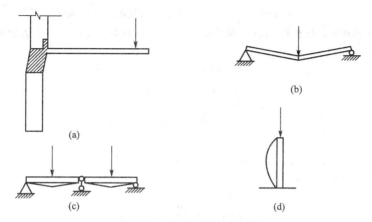

图2.1 结构破坏状态示例

(a) 雨篷倾斜;(b) 简支梁断裂;(c) 连续梁变为机动体系;(d) 柱子被压曲

 预备知识

1. 荷载的分类

建筑结构在施工与使用期间要承受各种作用,如人群、风、雪及结构构件自重等,这些外力直接作用在结构物上;还有温度变化、地基不均匀沉降等间接作用在结构上;通常称直接作用在结构上的外力为荷载。

1) 按作用时间的长短分类

荷载按作用时间的长短和性质,可分为以下3类。

(1) 永久荷载,指在结构设计使用期间,其值不随时间而变化,或其变化与平均值相比可以忽略不计,或其变化是单调的并能趋于限值的荷载,如结构的自重、土压力、预应力等荷载,永久荷载又称恒荷载。

(2) 可变荷载,指在结构设计使用期内其值随时间而变化,其变化与平均值相比不可忽略的荷载,如楼面活荷载、吊车荷载、风荷载、雪荷载等,可变荷载又称活荷载。

(3) 偶然荷载,指在结构设计使用期内不一定出现,一旦出现,其值很大且持续时间很短的荷载,如爆炸力、撞击力等。

2) 按结构的反应特点分类

荷载按结构的反应特点分为以下两类。

(1) 静态荷载,使结构产生的加速度可以忽略不计的作用,如结构自重、住宅和办公楼的楼面活荷载等。

(2) 动态荷载,使结构产生的加速度不可忽略不计的作用,如地震、吊车荷载、设备振动等。

3) 按作用位置分类

荷载按作用位置可分为两类:固定荷载和移动荷载。

(1) 固定荷载,是指作用位置不变的荷载,如结构的自重等。

(2) 移动荷载,是指可以在结构上自由移动的荷载,如车轮压力等。

2. 荷载的分布形式

(1) 材料的重力密度:某种材料单位体积的重量(kN/m^3),称为材料的重力密度,用 γ 表示。

工程中常用水泥砂浆的重力密度为$20kN/m^3$,石灰砂浆的重力密度为$17kN/m^3$,钢筋混凝土的重力密度为$25kN/m^3$,砖的重力密度为$19kN/m^3$。

(2) 均布面荷载:在均匀分布的荷载作用面上,单位面积上的荷载值,称为均布面荷载,其单位为 kN/m^2 或 N/m^2。

特别提示

一般板上的自重荷载为均布面荷载，其值为重力密度乘以板厚。

例如，一矩形截面板，板长为 $L(\mathrm{m})$，板宽度为 $B(\mathrm{m})$，截面厚度为 $h(\mathrm{m})$，重力密度为 $\gamma(\mathrm{kN/m^3})$，则此板的总重量 $G=\gamma BLh$。

板的自重在平面上是均匀分布的，所以单位面积的自重为

$$g_k=\frac{G}{BL}=\frac{\gamma BLh}{BL}=\gamma h \quad (\mathrm{kN/m^2})$$

该值就是板自重简化为单位面积上的均布荷载标准值。

(3) 均布线荷载：沿跨度方向单位长度上均匀分布的荷载，称为均布线荷载，其单位为 kN/m 或 N/m，如图 2.2 所示的梁上的均布线荷载。

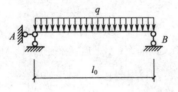

图 2.2　梁上的均布线荷载

特别提示

一般梁上的自重荷载为均布线荷载，其值为重力密度乘以横截面面积。

例如，一矩形截面梁，梁长为 $L(\mathrm{mm})$，其截面宽度为 $b(\mathrm{mm})$，截面高度为 $h(\mathrm{mm})$，重度为 $\gamma(\mathrm{kN/m^3})$，则此梁的总重量 $G=\gamma bhL$。

梁的自重沿跨度方向是均匀分布的，所以沿梁轴每米长度的自重 q' 为

$$g_k=\frac{G}{L}=\frac{\gamma bhL}{L}=\gamma bh \quad (\mathrm{kN/m})$$

该值就是梁自重简化为沿梁轴方向的均布荷载标准值，均布线荷载也称线荷载集度。

(4) 非均布线荷载：沿跨度方向单位长度上非均匀分布的荷载，称为非均布线荷载，其单位为 kN/m 或 N/m，如图 2.3(a)所示的挡土墙的土压力。

(5) 集中荷载(集中力)：集中地作用于一点的荷载称为集中荷载(集中力)，其单位为 kN 或 N，通常用或表示，如图 2.3(b)所示的柱子自重。

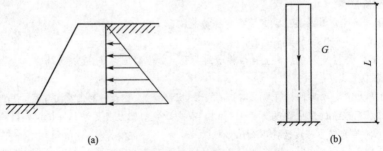

(a)　　　　　　　　　　　　(b)

图 2.3　非均布线荷载和集中荷载

(a)挡土墙的土压力；(b)柱子的自重

特别提示

一般柱子的自重荷载为集中力，其值为重力密度乘以柱子的体积，即 $G = \gamma bhL$。

知识链接

均布面荷载化为均布线荷载的计算

在工程计算中，板面上受到均布面荷载 q' 时，它传给支撑梁为线荷载，梁沿跨度（轴线）方向均匀分布的线荷载如何计算？

设板上受到均匀的面荷载 q'（kN/m²）作用，板跨度为 3.3m（受荷宽度）、L_2 梁跨度为 5.1m，那么，梁 L_2 上受到的全部荷载

$$p = q' \times 3.3 + 梁 L_2 自重 \quad (kN/m)$$

而荷载 p 是沿梁的跨度均匀分布的，如图 2.4 所示。

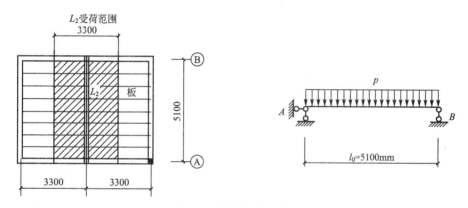

图 2.4　荷载传递示意图

3. 约束类型

力学里考察的物体，有的不受什么限制而可以自由运动，如在空中可以自由飞行的飞机，称为自由体；有的则在某些位置处受到限制而不可能沿某些方向自由运动，如用绳子悬挂而不能下落的重物，支承于墙上而静止不动的屋架等，称为非自由体或受约束体。阻碍物体运动的周围其他物体则称为对该物体的约束。约束是以物体相互接触的方式构成的，上述绳索对于所悬挂的重物和墙对于所支承的屋架都构成了约束。

约束对于物体的作用称为约束力或约束反力，也常简称为反力。与约束力相对应，有些力主动地使物体运动或使物体有运动趋势，这种力称为主动力，如重力、水压力、土压力等都是主动力，工程上也常称作荷载。

主动力一般是已知的，而约束力则是未知的。但是，某些约束力的作用点、方位或方向，可根据约束本身的性质加以确定，其确定的原则是：约束力的方向总是与约束所能阻止的运动方向相反。

下面是工程中常见的几种约束的实例、简化记号及对应的约束力的表示方法。对于指向不定的约束力，图 2.5 中的指向是根据约束的性质假设的。

1）柔索

绳索、链条、皮带等属于柔索类约束。由于柔索只能承受拉力，所以柔索给予所系物体的约束力作用于接触点，方向沿柔索中心线背离被约束物体。

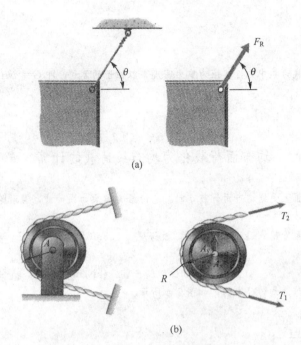

(a)

(b)

图 2.5　柔索约束

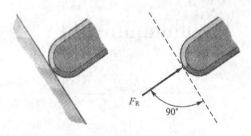

图 2.6　光滑接触面约束

2）光滑接触面

当两物体接触面上的摩擦力可以忽略时，即可看作光滑接触面。这时，不论接触面形状如何，只能阻止接触点沿着通过该点的公法线趋向接触面的运动。所以，光滑接触面的约束力通过接触点，沿接触面在该点的公法线指向被约束物体，如图 2.6 所示。

3）铰支座与铰连接

（1）固定铰支座。工程上常用一种叫作支座的部件，将一个构件支承于基础或另一静止的构件上。如将构件用圆柱形光滑销钉与固定支座连接，该支座就成为固定铰支座，简称铰支座。图 2.6（a）是构件与支座连接示意图，销钉不能阻止构件转动，而只能阻止构件在垂直于销钉轴线的平面内的移动。当构件有运动趋势时，构件与销钉可沿任一母线（在图上为点 A）接触。又因假设销钉是光滑圆柱形的，故可知约束力必作用于接触点 A 并通过销钉中心，常将约束力表示为两个互相垂直的力，如图 2.7（b）所示。

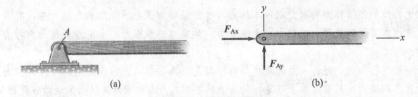

(a)

(b)

图 2.7　固定铰支座

（2）铰连接。图 2.8 所示为铰连接实例。两个构件用圆柱形光滑销钉连接起来，这种约束称为铰链连接，如图 2.9（a）所示，简称为铰连接。图 2.9（b）是铰连接的表示方法。销钉对构件的约束与铰支座的销钉对构件的约束相同，其约束力通常也表示为两个互相垂直的力。图 2.9（c）表示的是左边构件通过销钉对右边构件的约束力。

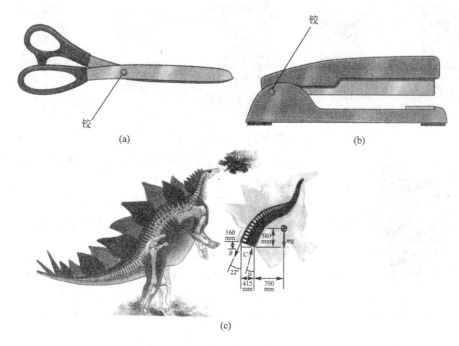

图 2.8　铰连接实例

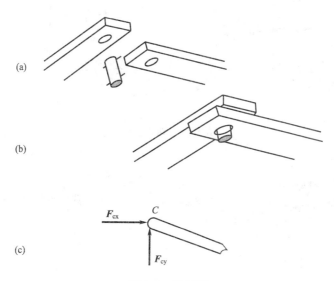

图 2.9　铰连接

4）活动铰支座或辊轴支座

将构件用销钉与支座连接，而支座可以沿着支承面运动，就成为活动铰支座，或称辊轴支座。图 2.10(a)、(b)、(c)、(d)是活动铰支座的常用简化表示法。假设支承面是光滑的，辊轴支座就不能阻止被约束物体沿着支承面的运动，而一般能阻止物体与支座连接处向着支承面或离开支承面的运动。所以，辊轴支座的约束力通过销钉中心，垂直于支承面，指向不定(即可能是压力或拉力)。图 2.10(e)是辊轴支座约束力的表示方法。

5）球铰支座

图 2.11 所示为球铰支座实例。

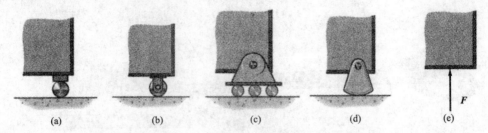

图 2.10　活动铰支座

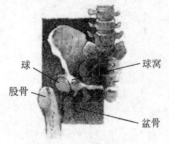

图 2.11　球铰实例

球　　　　　　　　球窝

股骨

盆骨

物体的一端做成球形，固定的支座做成一球窝，将物体的球形端置入支座的球窝内，则构成球铰支座，如图 2.12(a) 所示。球铰支座是用于空间问题中的约束。球窝给予球的约束力必通过球心，但可取空间任何方向，因此可用 3 个相互垂直的分力来表示，如图 2.12(b) 所示。

6) 径向轴承与止推轴承

(1) 径向轴承。机器中的径向轴承是转轴的约束，它允许转轴转动，但限制转轴在垂直于轴线的任何方向的移动，如图 2.13(a) 所示。径向轴承的简化表示如图 2.13(b) 所示，其约束力可用垂直于轴线的两个相互垂直的分力和来表示，如图 2.13(c)。

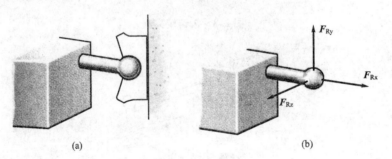

图 2.12　球铰支座

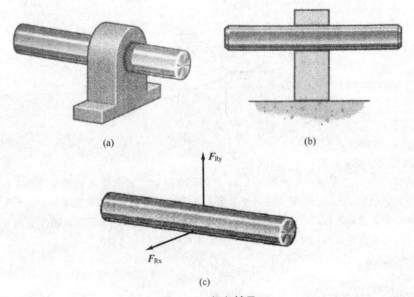

图 2.13　径向轴承

（2）止推轴承。止推轴承也是机器中常见的约束，与径向轴承不同之处是它还能限制转轴沿轴向的移动。如图2.14所示，其约束力增加了沿轴线方向的分力。

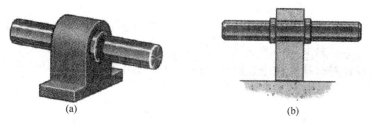

图 2.14　止推轴承

7）固定端支座

将物体的一端牢固地插入基础或固定在其他静止的物体上，如图2.15(a)、(b)所示，就构成固定端支座。图2.15(a)为平面固定支座，图2.15(b)为空间固定支座，它们的简化表示如图2.15(c)、(d)所示。

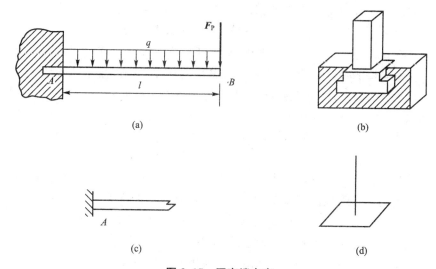

图 2.15　固定端支座

从约束对构件的运动限制来说，平面固定支座既能阻止杆端移动，也能阻止杆端转动，因而其约束力必为一个方向未定的力和一个力偶。平面固定支座的约束力表示如图2.16(a)所示，其中力的指向及力偶的转向都是假设的。

空间固定支座能阻止杆端在空间内任一方向的移动和绕任一轴的转动，所以其约束力必为空间内一个方向未定的力和方向未定的力偶矩矢量。空间固定支座的约束力表示如图2.16(b)所示，图中力的指向及力偶的转向都是假设的。

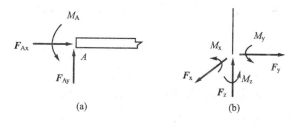

图 2.16　固定端支座约束反力

任务 2.1 结构极限状态的认识

结构设计是根据建筑方案确定结构布置方案的，进行荷载汇集、内力计算之后，确定结构构件功能要求所需要的截面尺寸、材料及其强度等级、配筋及构造措施。设计的目的是要保证结构设计符合技术先进、经济合理、安全适用、确保质量的要求，其中安全适用是最重要的要求，也就是要保证结构的可靠性。

2.1.1 结构设计的极限状态

我国建筑结构设计理论和方法遵照《建筑结构可靠度设计统一标准》（GB 50068—2001）（以下简称《统一标准》）所确定的原则进行设计。

所谓结构的可靠性具体是指结构在规定的时间内，在规定的条件下，完成预定功能的能力（概率）。

规定的时间是指分析结构可靠度时考虑各项基本变量与时间关系所取用的设计基准期。规定的条件是指设计时规定的正常设计、施工和使用的条件。预定功能是指：①安全性，即能承受在正常施工和正常使用时可能出现的各种作用。在偶然作用发生时或发生后，结构能保持必要的整体稳定性（不发生倒塌）。偶然作用则指超过设计烈度的地震、爆炸、撞击、火灾等。必要的整体稳定性是在偶然作用发生时或发生后，仅发生局部损坏而不致连续倒塌。②适用性，即在正常使用时应具有良好的工作性能，如不发生影响正常使用的过大变形或局部损坏。③耐久性，即在正常维护条件下，具有足够的耐久性能。结构在化学的、生物的或其他不利因素的作用下，在预定期限内，其材料性能的恶化不导致结构出现不可接受的失效概率，如不发生由于保护层碳化或裂缝过宽，导致钢筋锈蚀。

安全性、适用性、耐久性三者总称为结构的可靠性，也称为结构的基本功能要求。结构的可靠性和结构的经济性一般是相互矛盾的。比如，在相同荷载作用条件下，加大截面尺寸、增多配筋量或提高材料强度等性能要求，一般是可以提高结构的可靠性，但是这将使建筑物的造价提高，导致经济效益降低。正确的设计应在结构的可靠性和经济性之间寻求一种最佳方案，使结构既有必要的可靠性又有合理的经济指标。

1. 结构的极限状态的定义

钢筋混凝土结构的传统设计方法是容许应力设计法和破坏阶段法。20 世纪 50 年代，苏联首先提出并采用了"极限状态设计法"。20 世纪 70 年代，欧洲混凝土委员会和国际预应力混凝土协会（CEB-FIP）的模式规范也采用了极限状态设计方法，目前英国混凝土结构规范（BS8110），日本土木学会混凝土标准规范（1986 年）均采用了极限状态设计方法，尽管国际上还有一些国家仍采用容许应力设计方法，但从总的趋势上来看，采用极限状态设计方法已是势在必行的。

我国虽然直到 20 世纪 70 年代中期才开始在建筑结构领域开展结构可靠度理论和应用研究工作，但很快取得了成效。1984 年国家计委批准《建筑结构设计统一标准》（GBJ 68—1984），该标准提出了以可靠性为基础的概率极限状态设计统一原则。经过努力，适于全国并更具综合性的《工程结构可靠度设计统一标准》（GB 50153—1992）于 1992 年正式发布。在编制全国统一标准的同时，1986 年国家计委又先后下达了其他土木工程结构可靠度设计统

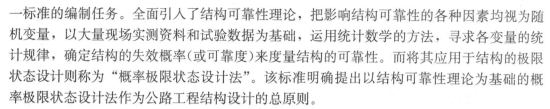

一标准的编制任务。全面引入了结构可靠性理论，把影响结构可靠性的各种因素均视为随机变量，以大量现场实测资料和试验数据为基础，运用统计数学的方法，寻求各变量的统计规律，确定结构的失效概率（或可靠度）来度量结构的可靠性。而将其应用于结构的极限状态设计则称为"概率极限状态设计法"。该标准明确提出以结构可靠性理论为基础的概率极限状态设计法作为公路工程结构设计的总原则。

当前，国际上将结构概率设计法按精确程度不同分为3个水准，即水准Ⅰ、水准Ⅱ和水准Ⅲ。

1）水准Ⅰ——半概率设计法

这一水准设计方法虽然在荷载和材料强度上分别考虑了概率原则，但它把荷载和抗力分开考虑，并没有从结构构件的整体性出发考虑结构的可靠度，因而无法触及结构可靠度的核心——结构的失效概率，并且各分项安全系数主要依据工程经验确定，所以称其为半概率设计法。

2）水准Ⅱ——近似概率设计方法

这是目前在国际上已经进入实用阶段的概率设计法。它运用概率论和数理统计，对工程结构、构件或截面设计的"可靠概率"，做出较为近似的相对估计。虽然这已经是一种概率方法，但是，由于在分析中忽略了或简化了基本变量随时间变化的关系，确定基本变量的分布时受现有信息量限制而具有相当的近似性，并且，为了简化设计计算，将一些复杂的非线性极限状态方程线性化，所以它仍然只是一种近似的概率法。不过，在现阶段它确实是一种处理结构可靠度的比较合理且可行的方法。

3）水准Ⅲ——全概率设计法

全概率设计法是一种完全基于概率理论的较理想的方法。它不仅把影响结构可靠度的各种因素用随机变量概率模型去描述，更进一步考虑随时间变化的特性并用随机过程概率模型去描述，而且在对整个结构体系进行精确概率分析的基础上，以结构的失效概率作为结构可靠度的直接度量。这当然是一种完全的、真正的概率方法。目前，这还只是值得开拓的研究方向，真正达到实用还需经历较长的时间。在后两种水准中，水准方法Ⅱ是水准方法Ⅲ的近似。在水准方法Ⅲ的基础上再进一步发展就是运用优化理论的最优全概率法。

结构的极限状态是指整个结构或结构的一部分超过某一特定状态就不能满足设计规定的某一功能要求，此特定状态称为该功能的极限状态。一旦超过这种状态，结构就将丧失某一功能。

2. 结构极限状态的分类

根据功能要求，国际上一般将结构的极限状态分为如下3类。

（1）承载能力极限状态——结构或构件达到最大承载力或不适于继续承载的变形。

① 整个结构或结构的一部分作为刚体失去平衡（如滑动、倾覆等）——刚体失去平衡。

② 结构构件或连接处因超过材料强度而破坏——强度破坏。

③ 结构转变成机动体系——机动体系。

④ 结构或构件丧失稳定——失稳。

⑤ 由于材料的塑性或徐变变形过大，或由于截面开裂而引起过大的几何变形等，致使结构或构件不再能继续承载和使用——变形过大。

（2）正常使用极限状态——结构或结构构件达到正常使用或耐久性能的某项规定值

① 影响正常使用或外观的变形。

② 影响正常使用或耐久性能的局部损坏（如过大的裂缝宽度）。

③ 影响正常使用的振动。

④ 影响正常使用的其他特定状态（如混凝土抗渗）。

（3）"破坏—安全"极限状态——在偶然作用发生时或发生后，结构能保持必要的整体稳定性（不发生连续倒塌）。

3. 结构的失效概率

我国现行的国家标准和一些行业标准，都采用了按概率极限状态的设计方法，其基本概念是以概率理论为基础采用近似概率法来研究结构的可靠性。

长期以来，技术人员习惯于用安全系数 K 来表达结构的安全度，如容许应力法、破坏阶段设计法和单一安全系数表达的极限状态设计法都是采用定值的安全系数 K，而这些安全系数主要是以经验为基础确定的。从"定值理论"出发，人们往往误认为只要设计中采用了规范给定的安全系数，结构就绝对安全，这是不符合实际的。这种定值的安全系数也不能用来比较不同类型结构的可靠程度。采用定值的安全系数 K 来表示结构的可靠度是处于以经验为基础的定性分析阶段。

结构设计中主要考虑的两个基本变量是荷载效应 S 及结构抗力 R。S 是指由荷载在结构内产生的内力和变形，如轴力、弯矩、剪力、扭矩、挠度、侧移和裂缝等。R 是指结构的抵抗能力，即结构构件承受内力和变形的能力，如构件的承载能力、裂缝和变形限值等，主要取决于材料的强度、截面尺寸及计算模式等。

结构和结构构件的工作状态，可由该结构构件所承受的作用效应 S 与结构抗力 R 两者的关系（功能函数）来描述

$$Z = R - S = g(R, S)$$

当 $Z > 0$ 时，结构处于可靠状态；

当 $Z < 0$ 时，结构处于失效状态；

当 $Z = 0$ 时，结构处于极限状态；

于是极限状态方程的表达式为

$$Z = g(R. S) = R - S = 0$$

若 S 服从正态分布 $S \sim N(m_s, \sigma_s)$，R 服从正态分布 $R \sim N(m_R, \sigma_R)$，则 $Z = R - S$ 也服从正态分布 $Z \sim N(m_Z, \sigma_Z)$，Z 的概率密度函数为

$$f_z(z) = \frac{1}{\sqrt{2\pi}\sigma_z} \exp\left[-\frac{1}{2}\left(\frac{z-m_z}{\sigma_z}\right)^2\right] \quad (-\infty < z < \infty)$$

结构的失效概率为

$$P_f = P(Z < 0) = \int_{-\infty}^{0} f_z(Z) \mathrm{d}Z$$

$$= \int_{-\infty}^{0} \frac{1}{\sqrt{2\pi}\sigma_z} \exp\left[-\frac{1}{2}\left(\frac{z-m_z}{\sigma_z}\right)^2\right] \mathrm{d}x$$

将 Z 转换为标准正态分布(即 $m_z=0$，$\sigma_z=1$)，令 $t=\dfrac{Z-m_z}{\sigma_z}$，则

$$P_f = \int_{-\infty}^{\frac{m_z}{\sigma_z}} \frac{1}{\sqrt{2\pi}} \exp\left(-\frac{t^2}{2}\right) \mathrm{d}t = \Phi\left(-\frac{m_a}{\sigma_z}\right)$$

现定义 $\beta=\dfrac{m_z}{\sigma_z}$ 为结构可靠指标，则

$$P_f = \Phi(-\beta) \rightarrow \beta = -\Phi^{-1}(P_f)$$

由上述关系可知，β 值的大小决定 P_f，β 值越大，P_f 值越小。所以，β 和失效概率一样可作为衡量结构可靠度的一个指标。

4. 可靠指标的两个常用公式

失效概率表示结构或构件处于失效状态下的可能性。从另一方面来讲，结构可靠度是指结构在规定的时间内，在规定的条件下，完成预定功能的概率。可靠指标是用以度量结构构件可靠度的指标，通常用 β 表示。

水准Ⅱ的近似概率计算法，在进行可靠指标计算时，分为两种方法：①不考虑随机变量的实际分布，假定它服从正态分布或者对数正态分布，导出有关的结构构件可靠指标的解析表达式，进行分析和计算，由于分析时采用了泰勒级数在平均值处(即中心点)展开，故简称为中心点法；②考虑随机变量的实际分布，将非正态分布变量正态化，并在设计验算点进行迭代，计算可靠指标，故称为验算点法。

1) R、S 服从正态分布

$S\sim N(m_s, \sigma_s)$，$R\sim N(m_R, \sigma_R)$，则功能函数 $Z=R-S$ 也服从正态分布 $Z\sim N(m_Z, \sigma_Z)$：

$$m_z = m_R - m_S \quad \sigma_Z = \sqrt{\sigma_R^2 + \sigma_S^2} \rightarrow \beta = \frac{m_Z}{\sigma_Z} = \frac{m_R - m_S}{\sqrt{\sigma_R^2 + \sigma_S^2}}$$

由上式可见，如所设计的结构，当 R 和 S 的平均值 m_R 和 m_S 的差值愈大，或它们的标准差 σ_R 与 σ_S 的数值愈小，则可靠指标 β 值就愈大，也就是失效概率愈小，结构的可靠性愈高。

2) R、S 服从对数正态分布

$\ln S\sim N(m_{\ln S}, \sigma_{\ln S})$，即 S 服从对数正态分布，$\ln R\sim N(m_{\ln R}, \sigma_{\ln R})$，$Z=\ln R-\ln S$ 服从正态分布 $Z\sim N(m_Z, \sigma_Z)$：$m_z=m_{\ln R}-m_{\ln S}$，$\sigma_Z=\sqrt{\sigma_{\ln R}^2+\sigma_{\ln S}^2}$(但均未知)，已知 m_R，σ_R，m_S，σ_S 则

$$\sigma_{\ln R}^2 = \ln(1+\sigma_R^2/m_R^2) \text{ 及 } \sigma_{\ln S}^2 = \ln(1+\sigma_S^2/m_S^2) \rightarrow \sigma_Z = \sqrt{\sigma_{\ln R}^2+\sigma_{\ln S}^2}$$

$$m_{\ln R} = \ln m_R - \sigma_{\ln R}^2/2 \text{ 及 } m_{\ln S} = \ln m_S - \sigma_{\ln S}^2/2 \rightarrow m_Z = m_{\ln R} - m_{\ln S} \rightarrow \beta = \frac{m_Z}{\sigma_Z}$$

 **特别提示**

作用是指施加在结构上的集中或分布荷载以及引起结构外加变形或约束变形因素的总称，而荷载则是指直接作用在结构上的外力，注意区分。

5. 目标可靠指标

目标可靠指标是指预先给定作为设计依据的可靠指标（它表示了所要求的结构构件预定的可靠度）。相关因素包括工程造价、使用维护费用、投资风险及社会影响。

可靠指标大（小）→造价高（小）、维护费低（高）、投资风险小（大）、社会灾难程度低（高）。在考虑目标可靠指标时，应根据各种结构的重要性及失效后果以优化方法独立地分析确定。

目标可靠指标的应用方法有如下几种。

1）校核法

校核法是指用目标可靠指标校核结构构件的可靠指标。

将已设计好的结构构件或已建成的结构构件，在给定的作用效应和抗力概率模型及有关的统计参数情况下，考虑作用效应组合，求出所需求校核构件的最小可靠指标，以此可靠指标与目标可靠指标进行比较，最后评价校核构件的可靠指标。

2）直接法

直接法是指直接采用目标可靠指标进行结构构件截面设计。

用目标可靠指标和给定的各种作用效应概率模型、统计参数，以及抗力的概率模型和有关的统计参数 K_R 和 V_R（变异系数），在规定的作用效应组合下，再由 $K_R = \mu_R / R_K$ 求出抗力的标注值 R_K，然后进行截面设计（包括截面尺寸和配筋）。这种设计可较全面地考虑各种有关因素的变异性，在国内外某些特殊的工程结构上采用，在具体设计时要用到概率论与统计参数的运算，对于一般的设计人员来说是不熟悉的。

3）校准法

通过对现有设计规范安全度的校核（反演计算），找出隐含于现有结构中相应的可靠指标，经综合分析和调整，据以制定今后设计采用的目标可靠指标。这实际上是充分注意到了工程建设长期积累的实际经验，继承现行设计规范规定的结构设计可靠度水准，认为它总体上来讲是合理的可以接受的。仍采用分项系数设计表达式进行设计，但在分项系数表达式中含有目标可靠指标，使所设计的构件达到预期可靠度。

《统一标准》规定，结构构件承载能力极限状态的可靠指标不应低于表 2-1 的规定。

表 2-1 结构构件承载能力极限状态的目标可靠指标/相应的失效概率

构件破坏类型 ＼ 结构安全等级	一级	二级	三级
延性破坏	$3.7/1.08 \times 10^{-4}$	$3.2/6.87 \times 10^{-4}$	$2.7/3.47 \times 10^{-3}$
脆性破坏	$4.2/1.33 \times 10^{-5}$	$3.7/1.08 \times 10^{-4}$	$3.2/6.87 \times 10^{-4}$

对于正常使用极限状态，国际标准《结构可靠性总原则》（ISO 2394）（1998）规定：

对于极限状态可逆的，可靠指标取 0（失效概率为 0.50）；

对于极限状态不可逆的，可靠指标取 1.5（失效概率为 0.0668）。

《统一标准》则作了较灵活的规定：结构构件正常使用极限状态的可靠指标宜取 0~1.5，其中极限状态可逆程度较高的结构构件取较低值，可逆程度较低的结构构件取较高值。

不可逆极限状态——产生超越状态的作用被移掉后，仍将永久保持超越状态的极限状态。对于永久性的局部损伤、不可接受的变形等，正常使用极限状态的超越就是不可逆的，一旦出现就引起结构失效(不满足适用性要求)。可逆极限状态——产生超越状态的作用被移掉后，将不再保持超越状态的极限状态，它可能引起暂时的局部损坏、大变形或震动。

可靠指标的限值间接代表了人们能够接受的可靠概率或失效概率，它的确定实际上并不是一个纯技术的问题，还与一个国家特定时期的社会经济条件、方针政策、社会心理等非技术因素有关，因此可靠指标的限值并不是绝对的，原则上可以调节。

知识链接

(1) $S \sim N(m_s, \sigma_s)$ 即服从正态分布，$R \sim N(m_r, \sigma_r)$，$f_r(r) = \dfrac{1}{\sqrt{2\pi}\sigma_r} \exp\left[-\dfrac{(r-m_r)^2}{2\sigma_r^2}\right]$，$f_s(s) = \dfrac{1}{\sqrt{2\pi}\sigma_s} \exp\left[-\dfrac{(s-m_s)^2}{2\sigma_s^2}\right]$，则功能函数 $Z = R - S$ 也服从正态分布 $Z \sim N(m_z, \sigma_z)$，且其概率密度函数为

$$f_Z(z) = \int_{-\infty}^{\infty} f_r(r) f_s(r-z) dr = \int_{-\infty}^{\infty} \dfrac{1}{2\pi\sigma_r\sigma_s} \exp\left[-\dfrac{(r-m_r)^2}{2\sigma_r^2} - \dfrac{(r-z-m_s)^2}{2\sigma_s^2}\right] dr$$

$$= \int_{-\infty}^{\infty} \dfrac{1}{2\pi\sigma_r\sigma_s} \exp\left\{-\left[\dfrac{(r-m_r)^2\sigma_s^2 + (r-z-m_s)^2\sigma_r^2}{2\sigma_r^2\sigma_s^2}\right]\right\}$$

而 $(r-m_r)^2\sigma_s^2 + [r-(z-m_s)]^2\sigma_r^2 =$

$r^2\sigma_s^2 - 2rm_r\sigma_s^2 + m_r^2\sigma_s^2 + r^2\sigma_r^2 - 2r(z-m_s)\sigma_r^2 + (z-m_s)^2\sigma_r^2 =$

$(\sqrt{\sigma_r^2+\sigma_s^2}\, r)^2 - 2[m_r\sigma_s^2 + (z-m_s)\sigma_r^2]r + \left[\dfrac{m_r\sigma_s^2+(z-m_s)\sigma_r^2}{\sqrt{\sigma_r^2+\sigma_s^2}}\right]^2 + m_r^2\sigma_s^2 + (z-m_s)^2\sigma_r^2$

$-\left[\dfrac{m_r\sigma_s^2+(z-m_s)\sigma_r^2}{\sqrt{\sigma_r^2+\sigma_s^2}}\right]^2 = \left[\sqrt{\sigma_r^2+\sigma_s^2}\, r - \dfrac{m_r\sigma_s^2+(z-m_s)\sigma_r^2}{\sqrt{\sigma_r^2+\sigma_s^2}}\right]^2 + \dfrac{\sigma_r^2\sigma_s^2[z-(m_r-m_s)]^2}{\sigma_r^2+\sigma_s^2}$

令 $t = \dfrac{r\sqrt{\sigma_r^2+\sigma_s^2} - \dfrac{m_r\sigma_s^2+(z+m_s)\sigma_r^2}{\sqrt{\sigma_r^2+\sigma_s^2}}}{\sigma_r\sigma_s}$，则 $dr = \dfrac{\sigma_r\sigma_s}{\sqrt{\sigma_r^2+\sigma_s^2}} dt$

故 $f_z(z) = \exp\left\{-\dfrac{[z-(m_r-m_s)]^2}{2(\sigma_r^2+\sigma_s^2)}\right\} \int_{-\infty}^{\infty} \dfrac{1}{2\pi\sigma_r\sigma_s} \exp\left(-\dfrac{t^2}{2}\right) \dfrac{\sigma_r\sigma_s}{\sqrt{\sigma_r^2+\sigma_s^2}} dt$

$$= \dfrac{1}{\sqrt{2\pi}\sqrt{\sigma_r^2+\sigma_s^2}} \exp\left\{-\dfrac{[z-(m_r-m_s)]^2}{2(\sigma_r^2+\sigma_s^2)}\right\}$$

(2) $\ln s \sim N(m_{\ln s}, \sigma_{\ln s})$ 即 s 服从对数正态分布，$\ln r \sim N(m_{\ln r}, \sigma_{\ln r})$，$f_r(r) = \dfrac{1}{\sqrt{2\pi}\sigma_{\ln r} \cdot r} \exp\left[-\dfrac{(\ln r - m_{\ln r})^2}{2\sigma_{\ln r}^2}\right]$，$f_s(s) = \dfrac{1}{\sqrt{2\pi}\sigma_{\ln s} \cdot s} \exp\left[-\dfrac{(\ln s - m_{\ln s})^2}{2\sigma_{\ln s}^2}\right]$，则功能函数 $Z = \ln R - \ln S$ 服从正态分布 $Z \sim N(m_z, \sigma_z)$，且其概率密度函数为 $\ln s = \ln r - z \rightarrow s = r/e^z$

$$f_z(z) = \int_0^{\infty} f_r(r) f_s\left(\dfrac{r}{e^z}\right) dr = \dfrac{1}{\sqrt{2\pi}\sigma_z} \exp\left[-\dfrac{(z-m_z)^2}{2\sigma_z^2}\right] \quad (-\infty < z < \infty)$$

∵ $\int_0^{\infty} \ln r \cdot \dfrac{1}{\sqrt{2\pi}\sigma_{\ln r} \cdot r} \exp\left[-\dfrac{(\ln r - m_{\ln r})^2}{2\sigma_{\ln r}^2}\right] dr = m_{\ln r}$

∴ $m_r = \int_0^{\infty} r \cdot \dfrac{1}{\sqrt{2\pi}\sigma_{\ln r} \cdot r} \exp\left[-\dfrac{(\ln r - m_{\ln r})^2}{2\sigma_{\ln r}^2}\right] dr = \exp(m_{\ln r} + \sigma_{\ln r}^2/2) \rightarrow$

$\rightarrow \ln m_r = m_{\ln r} + \sigma_{\ln r}^2/2 \rightarrow m_{\ln r} = \ln m_r - \sigma_{\ln r}^2/2$

∴ $\sigma_r^2 = \int_0^{\infty} (r-m_r)^2 \cdot \dfrac{1}{\sqrt{2\pi}\sigma_{\ln r} \cdot r} \exp\left[-\dfrac{(\ln r - m_{\ln r})^2}{2\sigma_{\ln r}^2}\right] dr = \exp(2\sigma_{\ln r}^2 + 2m_{\ln r}) -$

$-2m_r \exp(\sigma_{\ln r}^2/2 + m_{\ln r}) + m_r^2 = m_r^2(\exp\sigma_{\ln r}^2 - 1) \rightarrow \sigma_{\ln r}^2 = \ln(1 + \sigma_r^2/m_r^2)$

2.1.2 材料强度的取值

1. 材料强度的取值原则

在实践工程中，按同一标准生产的钢筋或混凝土各批之间的强度是有差异的。

1) 材料强度的标准值

材料强度的标准值是根据材料强度概率分布的 0.05 分位值，即具有 95％保证率的要求确定的。这说明，材料强度的实际值大于或等于材料强度标准值的概率在 95％以上。根据统计结果，材料强度基本符合正态分布，按照正态分布密度函数，经计算可以得到

$$f_k = \mu_f - 1.645\sigma_f = \mu_f(1 - 1.645\delta_f)$$

式中 f_k——标准值；

         μ_f——平均值；

         σ_f——均方差；

         δ_f——离差系数。

材料强度的标准值是结构设计时采用的材料强度的基本代表值，它是设计表达式中材料性能的取值依据，也是生产中控制材料质量的主要依据。

2) 材料强度的设计值

材料强度的设计值是材料强度的标准值除以材料性能分项系数后的值（这是考虑适当提高结构的安全度并逐步与国际结构安全度接近），基本表达式为

$$f_d = f_k/\gamma$$

式中 γ——材料性能分项系数，需根据不同材料进行构件分析的可靠指标达到规定的目标可靠指标及工程经验校验来确定。

2. 混凝土强度的标准值和设计值

1) 混凝土立方体抗压强度标准值

立方体抗压强度：标准试件——150mm 边长的立方体试件（每 3 块为一组）；

                     标准养护——20℃±3℃的温度和相对湿度不小于 90％空气中养护 28 天；

                     规范试验——按"试验规程"测试（平均值、中值、无效）。

立方体抗压强度标准值：按"数理统计"的方法计算具有 95％保证率的立方体抗压极限强度值，作为混凝土立方体抗压强度标准值 $f_{cu,k}$。

混凝土强度等级：

$$f_{cu,k} = \mu_{cu} - 1.645\sigma_{cu} = \mu_{cu}(1 - 1.645\delta_{cu})$$

2) 混凝土轴心抗压强度标准值和抗拉强度标准值

（1）混凝土轴心抗压强度标准值。试验表明 f_c 与 f_{cu} 大致成线性关系，《混凝土结构设计规范》（GB 50010—2010)偏安全地取

$$f_{ck} = 0.88\alpha_{c1}\alpha_{c2}f_{cu,k}$$

式中   0.88——实际构件与试件混凝土强度之间的差异而取用的折减系数；

         α_{c1}——棱柱与立方强度之比值，对 C50 及以下取 0.76，对 C80 取 0.82，中间按线性规律变化；

         α_{c2}——脆性折减系数，对 C40 及以下取 1.0，对 C80 取 0.87，中间按线性规律变化。

比如，C40：$f_{ck}=0.88\times0.76\times1\times40=26.8MPa$，$f_{cd}=26.8/1.45=18.4MPa$

（2）混凝土轴心抗拉强度标准值。根据普通强度混凝土与高强度混凝土的试验资料，轴心抗拉强度与立方体抗压强度的平均值存在如下关系：$\mu_t=0.395\mu_{cu}^{0.55}$。

《混凝土结构设计规范》（GB 50010—2010）给出的混凝土轴心抗拉强度的标准值与立方体抗压强度的标准值的关系为

$$f_{tk}=0.88\mu_t(1-1.645\delta_t)=0.88\times0.395\mu_{cu}^{0.55}(1-1.645\delta)$$

$$=0.88\times0.395\left(\frac{f_{ck,k}}{1-1.645\delta}\right)^{0.55}(1-1.645\delta)$$

所以 $f_{tk}=\alpha_{c2}0.88\times0.395f_{cu.k}^{0.55}(1-1.645\delta)^{0.45}$

（3）混凝土轴心抗拉、压设计强度。JTG D62—2004 取混凝土轴心抗压强度和轴心抗拉强度的材料性能分项系数均为 1.45，接近按二级安全等级结构分析的脆性破坏构件目标可靠指标的要求。

$$f_{cd}=f_{ck}/\gamma_c \quad f_{td}=f_{tk}/\gamma_c \quad \gamma_c=1.45$$

3. 钢筋的设计强度

1）钢筋抗拉强度

抗拉强度标准值：

有明显流幅的热轧钢筋为屈服强度的标准值 $f_{sk}=\mu_y-1.645\sigma_y$；

无明显流幅的高强钢丝为条件屈服强度的标准值 $f_{pk}=\mu_{y0.2}-1.645\sigma_{y0.2}$。

式中　$\mu_y=\sum f_y/n$，$\sigma_y=\sqrt{\dfrac{\sum(\mu_y-f_y)^2}{n-1}}$；

　　$\mu_{y0.2}=\sum f_{y0.2}/n$，$\sigma_{y0.2}=\sqrt{\dfrac{\sum(\mu_{y0.2}-f_{y0.2})^2}{n-1}}$；

　　$f_{y0.2}$——条件屈服强度，且不小于 $0.85\sigma_b$。

抗拉强度设计值：$f_{sd}=f_{sk}/\gamma_s(\gamma_s=1.20)$；$f_{pd}=f_{pk}/\gamma_p(\gamma_p=1.47)$

2）钢筋抗压强度

抗压强度标准值：与抗拉强度标准值相同。

抗压强度设计值：$f'_{sd}=\min\begin{cases}f_{sd}\\\varepsilon_{cu}E_s\end{cases}$　$f'_{pd}=\min\begin{cases}f_{pd}\\\varepsilon_{cu}E_p\end{cases}$

式中　ε_{cu}——混凝土极限抗压强度时的应变，取为 0.002。

2.1.3 荷载的代表值

结构设计中所涉及的荷载，可采用随机变量或随机过程的模式加以描述。荷载可以根据不同极限状态的设计要求，规定不同的量值即荷载的代表值，一般荷载有标准值、准永久值和组合值 3 种代表值。其中标准值是荷载的基本代表值，而其他两种代表值是以标准值乘以相应的系数后得到的。

1. 荷载标准值

荷载标准值是指结构构件在使用期间的正常情况下可能出现的最大荷载值。由于荷载本身具有随机性，因而使用期间的最大荷载也是随机变量，原则上可用它的统计分布来描述。荷载标准值 S_k 由设计基准期内荷载最大值概率分布的某一分位值来确定，设计基准期一般规定为 50 年。

$$S_k = \mu_s + \alpha_s \sigma_s = \mu_s(1 + \alpha_s \delta_s)$$

式中　　μ_s——荷载的统计平均值；

σ_s——荷载的统计标准差；

δ_s——荷载的变异系数，$\delta_s = \dfrac{\sigma_s}{\mu_s}$；

α_s——荷载标准值的保证率系数。

国际标准化组织(ISO)建议取 α_s 为 1.645，此时荷载标准值即相当于具有 95％保证率的 0.95 分位值(假定荷载为正态分布)。换句话说，作用在结构构件上的实际荷载超过荷载标准值的可能性只有 5％。国际上习惯称此标准值为荷载的特征值。

但实际上并非所有的荷载都已经或能够取得完备的统计资料，并能通过合理的统计分析来规定其标准值。对于不少荷载，还不能不从实际出发，根据已有的工程实践经验和沿用的数值，经过分析判断后，协定一个公称值作为它的标准值。

我国《建筑结构荷载规范》(GB 50009—2012)就是按上述两种方法确定荷载标准值的。对于按荷载概率分布取值的，规范也没有规定统一的分位值，这主要是考虑到所确定的荷载标准值不宜与过去规定的相差太远，以免设计出的结构，材料用量变动过大。

《建筑结构荷载规范》(GB 50009—2012)对某些荷载标准值的取值原则如下。

对于结构或非承重构件的自重等永久荷载，由于变异性过大，一般以其平均值作为荷载标准值，即可由结构构件的设计尺寸与材料单位体积的自重(大体相当于统计平均值，其分位值为 0.5)计算确定。

对于民用建筑楼面均布活荷载标准值则取为：住宅及办公楼荷载为 $1.5 \mathrm{kN/m^2}$；商店荷载为 $3.5 \mathrm{kN/m^2}$；藏书库及档案库荷载为 $5.0 \mathrm{kN/m^2}$。

对于雪荷载和风荷载是取 30 年一遇的最大雪压和风压作为其标准值，意味着每年出现的雪压和风压超过其标准值的概率为 3.33％。

2. 荷载准永久值

结构的变形和裂缝宽度与荷载作用的时间长短有关。因此，在按正常使用极限状态计算时，应分别按荷载效应的短期组合及长期组合进行演算。在考虑长期组合时，永久荷载当然是一直作用的，而可变荷载不像永久荷载那样在结构设计基准期内全部以其最大值经常作用在结构上，而是有时作用值大一点，有时作用值小一点，有时作用持续时间长一点，有时短一点。因此，在考虑荷载效应长期组合时，可变荷载不应取其标准值作为它的代表值，而应取其"准永久值"作为它的代表值。所谓准永久值是指可变荷载在结构设计基准期 T 内经常作用的那一部分荷载，它对结构的影响类似于永久荷载，达到和超过准永久值的总持续时间与整个设计基准期的比值一般取为不大于 0.5。

可变荷载的准永久值可由可变荷载标准值 Q_k 乘以相应的长期组合系数 $\rho(\rho \leqslant 1)$ 得出，可见，荷载准永久值实际上是考虑效应的长期组合而对可变荷载标准值的一种折减。

3. 荷载组合值

当结构构件承受两种或两种以上的可变荷载时，考虑到各种可变荷载不可能同时以其最大值(标准值)出现，因此除了一个主要可变荷载外，其余可变荷载应在其标准值上乘以

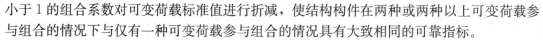

小于1的组合系数对可变荷载标准值进行折减，使结构构件在两种或两种以上可变荷载参与组合的情况下与仅有一种可变荷载参与组合的情况具有大致相同的可靠指标。

《建筑结构荷载规范》（GB 50009—2012)将可变荷载组合值记为 $\psi_c Q_k$，其中 Q_k 为某种可变荷载标准值，ψ_c 为组合系数。但目前，尚无足够资料能确切地得出不同的荷载组合时的组合系数，因此该规范仅规定了综合的荷载组合系数：当有风荷载参与组合时，可变荷载的组合系数 ψ_c 取为 0.6；当无风荷载参与组合时，则组合系数全部取为 1.0。

任务 2.2　某教学楼楼面荷载效应值计算

2.2.1　结构设计的原则

1. 3 种设计状态

1）持久状况——针对使用阶段

其设计计算内容 $\begin{cases}承载能力极限状态（抗弯、抗剪、抗压、稳定性、倾覆等）\\ 正常使用极限状态（变形、裂缝、耐久性）\end{cases}$

2）短暂状况——针对施工阶段

其设计计算内容包括承载能力极限状态（限制应力）。结构体系及作用与使用阶段不同。

3）偶然状况——针对罕遇地震、撞击

特点为出现概率极小、持续时间极短、破坏力极大。其设计计算内容为承载能力极限状态。

根据建筑结构破坏后果的严重程度，建筑结构划分为3个安全等级，设计时应根据具体情况按照表2-2的规定选用相应的安全等级。

表 2-2　建筑结构的安全等级

安全等级	破坏后果	建筑物类型
一级	很严重	重要的建筑物
二级	严重	一般的建筑物
三级	不严重	次要的建筑物

结构设计的原则是结构抗力 R 不小于荷载效应 S，事实上，由于结构抗力与荷载效应都是随机变量，因此，在进行结构和结构构件设计时采用基于极限状态理论和概率论的计算设计方法，即概率极限状态设计法。同时考虑到应用上的简便，我国《统一标准》提出了一种便于实际使用的设计表达式，称为实用设计表达式。实用设计表达式采用了荷载和材料强度的标准值以及相应的分项系数来表示的方式。极限状态共分两大类——承载能力极限状态和正常使用极限状态。

2. 承载能力极限状态计算

对于承载能力极限状态，结构构件应按荷载效应（内力）的基本组合和偶然组合（必要

时)进行，并以内力和承载力的设计值来表达，其设计表达式为

$$\gamma_0 S \leqslant R$$

式中　　γ_0——结构重要性系数，安全等级一级或设计使用年限为 100 年以上的结构构件，不应小于 1.1；安全等级为二级或设计使用年限为 50 年的结构构件，不应小于 1.0；安全等级为三级或设计使用年限为 5 年以下的结构构件，不应小于 0.9；

　　　　S——承载能力极限状态的荷载效应组合设计值；即内力(轴力、弯矩、剪力、扭矩)组合设计值；

　　　　R——结构构件承载力(抗力)设计值。

特别提示

　　作用效应是由作用引起的结构或构件的反应。如对钢筋混凝土结构而言，结构上的作用使结构产生内力与变形，还可能使之出现裂缝，这些都是作用效应，是作用在结构上的反应。荷载效应是指由荷载引起的结构或构件的反应。

　　1) 荷载效应(内力)组合设计值的计算

　　当结构上同时作用两种及两种以上可变荷载时，要考虑荷载效应(内力)的组合。荷载效应组合是指在所有可能同时出现的各种荷载组合中，确定对结构或构件产生的总效应，取其最不利值。承载能力极限状态的荷载效应组合分为基本组合(永久荷载＋可变荷载)与偶然组合(永久荷载＋可变荷载＋偶然荷载)两种情况。

　　(1) 基本组合。《建筑结构荷载规范》GB 50009—2012 规定，对于基本组合，荷载效应组合的设计值应从由可变荷载效应控制的组合和由永久荷载效应控制的两组组合中取最不利值确定。

　　① 由可变荷载效应控制的组合：

$$S = \gamma_G S_{Gk} + \gamma_{Q1} S_{Q1k} + \sum_{i=2}^{n} \gamma_{Qi} \varphi_{ci} S_{Qik}$$

　　② 由永久荷载效应控制的组合：

$$S = \gamma_G S_{Gk} + \sum_{i=1}^{n} \gamma_{Qi} \psi_{ci} S_{Qik}$$

式中　　S_{Gk}——按永久荷载标准值 G_k 计算的荷载效应值；

　　　　S_{Qk}——按可变荷载标准值 Q_{ik} 计算的荷载效应值，其中 S_{Q1k} 为诸可变荷载效应中起控制作用者；

　　　　γ_G——永久荷载分项系数，其值见表 2-3；

　　　　γ_{Qi}——第 i 个可变荷载的分项系数，其中 γ_{Q1} 为可变荷载 Q_1 的分项系数，其值见表 2-3；

　　　　ψ_{ci}——第 i 个可变荷载 Q_i 的组合值系数，一般楼面活荷载、雪荷载取 0.7，风荷载取 0.6；

　　　　n——参与组合的可变荷载数。

表 2-3 基本组合的荷载分项系数

永久荷载分项系数 γ_G				可变荷载分项系数 γ_Q	
其效应对结构不利时		其效应对结构有利时			
由可变荷载效应控制的组合	1.2	一般情况	1.0	一般情况	1.4
由永久荷载效应控制的组合	1.35	对结构的倾覆、滑移或漂浮验算	0.9	对标准值大于 $4kN/m^2$ 的工业房屋楼面结构的荷载	1.3

③ 对于一般排架、框架结构，荷载效应组合设计值可采用简化规则，并按下列组合值中取最不利的情况确定。

　　a. 由可变荷载效应控制的组合：$S = \gamma_G S_{Gk} + \gamma_{Q1} S_{Q1k}$

$$S = \gamma_G S_{Gk} + 0.9 \sum_{i=1}^{n} \gamma_{Qi} S_{Qik}$$

　　b. 由永久荷载效应控制的组合，按 $S = \gamma_G S_{Gk} + \sum_{i=1}^{n} \gamma_{Qi} \psi_{ci} S_{Qik}$ 计算。

 特别提示

荷载的具体组合规则及组合值系数，应符合《建筑结构荷载规范》(GB 50009—2012)的规定。

（2）偶然组合。偶然组合是指一个偶然作用与其他可变荷载相结合，这种偶然作用的特点是发生概率小，持续时间短，但对结构的危害大。由于不同的偶然作用（如地震、爆炸、暴风雪等），其性质差别较大，目前尚难给出统一的设计表达式，具体的设计表达式及各种系数值，应符合有关规范的规定。

2) 结构构件承载力设计值的计算

结构构件承载力设计值与材料的强度、材料用量、构件截面尺寸、形状等有关，根据结构构件类型的不同，承载力设计值（即构件能够承受的轴力、弯矩和剪力、扭矩）的计算方法也不相同，具体计算公式将在以后的各章节进行研究。

3. 正常使用极限状态设计表达式

正常使用极限状态是构件达到正常使用或耐久性的某项限值。例如，结构的变形或震动是否过大；构件的裂缝是否出现过早、过宽；抗力是否降低过快。但这些现象并不立即引起结构破坏，造成生命财产的严重损失。因此，正常使用极限状态设计的可靠水平一般要低于承载能力极限状态，但如处理不当，会引起结构的使用寿命缩短、外观差、民众恐惧。所以适当降低对可靠度的要求，只取荷载标准值，不需乘分项系数，也不考虑结构重要性系数。

对于正常使用极限状态，应根据不同的设计要求，采用荷载的标准组合、频遇组合或准永久组合，并按下列设计表达式进行设计，使变形、裂缝、振幅等计算值不超过相应的规定限值。

即

$$S \leqslant C$$

式中　C——结构或结构构件达到正常使用要求的规定限值，如变形、裂缝、振幅、加速度、应力等的限值，应按各有关《建筑结构设计规范》的规定采用。

（1）标准组合：主要用于当一个极限状态被超越时将产生严重的永久性伤害的情况。

$$S = S_{Gk} + S_{Q1k} + \sum_{i=2}^{n} \psi_{ci} S_{Qik}$$

（2）频遇组合：主要用于当一个极限状态被超越时将产生局部损害、较大变形或短暂振动的情况。

$$S = S_{Gk} + \psi_{f1} S_{Q1k} + \sum_{i=2}^{n} \psi_{qi} S_{Qik}$$

式中　ψ_{f1}——可变荷载 Q_1 的频遇值系数；

　　　ψ_{qi}——可变荷载 Q_i 的准永久值系数。

（3）准永久组合：主要用于当长期效应是决定性因素的情况。

$$S = S_{Gk} + \sum_{i=1}^{n} \psi_{qi} S_{Qik}$$

对正常使用极限状态的设计包括两个方面，受弯构件的挠度验算和裂缝控制验算。对受弯构件的挠度验算，受弯构件的最大挠度应按荷载效应的标准组合并考虑荷载长期作用影响进行计算，其计算值不应超过表 2-4 规定的挠度限值。

表 2-4　受弯构件的挠度限值

构件类型	挠度限值
吊车梁：手动吊车 　　　　电动吊车	10/500 10/600
屋盖、楼盖及楼梯构件 当 $l_0 < 7$m 时 当 7m $\leqslant l_0 \leqslant 9$m 时 当 $l_0 > 9$m 时	10/200（10/250） 10/250（10/300） 10/300（10/400）

对裂缝控制验算，由于结构类别及所处的环境不同，先选用相对应的裂缝控制等级及最大裂缝宽度限制，见表 2-5。

表 2-5　结构构件的裂缝控制等级及最大裂缝宽度限制

环境类别	钢筋混凝土结构		预应力混凝土结构	
	裂缝控制等级	$\omega_{lim}/$mm	裂缝控制等级	$\omega_{lim}/$mm
一	三	0.3（0.4）	三	0.2
二	三	0.2	二	—
三	三	0.2	一	—

表 2-5 中环境类别按表 2-6 确定，严寒和寒冷的划分见表 2-7。

表2-6　混凝土结构的环境类别

环境类别		条件
一		室内正常环境
二	a	室内潮湿环境、非严寒和非寒冷地区的露天环境、与无侵蚀性的水或土壤直接接触的环境
	b	严寒和寒冷地区的露天环境、与无侵蚀性的水或土壤直接接触的环境
三		使用除冰盐的环境、严寒和寒冷地区冬季水位变动的环境、滨海室外环境
四		海水环境
五		受人为或自然的侵蚀性物质影响的环境

表2-7　严寒和寒冷的划分

分区名称	最冷月平均温度/℃	日平均温度不高于5℃的天数
严寒地区	≤-10	≥45
寒冷地区	-10~0	90~145

2.2.2　应用案例

某教学楼楼面荷载效应值计算

某教学楼楼面采用钢筋混凝土七孔板，安全等级为二级。板长3.3m，计算跨度为3.18m，板宽0.9m，七孔板自重为2.04kN/m²，后浇混凝土层厚40mm，板底抹灰层厚20mm，可变荷载取1.5kN/m²。试计算按承载力极限状态和正常使用极限状态设计时的截面弯矩设计值。

【解】（1）基本参数。查《荷载规范》得：$\gamma_0=1.0$，$\gamma_G=1.2$，$\gamma_Q=1.4$，组合值系数为0.7，准永久值系数为0.5，频遇值系数为0.6。

（2）荷载效应标准值计算如下。

永久荷载标准值的计算如下。

结构层的自重：2.04kN/m²

40mm后浇混凝土面层：25×0.04=1kN/m²

20mm板底抹灰层：20×0.02=0.4kN/m²

永久荷载标准值为：2.04+1+0.4=3.44kN/m²

沿板长每米均布永久荷载标准值为：0.9×3.44=3.1kN/m

可变荷载每米标准值为：0.9×1.5=1.35kN/m

简支板在均布永久荷载作用下的弯矩为

$$M=\frac{1}{8}gl_0^2=\frac{1}{8}\times3.1\times3.18^2=3.92\ \text{kN·m}$$

简支板在均布可变荷载作用下的弯矩为

$$M=\frac{1}{8}gl_0^2=\frac{1}{8}\times1.35\times3.18^2=1.71\ \text{kN·m}$$

（3）按承载能力极限状态设计时的弯矩设计值。

由可变荷载效应控制的基本组合：
$$S=\gamma_G S_{Gk}+\gamma_{Q1} S_{Q1k}=1.2\times3.92+1.4\times1.71=7.1kN \cdot m$$
弯矩组合设计值应取 $7.1kN \cdot m$。

（4）按正常使用极限状态验算时的弯矩设计值。

标准组合：$S=S_{Gk}+S_{Q1k}=3.92+1.71=5.63kN \cdot m$

准永久组合：$S=S_{Gk}+\sum_{i=1}^{n}\psi_{qi} S_{Qik}=3.92+0.5\times1.71=4.78kN \cdot m$

频遇组合：$S=S_{Gk}+\psi_{f1} S_{Q1k}+\sum_{i=2}^{n}\psi_{qi} S_{Qik}=3.92+0.6\times1.71=4.95kN \cdot m$

小　结

　　本项目主要叙述了建筑结构的功能要求、极限状态、荷载效应、结构抗力的概念；讲述了结构构件承载力极限状态和正常使用极限状态的使用设计表达式以及表达式中各符号所代表的含义。

　　整个结构或结构的某一部分超过某一特定状态，不能满足设计规定的某一功能的要求时，则此特定状态称为该功能的极限状态。结构的极限状态分为承载力极限状态和正常使用极限状态两种。在这两种极限状态中，一般情况下，超过承载能力极限状态所造成的后果比超过正常使用极限状态更严重。因此，在设计任何钢筋混凝土结构构件时，必须进行承载能力计算，同时，还要求对正常使用极限状态进行验算，以确保结构符合对安全、适用和耐久性的要求。

习　题

一、思考题

1. 荷载有哪些类型？

2. 什么是荷载效应？荷载效应的分类有哪些？

3. 为什么荷载要采用代表值？荷载的代表值有哪些？是如何确定的？

4. 何谓结构抗力？为什么说结构抗力是一个随机过程？抗力的不定因素主要包括哪些？

5. 结构的功能要求包括哪些？如何满足这些要求？

6. 什么是材料强度标准值？

7. 混凝土的强度指标有哪些？它们之间的关系如何？

8. 结构的自重如何计算？

9. 荷载效应与荷载有何区别？有何联系？

10. 结构有哪些极限状态？

二、计算题

1. 一教室的钢筋混凝土简支梁，计算跨度 $l=4m$，支承在其上的板的自重及梁的自重等永久荷载的标准值为 $12kN/m$，楼面活荷载传给该梁的荷载标准值为 $8kN/m$，梁的计算简图如图2.17所示，求按承载力计算时该梁跨中截面弯矩组合设计值。

2. 某简支梁，计算跨度 $l_0=4m$，承受均布荷载为永久荷载，其标准值为 $g_k=3000N/m$，跨中承受集中荷载为可变荷载，其标准值为 $F_k=1000N$。结构的安全等级为二级。求由可变荷载效应控制和由永久荷载效应控制的梁跨中截面的弯矩设计值。

3. 图2.18所示为某悬臂外伸梁，跨度 $l=AB=6m$，伸臂的外挑长度 $a=BC=2m$，截面尺寸 $bh=250mm\times500mm$，承受永久荷载标准值 $g_k=20000N/m$，可变荷载标准值 $q_k=10kN/m$。组合值系数 $\psi_c=0.7$，结构的安全等级为二级。试计算：①AB 跨中的最大弯矩设计值；②B 支座截面处的最大弯矩设计值。

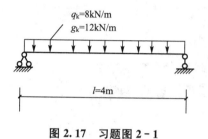

图2.17 习题图2-1　　　　　　　图2.18 习题图2-2

项目3

静定平面桁架计算

教学目标

了解桁架结构的应用，理解桁架的简化计算所作的假设，能判断桁架中的零杆，会计算简单静定平面桁架。

教学要求

知识要点	能力要求	相关知识	所占分值（100分）
桁架的概念	识别桁架结构	桁架的简化计算假定	20
零杆	会判别零杆	平面汇交力系平衡	20
节点法	用节点法计算桁架杆件内力	平面汇交力系平衡	30
截面法	用截面法计算桁架杆件内力	一般力系平衡	30

引例

兰州中山桥俗称"中山铁桥"、"黄河铁桥"（图3.1），位于滨河路中段北侧，白塔山下、金城关前，建于公元1907年（清光绪三十三年），是兰州历史最悠久的古桥，也是5464km黄河上第一座真正意义上的桥梁，因而有"天下黄河第一桥"之美称。

图3.1 兰州中山桥

中山桥的前身是黄河浮桥。当时有这样一首民谣："黄河害，黄河险；凌洪不能渡，大水难行船；隔河如隔天，渡河如渡鬼门关！"可见当时要渡过黄河是多么的艰难。南北两岸的人要过黄河，夏秋凭小船和羊皮筏子横渡，冬天河面结冰，只能在冰上行走。

1906年，总办甘肃洋务的彭英甲奏清朝廷，批准修建黄河铁桥，并在1906年10月以16.5万两白银包工包料的总价承包给德国泰来洋行，合同规定，铁桥自完工之日起保固80年。黄河铁桥竣工之后，实际耗银30.66万两。

修建铁桥所用的钢材、水泥等材料都是从德国购置，海运到天津，由京奉铁路运到北京丰台火车站，再由京汉铁路运到河南新乡。从新乡取道西安，分36批，用马车运到兰州。

一个清晨，数十辆大马车浩浩荡荡从新乡火车站简陋的货场里潮水般涌了出来，车轮声，马蹄声，铃铛声，还有梆子，秦腔，花儿，马的嘶鸣，汇成了一曲众声混杂的交响乐，响彻漫漫古道，从新乡到西安，从西安到兰州，从光绪三十三年八月到第二年五月……

1942年，为纪念孙中山先生而将其改名为"中山桥"。中山桥不但经受了3次黄河特大流量的考验，而且在1949年8月26日的解放兰州战役中，炮弹击中了过桥的两辆国民党军车，车上弹药爆炸，大火烧毁了桥南端18节木桥面和部分纵梁。军管会组织了300多人星夜抢修。

1954年，兰州市人民政府对铁桥进行了整修，将原有的梯形拱架换成了5座弧形钢架拱梁，将原来的木板桥面全部换成现在的铁板桥面。现在兰州市的桥梁已达10余座，使自西固达川入境，从榆中与白银交界的乌金峡出境，在兰州境内全长152km的黄河成为桥梁最密集的河段。

铁桥古渡老斜阳，塔影河声寻旧梦……

今天，中山桥的观赏价值、历史和文物价值已远远大于它的交通价值，成为百里黄河风情线上最引人注目的金城一景。

武汉长江大桥，位于湖北省武汉市，大桥横跨于武昌蛇山和汉阳龟山之间，是中国在长江上修建的第一座铁路、公路两用桥梁，被称为"万里长江第一桥"（图3.2）。武汉长江大桥于1955年9月1日开工建设，于1957年10月15日建成通车。

大桥的建设得到了当时苏联政府的帮助，苏联专家为大桥的设计与建造提供了大量的指导，但是中苏关系破裂之后，苏联政府撤走了全部专家，最后的建桥工作是由茅以升先生主持完成的。大桥建成之后，将武汉三镇连为一体，极大地促进了武汉的发展。从全国的宏观角度来看，大桥的建成意义更是在于将京广铁路连接起来，使得长江南北的铁路运输通畅起来。毛泽东于1956年6月首次在武汉畅游长江后（当时武汉长江大桥正在建设）所作的诗词《水调歌头·游泳》中，"一桥飞架南北，天堑变通途"一句正是描写武汉长江大桥对沟通中国南北交通的重要作用。

图 3.2　武汉长江大桥

通过反复的论证、实验和创新，武汉长江大桥设计有足够安全储备。武汉铁路局专家介绍，当年，设计中以极端环境为标准，假设两列双机牵引火车，以最快速度同向开到桥中央，同步紧急刹车；同一时刻，公路桥满载汽车，以最快速度行驶，也来个紧急刹车；还是这个时间，长江刮起最大风暴、武汉发生地震、江中 300t 水平冲力撞到桥墩上，武汉长江大桥仍需有足够的承受能力。

武汉长江大桥凝聚着设计者匠心独运的机智和建设者们精湛的技艺。8 个巨型桥墩矗立在大江之中，米字形桁架与菱格带副竖杆使巨大的钢梁透出一派清秀的气象；35m 高的桥台耸立在两岸，给大桥增添了雄伟气势。从晴川阁、龟山、大桥到莲花湖、蛇山、黄鹤楼，绵亘连接，相得益彰，组成一片宏大连绵、美丽动人的景点群。它不仅是长江上一道亮丽的风景，而且也是一座历史丰碑，在江城人们的生活中留下了不可磨灭的印象。

50 多年前，毛泽东用短短 11 个字铭记了这座桥的伟岸。今天，这座桥横跨的风华依然美妙绝伦。没有一座桥有武汉长江大桥如此厚重，承载了如此多的光荣与梦想。50 多年来，历经风雨沧桑的武汉长江大桥巍然挺立大江之上，肩负着每分钟 60 多辆汽车、每 6 分钟一列火车通过的荷载，经受了无数次洪水、大风的洗礼，更承受了 70 多次碰撞事故的考验，仍然雄风不减、傲立于滔滔江水之上。

案例小结

从案例图片中可以看出，组成兰州中山桥和武汉长江大桥的主体结构均是由杆件在相应的节点上连接成几何不变的格构式梁，此类结构称为桁架。

由材料力学可知，受弯的实心梁，其截面的应力分布是很不均匀的，因此材料的强度不能充分发挥。现对实心梁作如图 3.3 所示的改造。

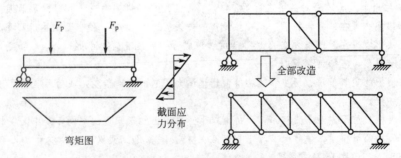

图 3.3　实心梁、桁架对比

实际工程中的桁架是比较复杂的，与上面的理想桁架相比需引入以下的假定。

(1) 所有的节点都是理想的铰节点。

(2) 各杆的轴线都是直线并通过铰的中心。

(3) 荷载与支座反力都作用在节点上。

在上述理想情况下，桁架各杆均为两端铰接的直杆，仅在两端受约束力作用，故只产生轴力，这类杆件也称为二力杆。在轴向受拉或受压的杆件中，由于截面上的应力均匀分布且同时达到极限值，故材料能得到充分的利用。在跨度较大时可比实腹梁节省材料，减轻自重和增大刚度，故适用于较大跨度的承重结构和高耸结构，如屋架、桥梁、输电线路塔、卫星发射塔、水工闸门、起重机架等。

只受节点荷载作用的等直杆的理想铰结体系称桁架结构。它是由一些杆轴交于一点的工程结构抽象简化而成的。桁架在建造木桥和屋架上最先见诸实用。古罗马人用桁架修建横跨多瑙河的特雷江桥的上部结构(发现于罗马的浮雕中)，文艺复兴时期，意大利建筑师(拔拉雕，Palladio)也开始采用木桁架建桥出现朗式、汤式、豪式桁架。英国最早的金属桁架是在1845年建成的，是和汤式木桁架相似的格构桁架，第二年又采用了三角形的华伦式桁架。

预备知识

1. 静力学公理

为了讨论物体的受力分析，研究力系的简化和平衡条件，必须先掌握一些最基本的力学规律。这些规律是人们在生活和生产活动中长期积累的经验总结，又经过实践反复检验，被认为是符合客观实际的最普遍、最一般的规律，称为静力学公理。静力学公理概括了力的基本性质，是建立静力学理论的基础。

公理1 力的平行四边形法则

作用在物体上同一点的两个力可以合成为一个合力。合力的作用点也在该点，合力的大小和方向由这两个力为邻边构成的平行四边形的对角线确定，如图3.4(a)所示，即

$$F = F_1 + F_2 \tag{3-1}$$

亦可另作一力三角形来求两汇交力合力矢的大小和方向，即依次将 F_1 和 F_2 首尾相接画出，最后由第一个力的起点至第二个力的终点形成三角形的封闭边，即为此二力的合力矢量 F，如图3.4(b)所示，称为力的三角形法则。

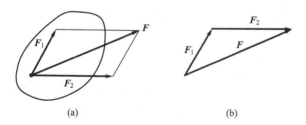

(a)　　　　　　　　　　(b)

图3.4 力的平行四边形法则和三角形法则

公理2 二力平衡公理

作用在刚体上的两个力使刚体处于平衡的充要条件是：这两个力大小相等，方向相反，且作用在同一直线上。如图3.5所示，该两力的关系可用如下矢量式表示

$$F_1 = -F_2 \tag{3-2}$$

这一公理揭示了作用于刚体上的最简单的力系平衡时所必须满足的条件，满足上述条件的两个力称为一对平衡力。需要说明的是，对于刚体，这个条件既必要又充分，但对于变形体，这个条件是不充分的。

只在两个力作用下而平衡的刚体称为二力构件或二力杆，根据二力平衡条件，二力杆两端所受两个力大小相等、方向相反，作用线沿两个力的作用点的连线，如图3.6所示。

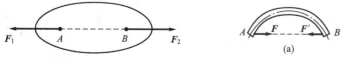

图3.5 二力平衡公理

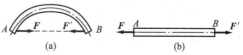

图3.6 二力构件、二力杆

公理3　加减平衡力系公理

在已知力系上加上或减去任意的平衡力系并不改变原力系对刚体的作用。

这一公理是研究力系等效替换与简化的重要依据。根据上述公理可以导出如下两个重要推论。

推论1　力的可传性

作用于刚体上某点的力可以沿着它的作用线滑移到刚体内任意一点，并不改变该力对刚体的作用效果，如图3.7所示。

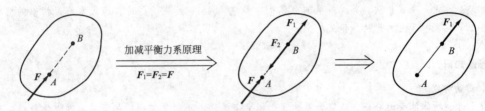

图 3.7　力的可传性

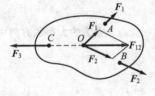

图 3.8　三力平衡汇交定理

推论2　三力平衡汇交定理

一刚体受共面不平行的三个力作用而平衡时，这三个力的作用线必汇交于一点，如图3.8所示。

公理4　作用与反作用定律

两个物体间的作用力与反作用力总是同时存在的，且大小相等，方向相反，沿着同一条直线，分别作用在两个物体上。若用F表示作用力，F'表示反作用力，则

$$F = -F' \tag{3-3}$$

该公理表明，作用力与反作用力总是成对出现的，但它们分别作用在两个物体上，因此不能视作平衡力。

2. 力的投影　合力投影定理

1) 力在坐标轴上的投影

如图3.9(a)所示，设有力F与x轴共面，由力F的始端A点和末端B点分别向x轴作垂线，垂足为a和b，则线段ab的长度冠以适当的正负号就表示力F在x轴上的投影，记为F_x。如果从a到b的指向与x轴的正向一致，则F_x为正值，反之为负值。

力F与x轴正向间的夹角为α，则力F在x轴上的投影为

$$F_x = F\cos\alpha \tag{3-4}$$

力在坐标轴上的投影是代数量。当$0 \leqslant \alpha < 90°$时，F_x为正值；当$90° < \alpha \leqslant 180°$时，$F_x$为负值，当$\alpha = 90°$时，$F_x$为零。

如图3.9(b)所示，当$90° < \alpha \leqslant 180°$时，可按下式计算$F_x$

$$F_x = F\cos\alpha = F\cos(180-\beta) = -F\cos\beta \tag{3-5}$$

图 3.9　力的投影

2) 合力投影定理

若作用于一点的n个力F_1，F_2，…，F_n的合力为F_R，则：**合力在某轴上的投影等于各分力在同一轴上投影的代数和**，这就是合力投影定理。在平面直角坐标系中，有

$$F_{Rx} = \sum F_{ix}, \quad F_{Ry} = \sum F_{iy} \tag{3-6}$$

3. 平面汇交力系

平面汇交力系是作用在平面内的所有力的作用线都汇交于一点的力，它是平面一般力系的特殊情况。下面通过两种方法——几何法和解析法，讨论该力系的简化(或合成)与平衡的问题。

1) 几何法

设汇交于A点的汇交力系由n个力F_1，F_2，…，F_n组成。根据力的三角形法则，将各力依次合成，

即：$F_1+F_2=F_{R1}$，$F_{R1}+F_3=F_{R2}$，$\cdots$，$F_{Rn-1}+F_n=F_R$，F_R 为最后的合成结果，即原力系的合力。将各式合并，则汇交力系合力的矢量表达式为

$$F_R = F_1+F_2+\cdots+F_n = \sum F_i \qquad (3-7)$$

如图 3.10(a)所示，作用在刚体上的 4 个力 F_1、F_2、F_3 和 F_4 汇交于点 O，如图 3.10(b)所示。为求出通过汇交点 O 的合力 F_R，连续应用力的三角形法则得到开口的力多边形 $abcde$，最后多边形的封闭边矢量 ae 就确定了合力 F_R 的大小和方向，这种通过力多边形求合力的方法称为力多边形法则。改变分力的作图顺序，力多边形改变，如图 3.10(c)所示，但其合力 F_R 不变。

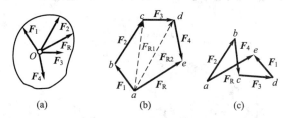

图 3.10 平面汇交力系

由此看出，汇交力系的合成结果是一合力，合力的大小和方向由各力的矢量和确定，作用线通过汇交点。对于空间汇交力系，按照力多边形法则，得到的是空间力多边形。

平面汇交力系平衡的充分必要条件是力系的合力为零。即

$$\sum_{i=1}^{n} F_i = 0 \qquad (3-8)$$

由此可以得到力多边形的封闭边要不存在，力的多边形必自行封闭，即力的多边形中第一个力矢量的起点与最后一个力矢量的终点重合。力的多边形自行封闭是平面汇交力系平衡的几何条件。

2) 解析法

若已知分力在平面直角坐标轴上的投影 F_{ix}，F_{iy}，则合力 F_R 的大小和方向为

$$F_R = \sqrt{F_{Rx}^2+F_{Ry}^2} = \sqrt{\left(\sum_{i=1}^{n} F_{ix}\right)^2 + \left(\sum_{i=1}^{n} F_{iy}\right)^2} \qquad (3-9)$$

$$\cos a = \frac{F_{Rx}}{F_R} = \frac{\displaystyle\sum_{i=1}^{n} F_{ix}}{F_R}$$

平面汇交力系平衡的充分必要条件是平面汇交力系的合力为零。由式(3-9)得

$$F_R = \sqrt{F_{Rx}^2+F_{Ry}^2} = \sqrt{\left(\sum_{i=1}^{n} F_{ix}\right)^2 + \left(\sum_{i=1}^{n} F_{iy}\right)^2} = 0$$

从而得平面汇交力系平衡方程

$$\sum_{i=1}^{n} F_{ix} = 0; \quad \sum_{i=1}^{n} F_{iy} = 0 \qquad (3-10)$$

平面汇交力系平衡的解析条件是：力系中各力在直角坐标轴上投影的代数和为零。式(3-10)为两个独立的方程，可求解两个未知力。

任务 3.1 静定平面桁架计算概述

桁架的内力计算有两种方法：节点法和截面法。桁架杆件内力正负号的规定为：拉力为正，压力为负。

3.1.1 节点法

节点法是截取桁架的一个节点为脱离体，作用在节点上的力组成一个平面汇交力系，

利用平衡条件$\sum F_x=0$，$\sum F_y=0$可求出两个未知内力。要求每个节点未知力不多于两个。

【例3.1】 求平面桁架各杆的内力，其受力及几何尺寸如图3.11(a)所示。

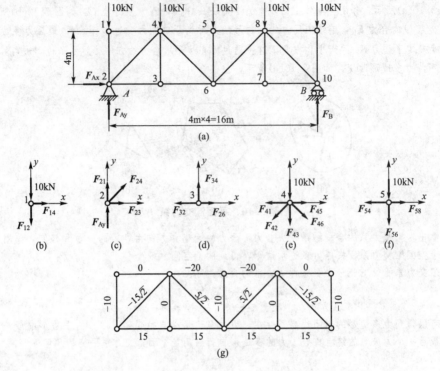

图3.11 【例3.1】图

【解】

(1) 取整体为研究对象，求支座反力，受力如图3.11(a)所示。

由于结构对称，载荷对称，则对称的支座反力也相等，即

$$F_{Ay}=F_B=25\text{kN}(\uparrow)$$

(2) 求平面桁架各杆的内力。假设各杆的内力为拉力。

1节点：受力图如图3.11(b)所示，列平衡方程

$$\sum F_x=0, \quad F_{14}=0$$
$$\sum F_y=0, \quad -F_{12}-10=0$$

解得

$$F_{14}=0, \quad F_{12}=-10\text{kN}(\text{压})$$

2节点：受力图如图3.11(c)所示，列平衡方程

$$\sum F_x=0, \quad F_{23}+F_{24}\cos45°=0$$
$$\sum F_y=0, \quad F_{21}+F_{24}\sin45°+F_{Ay}=0$$

由于$F_{21}=F_{12}=-10\text{kN}$，代入上式得

$$F_{24}=-15\sqrt{2}\text{kN}(\text{压}) \quad F_{23}=15\text{kN}(\text{拉})$$

3节点：受力图如图3.11(d)所示，列平衡方程

$$\sum F_x=0, \quad F_{36}-F_{32}=0$$

$$\sum F_y = 0, \quad F_{34} = 0$$

由于 $F_{32} = F_{23} = 15\text{kN}$，代入上式得

$$F_{36} = 15\text{kN}(拉), \quad F_{34} = 0$$

4 节点：受力图如图 3.11(e)所示，列平衡方程

$$\sum F_x = 0, \quad F_{45} + F_{46}\cos 45° - F_{41} - F_{42}\cos 45° = 0$$
$$\sum F_y = 0, \quad -F_{43} - F_{46}\sin 45° - F_{42}\sin 45° - 10 = 0$$

由于 $F_{41} = F_{14} = 0$，$F_{42} = F_{24} = -15\sqrt{2}\text{kN}$，$F_{43} = F_{34} = 0$，代入上式得

$$F_{45} = -20\text{kN}(压), \quad F_{46} = 5\sqrt{2}\text{kN}(拉)$$

5 节点：受力图如图 3.11(f)所示，列平衡方程

$$\sum F_x = 0, \quad F_{58} - F_{54} = 0$$
$$\sum F_y = 0, \quad -F_{56} - 10 = 0$$

由于 $F_{54} = F_{45} = -20\text{kN}$，代入上式得

$$F_{58} = -20\text{kN}(压) \quad F_{56} = -10\text{kN}(压)$$

由对称性，剩下部分可不用再求。将内力表示在图上，如图 3.11(g)所示。

注意，二力杆的内力在求解前一律假定为拉力，求解后根据正负号一定注明拉或压，如 $F_{58} = -20\text{kN}(压)$。

由上面的例子可见，桁架中存在内力为零的杆，通常将内力为零的杆称为零杆。如果能在进行内力计算之前根据节点平衡的一些特点将桁架中的零杆找出来，便可以节省这部分计算工作量。

特别提示

平面桁架零杆判别的原则如下：

（1）不承受荷载且不在一直线上的两杆节点，两杆均为零杆，如图 3.12(a)所示。

（2）不承受荷载的 3 杆节点，有两杆在同一直线上，另一杆为零杆（称独杆），如图 3.12(b)所示。

（3）一个节点连着两个杆且有荷载作用，当荷载与其中一个杆在一条直线上时，第二个杆则为零杆。

这里顺便指出，按节点法可知不受荷载的 4 杆节点，其中每两杆互在一直线上，则它们两两相等，如图 3.12(c)所示。

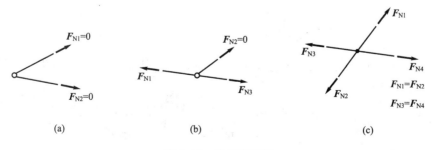

图 3.12　零杆的判断

根据上述原则不难判断出，图 3.13 所示的虚线部分的杆均是零杆。请读者自己判断。

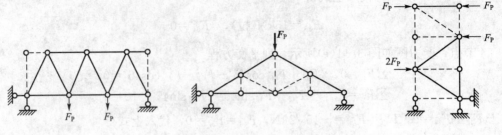

图 3.13 零杆的判断练习

3.1.2 截面法

在桁架的内力计算中有时只需要计算某几个指定杆的内力，这时用截面法比较方便。截面法就是选择一适当的截面切断欲求内力的杆件，取桁架的一部分（至少包括两个节点）为脱离体，作用在脱离体上的力组成一个平面一般力系，利用平衡条件 $\sum F_x = 0$，$\sum F_y = 0$，$\sum M = 0$ 可求出 3 个未知内力。

【**例 3.2**】 一平面桁架的受力及几何尺寸如图 3.14(a)所示，试求 1、2、3 杆的内力。

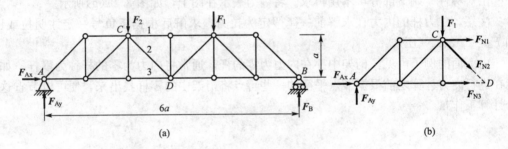

图 3.14 【例 3.2】图

【**解**】

(1) 求支座约束力，受力如图 3.14(a)所示。列平衡方程

$$\sum M_B = 0, \quad 6aF_{Ay} - 4aF_1 - 2aF_2 = 0$$

$$\sum F_x = 0, \quad F_{Ax} = 0$$

解得

$$F_{Ay} = \frac{2F_1 + F_2}{3}$$

(2) 求 1、2、3 杆的内力。假想将 1、2、3 杆截开，取左侧为研究对象，如图 3.14(b)所示。列平衡方程

$$\sum M_C = 0, \quad -2aF_{Ay} + aF_{N3} = 0$$

$$\sum F_y = 0, \quad F_{Ay} - F_1 - F_{N2}\cos 45° = 0$$

$$\sum M_D = 0, \quad F_{N1}a + 3aF_{Dy} - F_1 a = 0$$

解得

$$F_{N1} = -(F_1 + F_2)(\text{压})$$

$$F_{N2} = \frac{\sqrt{2}}{3}(F_2 - F_1)(\text{拉、压不定，取决于 } F_1 \text{、} F_2 \text{ 的数值})$$

$$F_{N3} = \frac{1}{3}(4F_1 + 2F_2)(\text{拉})$$

在桁架计算中，有时将节点法和截面法联合应用，计算将会更方便。

小　结

桁架结构在土木工程中应用很广泛。特别是在大跨度结构中桁架更是一种重要的结构形式。原始的木屋架和现代的钢筋混凝土屋架就属于桁架；武汉长江大桥和南京长江大桥的主体结构也是桁架结构。

桁架的形式、桁架杆件之间的连接方式，以及它所用的材料是多种多样的。在分析桁架时必须抓住矛盾的主要方面，选取既能反映这种结构的本质又便于计算的计算简图。科学试验和理论分析的结果表明，各种桁架有着共同的特性：在节点荷载作用下，桁架中各杆的内力主要是轴力，而弯矩和剪力则很小，可以忽略不计。因而从力学的观点来看，各节点所起的作用和理想铰是接近的。

桁架的杆件均为二力杆，且外力作用在桁架的节点上。平面简单桁架的内力计算有以下两种方法：

（1）节点法，计算时应先从两个杆件连接的节点进行求解，列平面汇交力系的平衡方程，按节点顺序逐一节点求解。

（2）截面法，主要是求某些杆件的内力，即假想地将要求的杆件截开，取桁架的一部分为研究对象，列平面一般力系的平衡方程。注意每次截开只能求出杆件的 3 个未知力。在有些桁架的内力计算时还可联合应用上面两种方法。

习　题

一、思考题

1. 设力 F_1、F_2 在同一轴上的投影相等，问这两个力是否一定相等？

2. 举例说明桁架结构，阐述其受力特点。

3. 理想桁架做了哪些假设？

4. 有哪几种情况可以判别为零杆？

5. 节点法一次可以求解几个未知力？用什么力系的平衡方程求解？

6. 什么情况下用截面法？用什么力系的平衡方程求解？

二、计算题

1. 求如图 3.15 所示桁架的各杆内力。

2. 用截面($m-m$)法求图 3.16 所示桁架结构中指定杆 BD、BE、CE 的内力。

3. 平面桁架荷载及尺寸如图 3.17 所示，试求桁架中各杆的内力。

4. 桁架中的受力及尺寸如图 3.18 所示，求 1、2、3 杆的内力。

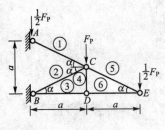

图 3.15 习题图 3-1

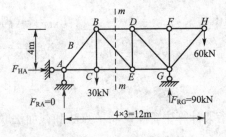

图 3.16 习题图 3-2

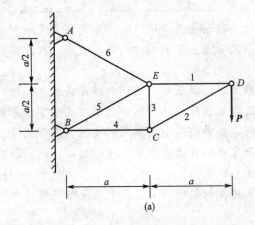

(a)

(b)

图 3.17 习题图 3-3

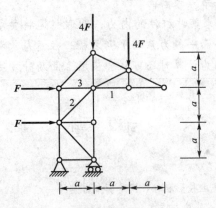

图 3.18 习题图 3-4

项目4

钢筋混凝土受压构件计算

教学目标

能设计钢筋混凝土轴心受压柱截面；能设计钢筋混凝土举行截面偏心受压柱截面；会校核受压构件承载力。

教学要求

知识要点	能力要求	相关知识	所占分值 （100分）
受压构件的构造要求	掌握受压构件的构造要求	材料强度、截面形式与尺寸、配筋构造等	20
轴心受压构件设计计算	掌握轴心受压构件设计计算要点	承载力计算公式和稳定系数等	40
偏心受压构件设计计算	掌握偏心受压构件设计计算要点	正截面破坏特征，正截面受压承载力计算方法	40

引例

约束混凝土的研究已有较悠久的历史。采用约束材料对混凝土进行约束可以有效地提高混凝土的强度和变形能力，提高构件的延性，并改善其抗震性能。常见的约束混凝土形式有箍筋约束、纤维约束和钢管约束混凝土，箍筋约束混凝土是最常见的形式。在建筑物和构筑物等工程结构中，经常使用的受压或受拉的钢筋混凝土纵向受力构件是箍筋约束混凝土的典型实例。图 4.1 所示为某厂房的排架柱，是典型的受压钢筋混凝土纵向受力构件。图 4.2、图 4.3 所示为某住宅楼钢筋混凝土柱，由于受压计算错误而失稳。

柱子孤零零地站在地上，四面无依无靠，上面负担着房顶或者楼板上的重量，下面很牢靠地在地底下生根。它是长长的、笔直的，而且上下一般粗。它把上面房顶或者楼板的重量传送到下面的土地中。它在房屋建筑里起着骨干作用，它上面所有的重量，不管多大，都由它包下来，由它负责，很好地传达到地面。房屋里有了柱子，由它顶住上面的东西，人们就可以安心地在下面读书或工作，它是把方便让与别人，把困难留给自己啊！

图 4.1 某厂房的排架柱

图 4.2 某住宅楼钢筋混凝土柱

图 4.3 钢筋混凝土受压构件破坏例图

 预备知识

一、力矩的概念

（一）力矩

由实践可知，力对刚体的作用效应除了能使刚体移动外，还能使刚体转动，力对刚体的移动效应是用力矢来度量的，而力对刚体的转动效应则是用力矩来度量的。

1. 力矩的定义

力对某点 O 的力矩等于力 F 的大小与力 F 的作用线距 O 点的垂直距离 d 的乘积，并冠以相应的正负号表示转向，如图 4.4 所示，用公式表示为

$$m_o(\boldsymbol{F}) = \pm \boldsymbol{F}d \tag{4-1}$$

式中 O——力矩中心，简称矩心；d——力臂；乘积 $\boldsymbol{F}d$——力矩的大小；

$\pm$——力矩的转向，且规定：力矩转向逆为正，顺为负，力矩的单位为 $N \cdot m$ 或 $kN \cdot m$。

注意：（1）平面力对点之矩是一个代数量。

（2）力矩中心不一定取在固定点上，也可以取外体上的任一点。

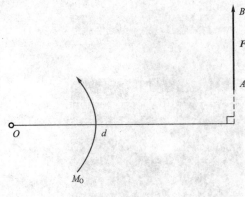

图 4.4 力矩

2. 力矩的性质

(1) 力对点之矩不但与力的大小和方向有关，还与矩心位置有关。

(2) 当力的大小为零或力的作用线通过矩心（即力臂 $d=0$）时，则力矩恒等于零。

(3) 当力沿其作用线移动时，并不改变力对点之矩。

(4) 互成平衡的两个力对于同一点之矩的代数和等于零，即两个平衡力对任一点的力矩和为零。

（二）合力矩定理

由力的平行四边形法则可知，两个共点力 F_1 和 F_2 对刚体的作用效应可用它的合力 R 来代替。这里所指的作用效应当然也包括刚体绕某点转动的效应，而力使物体绕某点的转动效应由力对该点的矩来度量，因此可得如下两个定理。

1. 两个共面共点力的合力矩定理

两个共点力的合力对作用平面内任一点矩应该等于两个分力对同一点的代数和。

2. 平面汇交力系的合力矩定理

平面汇交力系的合力对平面内任一点的矩，等于力系中各分力对同一点力矩的代数和。用式子表示为

$$m_o(R) = m_o(F_1) + m_o(F_2) + \cdots + m_o(F_n) = \sum m_o(F) \qquad (4-2)$$

合力矩定理给出了力系的合力与分力对同一点力矩的关系。可用来简化力矩的计算。例如，在计算力对某点的力矩时，有时力臂不易求出，可将此力分解为相互垂直的两个分力，若两个分力对该点的力臂已知，即可方便地求出两分力对该点的力矩代数和，从而求得此力对该点之矩。

二、力偶的概念

在生产和生活实践中，为了使物体发生转动，常在物体上施加两个大小相等、方向相反、不共线的平行力，如汽车司机用双手搬动方向盘驾驶汽车；钳工用丝锥攻丝时双手加力于丝锥手柄上。

1. 力偶的定义

由大小相等、方向相反、不共线的两个平行力组成的力系，称为力偶（图 4.5）。

其两力之间的距离 d 称为力偶臂。

力偶不能再简化为更简单的形式，所以力偶同力一样被看成组成力系的基本元素。

2. 力偶矩

由实践可知，组成力偶的力越大，或力偶臂越长，则力偶使物体的转动的效应越强；反之，就越弱。这说明力偶的转动效应不仅与两个力的大小有关，而且还与力偶臂的长短有关。

与力矩类似，用力和力偶臂的乘积并冠以正负号表示转向来度量力偶对物体的转动效应，称为力偶矩，用记号 $m(F, F')$ 表示，简记为 m。

即 $$m = \pm F \cdot d \qquad (4-3)$$

式中　正负号通常规定：力偶使物体逆时针转动时，力偶矩为正，反之为负。

力偶在其作用面内除了用两个力表示外，通常也可以用一个带箭头的弧线来表示，箭头表示力偶的转向，m 表示力偶矩的大小，如图 4.6 所示。

图 4.5　力偶

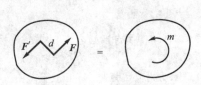

图 4.6　力偶矩

3. 力偶矩的单位

与力矩的单位相同，即为 N·m 或 kN·m。

4. 力偶的基本性质

力和力偶是力学中两个基本要素，力偶与力比较具有不同的性质，现分述如下：

(1) 力偶没有合力，故不能用一个力来代替。

(2) 力偶对其作用面内任一点的矩恒等于力偶矩，而与矩心位置无关。

(3) 在同一平面内的两个力偶，如果它们的力偶矩大小相等，转向相同，则这两个力偶等效。这个性质称为力偶的等效性。

从以上性质可以得到以下两个推论。

推论 1 只要保持力偶矩的大小和转向不变，力偶可在其作用面内任意转移，而不改变它对物体的转动效应。

也就是说，力偶对物体的作用效应与它在作用平面的位置无关。

推论 2 只要保持力偶矩的大小和转向不变，可以同时改变组成力偶的力的大小和力偶臂的长短，而不改变力偶对物体的转动效应。

力偶对物体的转动效应完全取决于力偶矩的大小、力偶的转向和力偶的作用面。这就是力偶的三要素。不同的力偶只要它们的这 3 个要素相同，则对物体的转动效应是相同的。

三、平面力偶系的合成与平衡

作用在某物体上有多个力偶组成的力系，称为力偶系。作用面在同一平面内的力偶系称为平面力偶系。

(一) 平面力偶系的合成

力偶对物体的作用效应是使刚体发生转动，平面力偶系对刚体的作用效应也是使刚体发生转动，如图 4.7 所示。

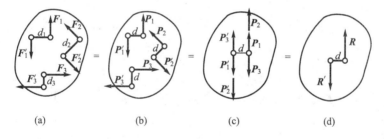

(a)   (b)   (c)   (d)

图 4.7　平面力偶系的合成

若有 n 个力偶，其力偶矩为 m_1，m_2，m_3，…，m_n，仍可用上述方法合成。即

$$M = m_1 + m_2 + \cdots + m_n = \sum_{i=1}^{n} m_i \tag{4-4}$$

于是得出结论：平面力偶系合成的结果是一个合力偶，其合力偶矩等于原力偶系中各分力偶矩的代数和。

(二) 平面力偶系的平衡条件

平面力偶系可以合成为一个合力偶等效代替，若合力偶矩等于零，则原力偶系必定平衡，反之，若原力偶系平衡，则合力偶矩必定为零。由此可得结论：平面力偶系平衡的必要和充分条件是平面力偶系中所有各力偶矩的代数和等于零，即

$$\sum m = 0 \tag{4-5}$$

式(4-5)称为平面力偶系的平衡方程，应用该方程只能求解平面力偶系中具有一个未知量的平衡问题。

四、力的平移定理

力的可传性原理表明，力可以沿其作用线滑移到刚体上的任一点，而不改变力对刚体的作用效应。但当力平行于原来的作用线移动到刚体上任一点时，力对刚体的作用效应将会改变。对此问题是不难理解的，例如，处于平衡状态的秤杆，如果把秤锤稍作平移，秤杆就会翘起来或埋下去，即秤杆的平衡状态发生改变。

为了将力等效平移，需要什么样的附加条件？下面就来分析这个问题。

设力 F 作用于刚体上的 A 点，要将力 F 等效平移到刚体上任意一点 B，如图 4.8(a)所示。

为此，在 B 点加上两个等值、反向的平衡力 F' 和 F''，并使它们的作用线与力 F 平行，且令 $F'=$

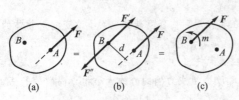

图 4.8　力的平移定理

$F''=F$，如图 4.8(b)所示。根据加减平衡力系公理，由力 F、F'、F'' 所组成的力系与原来的力 F 等效。由于力 F'' 与 F 等值、反向、平行，它们组成一个力偶（F，F''）。于是，作用在 B 点的力 F' 和力偶（F，F''）与原力 F 等效；又由于 $F'=F$，这样就把作用于 A 点的力 F 平移到了 B 点，但同时附加一个力偶，如图 4.8(c)所示。由图可知，附加力偶的力偶矩为

$$m=-F \cdot d=m_B(F)$$

式中 d 为力 F 的作用线至 B 点的垂直距离。由此可得如下结论。

作用于刚体上某点的力可以平移到此刚体上的任一点，但须附加一个力偶，附加力偶的力偶矩等于原力对平移点的力矩。这个结论称为力的平移定理。

力的平移定理表明：作用于刚体上的一个力可分解为作用在同一平面内的一个力和一个力偶，如将图 4.8(a)分解为图 4.8(c)所示。当然，也可以将同一平面内一个力和一个力偶合成为作用在另一点上的力，如将图 4.8(c)分解为图 4.8(a)所示。

力的平移定理是力系向一点简化的一个重要依据，也是分析某些力学问题一种方法。例如，图 4.9 所示的厂房牛腿柱上作用由吊车梁传来的压力 F，在对牛腿柱作受力分析时，通常将力 F 平移到柱截面的形心点上，这样柱的变形就明显了，力 F' 使柱产生轴向压缩变形，而附加力偶矩的作用使柱产生弯曲变形，显然，柱的较复杂变形可看成是由简单的轴向压缩变形和弯曲变形的组合。

须指出：力的平移定理只适用于刚体，而不适用于变形体。即在研究物体受力作用的外效应时，上述平移是等效的；而在研究物体受力作用的内效应时，如将作用在牛腿柱上的力 F 平移到柱截面的形心点上，则在其移动点附近小部分区域上的应力与变形有显著影响，而对远离移动点的大部分区域的影响甚微。

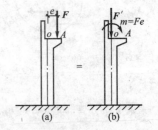

图 4.9　厂房牛腿柱

任务 4.1　某宾馆轴心受压柱的计算

柱是工程中最具有代表性的受压构件。柱中所配置箍筋有普通箍筋、间接钢筋（螺旋箍筋或焊接环式箍筋）之分。不同箍筋的轴心受压柱，其受力性能及计算方法不同。

下面通过计算案例来分别就配有普通箍筋轴心受压柱和间接钢筋轴心受压柱的受力性能与承载力计算进行分析。

4.1.1 钢筋混凝土受压构件构造要求

1. 受压构件的分类

受压构件是钢筋混凝土结构中最常见的构件之一，如框架柱、呛、拱、桩、桥墩、烟囱、桁架压杆、水塔筒壁等。与受弯构件一样，受压构件除了需要满足承载力计算要求外，还要满足相应的构造要求。

受压构件在其截面上一般作用有轴力、弯矩和剪力。钢筋混凝土受压构件按纵向压力作用线是否作用于截面形心，分为轴心受压构件和偏心受压构件。当只作用有轴力且轴向力作用线与构件截面形心轴重合时，称为轴心受压构件，如图 4.10(a)所示；当纵向压力作用线与构件形心轴线不重合或在构件截面上既有由轴心压力，又有弯矩、剪力作用时，这类构件称为偏心受压构件。在构件截面上，当弯矩 M 和轴力 N 的共同作用时，可以看成具有偏心距的纵向轴力 N 的作用。偏心受压构件又可分为单向偏心受压构件和双向偏心受压构件，如图 4.10(b)和(c)所示。在计算受压构件时，常将作用在截面上的轴力和弯矩简化为等效的、偏离截面形心的轴向力来考虑。

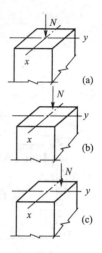

图 4.10　轴心受压与偏心受压
(a) 轴心受压；(b) 单向偏心受压；
(c) 双向偏心受压

在实际工程中，由于混凝土材料的非均质性，钢筋实际布置的不对称性以及制作安装的误差等原因，理想的轴心受压构件是不存在的。在实际设计中，屋架(桁架)的受压腹杆、承受恒载为主的等跨框架的中柱等因弯矩很小而忽略不计，可近似地当作轴心受压构件，如图 4.11 所示。单层厂房柱、一般框架柱、屋架上弦杆、拱等都属于偏心受压构件，如图 4.12 所示。框架结构的角柱则属于双向偏心受压构件。

2. 截面形式及尺寸

钢筋混凝土受压构件截面形式的选择要考虑到受力合理和模板制作方便。轴心受压构件的截面形式一般为正方形或边长接近的矩形。建筑上有特殊要求时，可选择圆形或多边形。偏心受压构件的截面形式一般多采用长宽比不超过 1.5 的矩形截面。承受较大荷载的装配式受压构件也常采用工字形截面。为避免房间内柱子突出墙面而影响美观与使用，常采用 T 形、L 形 、"十"形等异形截面柱。

对于方形和矩形独立柱的截面尺寸，不宜小于 250mm×250mm，框架柱不宜小于 300mm×400mm。对于工字形截面，翼缘厚度不宜小于 120mm，因为翼缘太薄，会使构件过早出现裂缝，同时在靠近柱脚处的混凝土容易在车间生产过程中碰坏，影响柱的承载力和使用年限；腹板厚度不宜小于 100mm，否则浇捣混凝土困难，对于地震区的截面尺寸应适当加大。同时，柱截面尺寸还受到长细比的控制。因为柱子过于细长时，其承载力受稳定控制，材料强度得不到充分发挥。一般情况下，对方形、矩形截面，$l_0/b \leqslant 30$，$l_0/h \leqslant 25$；对圆形截面，$l_0/d \leqslant 25$。此处 l_0 为柱的计算长度，b、h 分别为矩形截面短边及长边尺寸，d 为圆形截面直径。

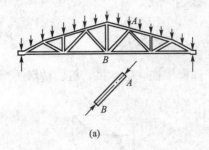

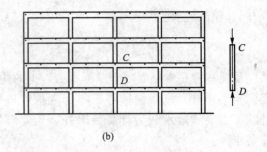

图 4.11 轴心受压构件实例

（a）屋架受压腹杆；（b）等跨框架中柱

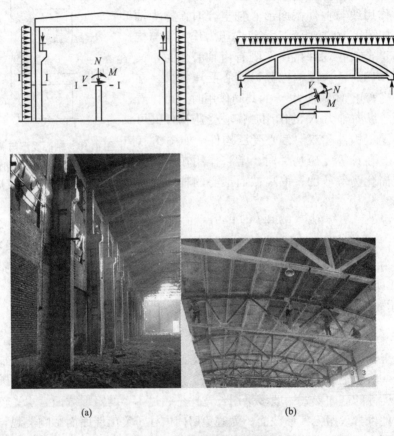

图 4.12 偏心受压构件举例

（a）单层厂房柱；（b）拱肋

为施工制作方便，柱截面尺寸还应符合模数化的要求，柱截面边长在 800mm 以下时，宜取 50mm 为模数，在 800mm 以上时，可取 100mm 为模数。

3. 材料强度等级

混凝土强度等级对受压构件的抗压承载力影响很大，特别对于轴心受压构件。为了充分利用混凝土承压，节约钢材，减小构件截面尺寸，受压构件宜采用较高强度等级的混凝土，一般设计中常用的混凝土强度等级为 C25～C50。

在受压构件中，钢筋与混凝土共同承压，两者变形保持一致，受混凝土峰值应变的控制，钢筋的压应力最高只能达到 $400N/mm^2$，采用高强度钢材不能充分发挥其作用。因此，一般设计中常采用 HRB335 和 HRB400 或 RRB400 级钢筋作为纵向受力钢筋，采用 HPB235 级钢筋作为箍筋，也可采用 HRB335 级和 HRB400 级钢筋作为箍筋。

4. 纵向钢筋

钢筋混凝土受压构件最常见的配筋形式是沿周边配置纵向受力钢筋及横向箍筋，如图4.13所示。

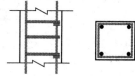

图4.13 受压构件的钢筋骨架

纵向受力钢筋的作用是与混凝土共同承担由外荷载引起的纵向压力，防止构件突然脆裂破坏及增强构件的延性，减小混凝土不匀质引起的不利影响；同时，纵向钢筋还可以承担构件失稳破坏时凸出面出现的拉力以及由于荷载的初始偏心、混凝土收缩、徐变、温度应变等因素引起的拉力等。

为了增强钢筋骨架的刚度，减小钢筋在施工时图的纵向弯曲及减少箍筋用量，受压构件中宜采用较粗直径的纵筋，以便形成刚性较好的骨架。纵向受力钢筋的直径不宜小于12mm，一般在16～32mm范围内选用。

矩形截面受压构件中，纵向受力钢筋根数不得少于4根，以便与箍筋形成钢筋骨架。轴心受压构件中，纵向钢筋应沿构件截面周边均匀布置，偏心受压构件中的纵向受力钢筋应布置在垂直于弯矩作用方向的两个对边。纵向受力钢筋的配置需满足最小配筋率的要求，同时为了施工方便和经济考虑，全部纵向钢筋的配筋率不宜超过5%，此处所指的配筋率应按全截面面积计算。

当矩形截面偏心受压构件的截面高度 h 不小于600mm时，为防止构件因混凝土收缩和温度变化产生裂缝，应沿长边设置直径为10～16mm的纵向构造钢筋，且间距不应超过500mm，并相应地配置复合箍筋或拉筋。

为便于浇筑混凝土，纵向钢筋的净间距不应小于50mm，对水平放置浇筑的预制受压构件，其纵向钢筋的间距要求与梁相同。

偏心受压构件中，垂直于弯矩作用平面的侧面上的纵向受力钢筋以及轴心受压构件中各边的纵向受力钢筋中距不宜大于300mm。

5. 箍筋

受压构件中，一般箍筋沿构件纵向等距离放置，并与纵向钢筋构成空间骨架，如图4.8所示。箍筋除了在施工时对纵向钢筋起固定作用外，还给纵向钢筋提供侧向支点，防止纵向钢筋受压弯曲而降低承压能力。此外，箍筋在柱中也起到抵抗水平剪力的作用。密布箍筋还起约束核心混凝土改善混凝土变形性能的作用。

为了有效地阻止纵向钢筋的压屈破坏和提高构件斜截面抗剪能力，周边箍筋应做成封闭式；箍筋间距不应大于400mm及构件截面短边尺寸，且不应大于纵向钢筋的最小直径的15倍；箍筋直径不应小于纵向钢筋的最大直径的1/4，且不应小于6mm；当柱中全部纵向受力钢筋配筋率大于3%时，箍筋直径不应小于8mm，间距不应大于纵向钢筋的最小直径的10倍，且不应大于200mm；箍筋末端应做成135°弯钩且弯钩末端平直段长度不应小于箍筋直径的 10 倍；箍筋也可焊接成封闭环式；当柱截面短边尺寸大于 400mm 且各边纵向钢筋多于 3 根时，或当柱截面短边尺寸不大于 400mm 但各边纵向钢筋多于 4 根时，应设置复合箍筋，如图 4.14(a)、(b)所示。

对于截面形状复杂的柱，为了避免产生向外的拉力致使折角处的混凝土破损，不可采用具有内折角的箍筋，而应采用分离式箍筋，如图 4.14(c)所示。

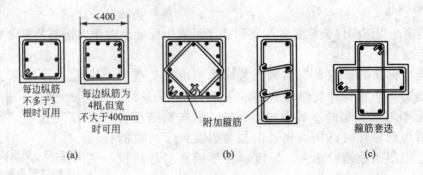

图 4.14 柱的箍筋形式
(a)普通箍筋；(b)复合箍筋；(c)"十"形截面分离式箍筋

4.1.2 普通箍筋轴心受压柱的受力性能与承载力计算

 应用案例 4-1

某宾馆为多层现浇钢筋混凝土框架结构房屋，现浇楼盖，二层层高 $H=3.6\mathrm{m}$，其中柱承受轴向压力设计值 $N=2420\mathrm{kN}$（含柱自重）。采用 C25 混凝土和 HRB335 级钢筋。求该柱截面尺寸及纵筋面积。

本例题属于截面设计类，现针对相关计算内容进行说明。

1. 受力性能分析

根据长细比大小不同，受压柱可分为短柱和长柱。短柱指长细比 $l_0/b \leqslant 8$（矩形截面，b 为截面较小边长）或 $l_0/d \leqslant 7$（圆形截面，d 为直径）或 $l_0/i \leqslant 28$（其他截面，i 为截面回转半径）的柱，l_0 为柱的计算长度。实际结构中的构件的计算长度取值方法见表 4-1和表 4-2。

表 4-1 刚性屋盖单层房屋排架柱、露天吊车柱和栈桥柱的计算长度

柱的类别		l_0		
		排架方向	垂直排架方向	
			有柱间支撑	无柱间支撑
无吊车房屋柱	单跨	$1.5H$	$1.0H$	$1.2H$
	两跨及多跨	$1.25H$	$1.0H$	$1.2H$
有吊车房屋柱	上柱	$2.0H_u$	$1.25H_u$	$1.5H_u$
	下柱	$1.0H_l$	$0.8H_l$	$1.0H_l$

续表

柱的类别		l_0		
		排架方向	垂直排架方向	
			有柱间支撑	无柱间支撑
露天吊车柱和栈桥柱		$2.0H_1$	$1.0H_1$	

注：（1）表中 H 为从基础顶面算起的柱子全高；H_1 为从基础顶面至装配式吊车梁底面或现浇式吊车梁顶面的柱子下部高度；H_u 为从装配式吊车梁底面或现浇式吊车梁顶面算起的柱子上部高度。

（2）表中有吊车房屋排架柱的计算长度，当计算中不考虑吊车荷载时，可按无吊车房屋柱的计算长度采用，但上柱的计算长度仍可按有吊车房屋采用。

（3）表中有吊车房屋排架柱的上柱在排架方向的计算长度，仅适用于 $H_u/H_1 \geqslant 0.3$ 的情况；当 $H_u/H_1 < 0.3$ 时，计算长度宜采用 $2.5H_u$。

表 4-2　框架结构各层柱的计算长度

楼盖类型	柱的类别	l_0
现浇楼盖	底层柱	$1.0H$
	其余各层柱	$1.25H$
装配式楼盖	底层柱	$1.25H$
	其余各层柱	$1.5H$

注：表中 H 对底层柱为从基础顶面到一层楼盖顶面的高度；对其余各层柱为上、下两层楼盖顶面之间的高度。

从配有纵向钢筋和普通箍筋的轴心受压短柱的大量试验结果可以看出，轴心压力作用下，整个截面的应变基本上是均匀分布的。当荷载较小时，变形的增加与外力的增长成正比；当荷载较大时，变形增加的速度快于外力增加的速度，纵筋配筋量越少，这种现象就越明显。随着压力的继续增加，柱中开始出现细微裂缝，当达到极限荷载时，细微裂缝发展成明显的纵向裂缝，随着压应变的增长，这些裂缝将相互贯通，箍筋间的纵筋发生压屈，混凝土被压碎而整个柱子被破坏。在这个过程中，混凝土的侧向膨胀将向外挤推纵筋，使纵筋在箍筋之间呈灯笼状向外受压屈服，如图 4.15(a) 所示。

轴心受压短柱在逐级加载的过程中，由于钢筋和混凝土之间存在着粘结力，因此纵向钢筋与混凝土共同变形，两者压应变相等，压应变沿构件长度基本是均匀的。通过量测纵筋的应变值，可以换算出纵筋的应力值。根据力的平衡条件，可以算得相应混凝土的应力，即

$$\sigma_s' = E_s \varepsilon_s' \tag{4-6}$$

$$\sigma_c = (N - \sigma_s' A_s') / A_c \tag{4-7}$$

式中　σ_s'、σ_c——纵筋和混凝土的压应力值；

A_s'、A_c——纵筋和混凝土的截面面积；

ε_s'——量测到的纵筋压应变值；

E_s——纵筋弹性模量；

N——在柱顶施加的轴向力。

(a)

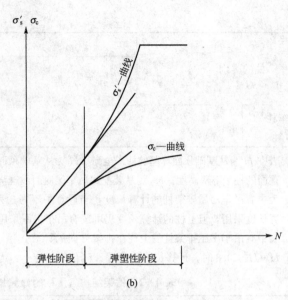

(b)

图 4.15 轴心受压短柱的试验

(a) 破坏形态；(b) 荷载—应力关系曲线

试验得到的 N 与 σ_s'、σ_c 的关系曲线如图 4.15(b) 所示。图 4.15(b) 的关系曲线表明，当荷载很小时（弹性阶段），N 与 σ_s'、σ_c 的关系基本呈线性，混凝土和钢筋均处在弹性阶段，基本上没有塑性变形。此时，钢筋应力 σ_s' 与混凝土应力 σ_c 成正比。随着荷载的增加，混凝土的塑性变形有所发展（弹塑性阶段），变形模量由弹性模量 E_c 降低为 υE_c，在相同的荷载增量下，钢筋的压应力比混凝土的压应力增加得快一些。钢筋和混凝土应力关系可用下式表示

$$\sigma_s'/E_s = \sigma_c/E_c' = \sigma_c/\upsilon E_c \qquad (4-8)$$

$$\sigma_s' = E_s \sigma_c/\upsilon E_c = \alpha_E \sigma_c/\upsilon \qquad (4-9)$$

式中　α_E——钢筋与混凝土弹性模量之比值，$\alpha_E = E_s/E_c$；

　　　　υ——混凝土的弹性系数。

以上加载过程中钢筋与混凝土应力增量速度的变化称为加载过程的应力重分布。若构件在加载后荷载维持不变，由于混凝土徐变的作用，混凝土和钢筋应力还会发生变化，如图 4.16 所示。可以看出，随着荷载持续时间的增加，混凝土的压应力逐渐变小，钢筋的压应力逐渐变大，一开始变化较快，经过一定时间（约 150 天）后，逐渐趋于稳定。混凝土应力变化幅度较小，而钢筋应力变化幅度较大。

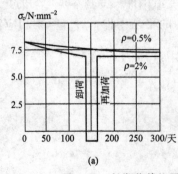

(a)

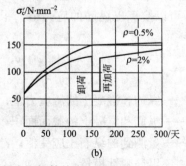

(b)

图 4.16 长期荷载作用下混凝土和钢筋的应力重分布

(a) 混凝土；(b) 钢筋

若在持续荷载过程中突然卸载，构件将回弹。由于混凝土的徐变变形的大部分不可恢复，在荷载为零的条件下，使钢筋受压，混凝土受拉，自相平衡。如果纵向配筋率过高，还可能使混凝土的拉应力达到抗拉极限强度后而开裂。如重复加载到原数值，则钢筋和混凝土的应力仍按原曲线变化。

试验表明，混凝土棱柱体构件达到强度极限时的压应变值一般在 0.0015～0.002 之间，而钢筋混凝土短柱在强度极限时的压应变值一般在 0.0025～0.0035 之间，主要是因为柱中纵筋发挥了调整混凝土应力的作用。另外，由于箍筋的存在，混凝土能比较好地发挥其塑性性能，构件达到强度极限值时的变形得到增加，改善了受压脆性破坏性质。破坏时一般是纵筋先达到屈服强度，此时可持续增加一些荷载，直到混凝土达到最大压应变值。当采用高屈服强度纵筋时，也可能因混凝土达到最大压应变已经破坏，但钢筋还没有达到屈服强度。为安全起见，以构件的压应变 0.002 为控制条件，认为此时混凝土达到棱柱体抗压强度 f_c，相应的纵筋应力值 $\sigma_s' = E_s \varepsilon_s' \approx 2 \times 10^5 \times 0.002 = 400 \text{N/mm}^2$。对于 HPB235、HRB335、HRB400 以及 RRB400 级钢筋已经达到屈服强度，而对于其他高强钢筋（热处理钢筋、冷拉钢筋等）在计算时只能取 400N/mm²。

特别提示

实际工程中轴心受压构件是不存在的，荷载的微小初始偏心不可避免，这对轴心受压短柱的承载能力无明显影响，但对于长柱则不容忽视。长柱加载后，由于初始偏心距将产生附加弯矩，而这个附加弯矩产生的水平挠度又加大了原来的初始偏心距，这样相互影响的结果使长柱最终在弯矩及轴力共同作用下发生破坏。破坏时，受压一侧往往产生较大的纵向裂缝，箍筋之间的纵筋向外压屈，构件高度中部的混凝土被压碎；而另一侧混凝土则被拉裂，在构件高度中部产生若干条以一定间距分布的水平裂缝。对于长细比很大的长柱，还可能发生失稳破坏，如图 4.17 所示。

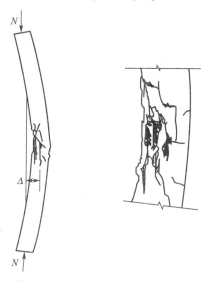

图 4.17 轴心受压长柱的破坏形态

试验表明，长柱的破坏荷载 N_u^l 低于其他条件相同的短柱的破坏荷载 N_u^s。用稳定系数 φ 来表示长柱承载力降低的程度，即

$$\varphi = N_u^l / N_u^s$$

根据中国建筑科学研究院的试验资料及一些国外的试验数据，得出稳定系数值主要与柱的长细比有关。对于矩形截面，长细比为 l_0/b（l_0 为柱的计算长度，b 为柱截面的短边尺寸），从图 4.18 可以看出，l_0/b 越大，φ 越小。$l_0/b<8$ 时，可以取 $\varphi=1.0$。对于 l_0/b 相同的柱，由于混凝土强度等级和钢筋的种类以及配筋率的不同，φ 值还略有不同。经数理统计得到下列经验公式

当 $l_0/b=8\sim34$ 时： $\varphi=1.177-0.021l_0/b$ (4-10)

当 $l_0/b=35\sim50$ 时： $\varphi=0.87-0.012l_0/b$ (4-11)

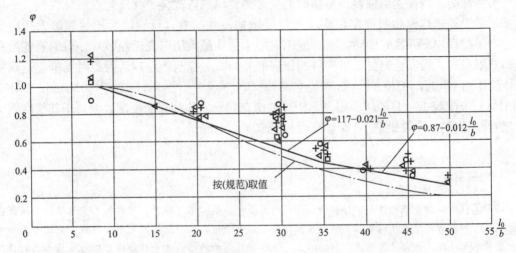

注：□、+、△——分别代表我国 1958、1965、1972 年实验数据；
○——代表国外实验值

图 4.18 φ 值的实验结果与规范取值

对于长细比 l_0/b 较大的构件，考虑到荷载初始偏心和长期荷载作用对其承载力的不利影响较大，为保证安全，取比经验公式计算值略低一些的 φ 值。对于长细比 l_0/b 小于 20 的构件，考虑到过去的使用经验，取比经验公式计算值略高一些的 φ 值，从而得到了稳定系数 φ 值表 4-3。

表 4-3 钢筋混凝土轴心受压构件的稳定系数 φ

l_0/b	l_0/d	l_0/i	φ	l_0/b	l_0/d	l_0/i	φ
≤8	≤7	≤28	1.0	30	26	104	0.52
10	8.5	35	0.98	32	28	111	0.48
12	10.5	42	0.95	34	29.5	118	0.44
14	12	48	0.92	36	31	125	0.40
16	14	55	0.87	38	33	132	0.36
18	15.5	62	0.81	40	34.5	139	0.32
20	17	69	0.75	42	36.5	146	0.29
22	19	76	0.70	44	38	153	0.26
24	21	83	0.65	46	40	160	0.23
26	22.5	90	0.60	48	41.5	167	0.21
28	24	97	0.56	50	43	174	0.19

注：表中 l_0 为构件计算长度；b 为矩形截面的短边尺寸；d 为圆形截面的直径；i 为截面最小回转半径。

特别提示

（1）当应用表4-3查φ值时，如l_0/b为表格中没有列出的数值，可利用插入法来确定φ值。

（2）当$l_0/b<8$时，$\varphi=1$，说明承载力的降低可忽略。

2．正截面受压承载力计算

根据以上分析，轴心受压构件承载力计算简图如图4.19所示，考虑稳定及可靠度因素后，得轴心受压构件的正截面承载力计算公式为

$$N\leqslant 0.9\varphi(f_cA+f'_yA'_s) \tag{4-12}$$

式中　N——轴心压力设计值；

φ——钢筋混凝土轴心受压构件的稳定系数，按表4-3取值；

f_c——混凝土轴心抗压强度设计值，按附表7取值；

f'_y——钢筋抗压强度设计值，按附表4取值；

A——构件截面面积，当纵筋配筋率$\rho'>3\%$时，A用$A-A'_s$代替；

A'_s——截面全部受压纵筋截面面积，应满足附表14规定的最小配筋率要求。

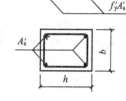

图4.19　轴心受压构件承载力计算简图

式（4-12）中等号右边乘以系数0.9是为了保持与偏心受压构件正截面承载力计算的可靠度相近。

实际工程中遇到的轴心受压构件的设计问题可以分为截面设计和截面复核两大类。

1）截面设计

截面设计时一般先选定材料的强度等级，结合建筑方案，根据构造要求或参考同类结构确定柱的截面形状及尺寸。也可通过假定合理的配筋率，由公式（4-12）估算截面面积后确定截面尺寸。材料和截面确定后，利用表4-3确定稳定系数φ，再由公式（4-12）求出所需的纵筋数量，并验算其配筋率。截面纵筋按计算用量选配，箍筋按构造要求配置。

应当指出的是，工程中轴心受压构件沿截面x、y两个主轴方向的杆端约束条件可能不同，因此计算长度l_0也就可能不同。在按公式（4-12）中进行承载力计算时，稳定系数φ应分别按两个方向的长细比（l_0/b、l_0/h）确定，并取其中的较小者。

特别提示

（1）偏心受压构件的纵向钢筋配置方式有两种，对称配筋和非对称配筋。在柱弯矩作用方向的两边对称配置相同的纵向受力钢筋，称为对称配筋；在柱弯矩作用方向的两边配置不同的纵向受力钢筋称为非对称配筋。

（2）对称配筋构造简单，施工方便，不易出错，但用钢量较大；非对称配筋用钢量较省，但施工易出错。

（3）框架结构中的柱为偏心受压构件，由于在不同荷载（如风荷载、竖向荷载）组合下，在同一截面

内可能要承受不同方向的弯矩，即在某一种荷载组合作用下受拉的部位，在另一种荷载组合作用下可能就变为受压，当两种不同符号的弯矩相差不大时，为了设计、施工方便，通常采用对称配筋。

2）截面复核

截面复核步骤比较简单，因为只需将已知的截面尺寸、材料强度、配筋量及构件计算长度等相关参数代入公式（4-12）便可。若该式成立，说明截面安全；否则，为不安全。

 特别提示

当柱中全部纵向受力钢筋的配筋率大于3％时箍筋直径不应小于8mm，间距不应大于纵向受力钢筋最小直径的10倍且不应大于200mm，箍筋末端应做成135°弯钩且弯钩末端平直段长度不应小于箍筋直径的10倍。

 应用案例4-2

【解】

（1）初步确定截面形式和尺寸。

由于是轴心受压构件，截面形式选用正方形。

查表可知，C25混凝土，$f_c=11.9\text{N/mm}^2$；HRB335级钢筋，$f'_y=300\text{N/mm}^2$。

假定$\rho'=3\%$，$\varphi=0.9$，代入公式（4-12）估算截面面积：

$$A\geqslant\frac{N}{0.9\varphi(f_c+f'_y\rho')}=\frac{2420\times10^3}{0.9\times0.9(11.9+0.03\times300)}=142950.0\text{mm}^2$$

$$b=h=\sqrt{A}\geqslant378.1\text{mm}$$

选截面尺寸为400mm×400mm。

（2）计算受压纵筋面积。

查表4-2，$l_0=1.25H$，$l_0/b=1.25\times3.6/0.4=11.25$

查表4-3，$\varphi=0.961$

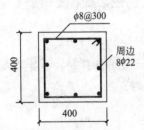

由公式（4-12）得

$$A'_s=\frac{\dfrac{N}{0.9\varphi}-f_cA}{f_y}=\frac{\dfrac{2420\times10^3}{0.9\times0.961}-11.9\times400\times400}{300}=2980.0\text{mm}^2$$

（3）选配钢筋。

选配纵筋8Φ22，实配纵筋面积$A'_s=3014\text{mm}^2$，

$$\rho'=A'_s/A=3041/160000=1.9\%>\rho'_{\min}=0.6\%$$

满足配筋率要求；

按构造要求，选配箍筋φ8@300，截面配筋图如图4.20所示。

图4.20 截面配筋图

 特别提示

钢筋混凝土轴心受压柱截面设计，其设计步骤如下。

（1）按照设计经验初选钢筋、混凝土的材料等级。

（2）拟定柱截面形状、尺寸。

（3）计算纵向受压钢筋数量。

（4）选配纵向钢筋、箍筋，作截面配筋图。

4.1.3 间接钢筋轴心受压柱的受力性能与承载力计算

当轴心受压构件承受的轴向压力较大，同时其截面尺寸由于建筑上或使用功能上的要求受到限制时，若按配有纵筋和普通箍筋的柱来计算，即使提高混凝土强度等级和增加纵筋用量仍不能满足承载力计算要求，可考虑采用配有螺旋式或焊接环式箍筋柱，以提高构件的承载能力，其中由螺旋式或焊接环式箍筋所包围的面积（按内径计算）即图 4.21 中阴影部分，称为核心面积 A_{cor}。螺旋式或焊接环式箍筋也称为"间接钢筋"。这种柱的截面形状一般为圆形或正多边形，构造形式如图 4.21 所示。由于螺旋式箍筋柱与焊接环式的受力机理相同，为叙述方便，以下不再区分而统称为间接钢筋柱。

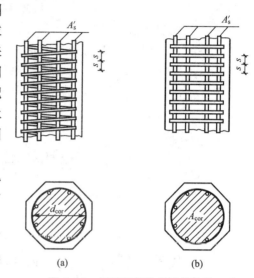

图 4.21 间接钢筋柱的配筋构造
（a）螺旋箍筋柱；（b）焊接环式箍筋柱

由于这种柱的施工比较复杂，造价较高，用钢量较大，一般不宜普遍采用。

1. 混凝土在间接钢筋约束下的受力性能分析

由试验研究得知，受压短柱破坏是构件在承受轴向压力时产生横向扩张，至横向拉应变达到混凝土极限拉应变所致。如能在构件四周设置横向约束，以阻止受压构件的这种横向扩张，使核心混凝土处于三向受压状态，就能显著地提高构件抗压承载能力和变形能力。间接钢筋柱能够起到这种作用，它比一般矩形箍筋柱有更大的承载力和变形能力（或延性）。这是因为，矩形箍筋水平肢的侧向抗弯刚度很弱，无法对核心混凝土形成有效的约束，只有箍筋的 4 个角才能通过向内的起拱作用对一部分混凝土形成有限的约束，如图 4.22 所示。

图 4.22 矩形箍筋约束下的混凝土

试验研究表明，间接钢筋的强度、直径以及间距是影响柱的承载能力和变形能力的主要因素。间接钢筋强度越高、直径越粗、间距越小，约束作用越明显，其中间接钢筋的间距的影响最为显著。配有间接钢筋的柱，在间接钢筋约束混凝土横向变形从而提高混凝土的强度和变形的同时，间接钢筋中产生拉应力。当它们的拉应力达到抗拉屈服强度时，不再能有效地约束混凝土的横向变形，混凝土的抗压强度就不能再提高，这时构件破坏。间接钢筋外侧的混凝土保护层在螺旋箍筋受到较大拉应力时会开裂，所以，在计算承载力时不考虑这部分混凝土的作用。

2. 配有间接钢筋的轴心受压柱的正截面承载力计算

间接钢筋所包围的核心截面混凝土处于三向受压状态，其实际抗压强度因套箍作用而高于混凝土轴心抗压强度。这类配筋柱在进行承载力计算时，与普通箍筋不同的是要考虑横向箍筋的作用。

根据圆柱体混凝土三向受压的试验结果，被约束混凝土的轴心抗压强度可近似按式（4-3）计算

$$f = f_c + 4\sigma_r \tag{4-13}$$

式中　f——被约束混凝土轴心抗压强度；

　　　σ_r——间接钢筋屈服时，柱的核心混凝土受到的径向压应力。

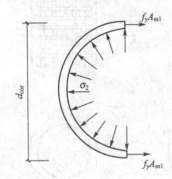

图 4.23　σ_r 的计算简图

当间接钢筋达到屈服时，如图 4.23 所示，根据力的平衡条件可得

$$\sigma_r = \frac{2f_y A_{ss1}}{d_{cor} s} \tag{4-14}$$

式中　A_{ss1}——单根间接钢筋的截面面积；

　　　f_y——间接钢筋的抗拉强度设计值；

　　　s——间接钢筋的间距；

　　　d_{cor}——混凝土核心截面直径。

将式（4-14）代入式（4-13），得间接钢筋所约束的核心截面面积内的混凝土强度为

$$f = f_c + \frac{8f_y A_{ss1}}{d_{cor} s} = f_c + \frac{2f_y A_{ss0}}{A_{cor}} \tag{4-15}$$

式中　$A_{ss0} = \dfrac{\pi d_{cor} A_{ss1}}{s}$，为间接钢筋的换算截面面积；

　　　A_{cor}——混凝土核心截面面积。

受压构件破坏时纵筋达到其屈服强度，考虑间接钢筋对混凝土的约束作用，核心混凝土强度达到 f，得到配有间接钢筋的轴心受压柱的正截面承载力计算为

$$N \leqslant 0.9(f_c A_{cor} + f'_y A'_s + 2\alpha f_y A_{ss0}) \tag{4-16}$$

式中　α——间接钢筋对混凝土约束的折减系数，当混凝土强度等级不超过 C50 时，取 1.0；强度等级为 C80 时，取 0.85；其间按线性内插法确定。

为了保证间接钢筋外面的混凝土保护层在正常使用阶段不至于过早剥落，按式（4-16）计算的间接钢筋柱的轴心受压承载力设计值，不应比按式（4-12）计算的同样材料和截面的普通箍筋柱的轴压承载力设计值大 50%。

凡属以下情况之一者，不考虑间接钢筋的影响而按普通箍筋柱计算其承载力。

（1）当 $l_0/d > 12$ 时，长细比较大，由于初始偏心距引起的侧向挠度和附加弯矩使构件处于偏心受压状态，有可能导致间接钢筋不起作用。

（2）当外围混凝土较厚，混凝土核心面积较小，按间接钢筋轴压构件算得的受压承载力小于按普通箍筋轴压构件算得的受压承载力。

（3）当间接钢筋换算截面面积 A_{ss0} 小于纵筋全部截面面积的 25% 时，可以认为间接钢筋配置太少，它对混凝土的有效约束作用很弱，套箍作用的效果不明显。

另外，为了便于施工，间接钢筋间距不宜小于 40mm，也不应大于 80mm 及 $0.2d_{cor}$。

任务 4.2　某钢筋混凝土框架柱的计算

应用案例 4 - 3

已知图 4.24 中偏心受压柱 FD，其截面尺寸为 $400mm \times 500mm$，柱的计算长度为 5m，混凝土选用 C25，受力钢筋为 HRB335 级，采用对称配筋，该段柱控制截面作用有以下两组设计内力。第一组：$N = 500kN$，$M = 250kN \cdot m$；第二组：$N = 1200kN$，$M = 142kN \cdot m$。试计算两组内力分别作用下各自所需的受力钢筋面积 A_s 和 A_s'，并选配钢筋。

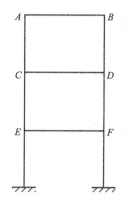

图 4.24　钢筋混凝土框架柱

特别提示

框架柱属偏心受压构件，一般采用对称配筋，在中间轴线上的框架柱，按单向偏心受压考虑，边柱按双向偏心受压考虑。

4.2.1　偏心受压构件的破坏形态及其特征

根据钢筋混凝土偏心受压构件正截面的受力特点与破坏特征，偏心受压构件可分为大偏心受压构件和小偏心受压构件两种类型。

1. 大偏心受压（受拉破坏）

大偏心受压构件破坏时，远离轴向力一侧的钢筋先受拉屈服，近轴向力一侧的混凝土被压碎。这种破坏一般发生在轴向力的偏心距较大，且受拉钢筋配置不多的情况。

大偏心受压构件破坏时的截面应力分布与构件上的裂缝分布情况如图 4.25 所示。在偏心轴向力的作用下，远离轴向力一侧的截面受拉，近轴向力一侧的截面受压。随着轴向力的增加，受拉区首先出现横向裂缝。偏心距越大，受拉钢筋越少，横向裂缝出现得越早，裂缝的开展与延伸越快。继续增加轴向力，主裂缝逐渐明显，受拉钢筋首先达到屈服，受拉变形的发展大于受压变形的发展，中和轴上升，混凝土压区的高度减少，压区边缘混凝土的应变达到其极限值，受压钢筋受压屈服，在压区出现纵向裂缝，最后混凝土压碎崩脱。

由于大偏心受压破坏时受拉钢筋先屈服，因此又称受拉破坏，其破坏特征与钢筋混凝土双筋截面适筋梁的破坏相似，属于延性破坏。

2. 小偏心受压（受压破坏）

相对大偏心受压，小偏心受压的截面应力分布较为复杂，可能大部分截面受压，也可能全截面受压，取决于偏心距的大小、截面的纵向钢筋配筋率等。

1）大部分截面受压，远离轴向力一侧钢筋受拉但不屈服

当偏心距较小，远离轴向力一侧的钢筋配置较多时，截面的受压区较大，随着荷载的增加，受压区边缘的混凝土首先达到极限压应变值，受压钢筋应力达到屈服强度，但受拉钢筋的应力没有达到屈服强度，其截面上的应力状态如图4.26(a)所示。

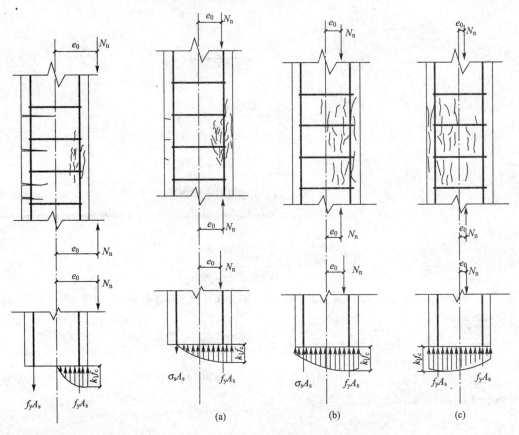

图 4.25　大偏心受压的破坏形态　　　　图 4.26　小偏心受压的破坏形态

2）全截面受压，远离轴向力一侧钢筋受压

当偏心距很小，截面可能全部受压，由于全截面受压，近轴向力一侧的应变大，远离轴向力一侧的应变小，截面应变呈梯形分布，远离轴向力一侧的钢筋也处于受压状态，构件不会出现横向裂缝。破坏时一般近轴向力一侧的混凝土应变首先达到极限值，混凝土压碎，钢筋受压屈服；远离轴向力一侧的钢筋可能达到屈服，也可能不屈服，如图4.26(b)所示。

当偏心距很小，且近轴向力一侧的钢筋配置较多时，截面的实际形心轴向配置较多钢筋一侧偏移，有可能使构件的实际偏心反向，出现反向偏心受压，如图4.26(c)所示。反向偏心受压使几何上远离轴向力一侧的应变大于近轴向力一侧的应变。此时，尽管构件截

面的应变仍呈梯形分布，但与图4.26(b)所示的相反。破坏时远离轴向力一侧的混凝土首先被压碎，钢筋受压屈服。

对于小偏心受压，无论何种情况，其破坏特征都是构件截面一侧混凝土的应变达到极限压应变，混凝土被压碎，另一侧的钢筋受拉但不屈服或处于受压状态。这种破坏特征与超筋的双筋受弯构件或轴心受压构件相似，无明显的破坏预兆，属脆性破坏。由于构件破坏起因于混凝土压碎，所以也称受压破坏。

4.2.2 大、小偏心受压的分界

从大、小偏心受压的破坏特征可见，两类构件破坏的相同之处是受压区边缘的混凝土都被压碎，都是"材料破坏"；不同之处是大偏心受压构件破坏时受拉钢筋能屈服，而小偏心受压构件的受拉钢筋不屈服或处于受压状态。因此，大小偏心受压破坏的界限是受拉钢筋应力达到屈服强度，同时受压区混凝土的应变达到极限压应变而被压碎。这与适筋梁与超筋梁的界限是一致的。

从截面的应变分布分析(图4.27)，要保证受拉钢筋先达屈服强度，相对受压区高度必须满足 $\xi < \xi_b$ 的条件。ξ_b 的取值与受弯构件正截面承载能力分析的相同。尽管截面配筋率变化和偏心距变化会影响破坏形态，但只要相对受压区高度满足上述条件都为大偏心受压破坏，否则为小偏心受压破坏。

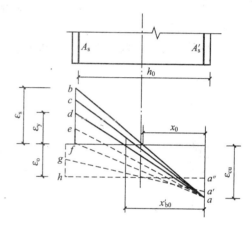

图4.27 偏心受压构件截面应变分布

**特别提示**

为界限受压区相对高度，当混凝土强度等级≤C50时，HPB235钢筋 $\xi_b = 0.614$；HRB335钢筋 $\xi_b = 0.550$；HRB400、RRB400级钢筋 $\xi_b = 0.518$。

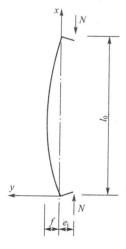

图4.28 侧向弯曲影响

4.2.3 纵向弯曲对其承载能力的影响

钢筋混凝土偏心受压构件在偏心轴向力的作用下将产生弯曲变形，使临界截面的轴向力偏心距增大。图4.28所示为一两端铰支柱，在其两端作用偏心轴向力，在此偏心轴向力的作用下，柱将产生弯曲变形，在临界截面处将产生最大挠度，因此，临界截面的偏心距由 e_i 增大到 $e_i + f$，弯矩由 Ne_i 增大到 $N(e_i + f)$，这种现象称偏心受压构件的纵向弯曲，也称二阶效应。对于长细比小的柱，即所谓"短柱"，由于纵向弯曲很小，一般可以忽略不计；对于长细比大的柱，即所谓"长柱"，纵向弯曲的影响则不能忽略。长细比小于5的钢筋混凝土柱可认为是短柱，不考虑纵向弯曲对正截面受压承载能力的影响。

钢筋混凝土长柱在纵向弯曲的作用下，可能发生两种形式的

破坏。一是"失稳破坏"，二是"材料破坏"。所谓"失稳破坏"是指长细比较大的柱，其纵向弯曲效应随轴向力呈非线性增长，构件发生侧向失稳破坏；"材料破坏"是指破坏时材料达到极限强度。考虑纵向弯曲作用的影响，在同等条件下长柱的承载能力低于短柱的承载能力。

特别提示

（1）偏心受拉构件中的受压钢筋应按受压构件一侧纵向钢筋考虑。

（2）当钢筋沿构件截面周边布置时一侧纵向钢筋系指沿受力方向两个对边中的一边布置的纵向钢筋。

纵向弯曲效应对具有不同长细比的钢筋混凝土柱的影响分析如图 4.29 所示。图中 $ABCDE$ 为偏心受压构件的 $M-N$ 相关线，即钢筋混凝土偏心受压构件发生材料破坏时的 $M-N$ 关系。构件达承载能力极限状态时，截面的弯矩和轴力存在对应关系。

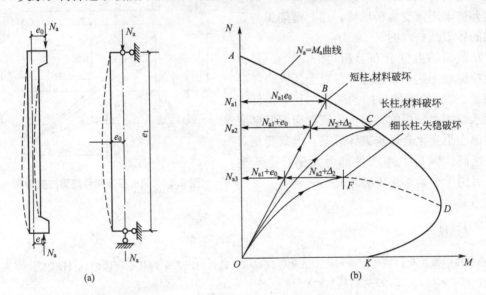

图 4.29 构件长细比对破坏形态的影响

当构件为短柱，纵向弯曲效应可以忽略，偏心距保持不变，截面的弯矩与轴力呈线性关系，沿直线达到破坏点，破坏属于"材料破坏"。当构件为长柱时，纵向弯曲效应不能忽略，随着轴力的增大，纵向弯曲引起的偏心距呈非线性增大，截面的弯矩也随着偏心距的增大呈非线性增大，如 OC 线所示。在长细比不是很大的情况下，也发生"材料破坏"（C 点）；当长细比很大的情况下，纵向弯曲效应非常明显，当轴向力达到一定值时（F 点），由于纵向弯曲引起的偏心距急剧增大，微小的轴力增量可引起不收敛的弯矩增量，导致构件侧向失稳破坏。由图可见，在初始偏心距相同的情况下，不同的长细比，偏心受压构件所能承受的极限压力是不同的，长细比越大，纵向弯曲效应越明显，轴力越小。因此，在偏心受压构件承载能力分析中不能忽略纵向弯曲的影响，而且要防止发生"失稳破坏"。

由以上分析可见，纵向弯曲影响的实质是临界截面的偏心距和弯矩大于初始偏心距和弯矩。因此，研究纵向弯曲的影响，应研究纵向弯曲引起的弯矩及其随构件长细比变化的规律。纵向弯曲引起的弯矩称为二阶弯矩。二阶弯矩的大小与构件两端的弯矩情况和构件的长细比有关。

1. 轴向力偏心距增大系数

对于两端铰支且两端作用有相等的轴向力，偏心距也相同的偏心受压柱，如图 4.30 所示。构件在弯矩的作用下，会产生侧向挠度，构件各截面的弯矩随之增大，并产生新的附加侧向挠度。用 y 表示构件任意截面的侧向挠度，构件任意点的弯矩为

$$M = N(e_i + f) \tag{4-17}$$

式中　Ne_i——初始弯矩；

Ny——纵向弯曲引起的二阶弯矩。

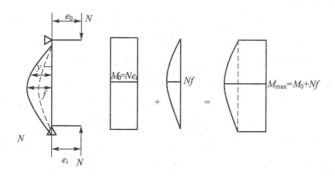

图 4.30　柱两端弯矩相等时的二阶弯矩

在构件中点的侧向挠度最大，二阶弯矩最大。因此，构件的中点为临界截面。设计时应将临界截面的内力值作为内力控制值。

为考虑二阶弯矩对偏心受压构件的影响，确定极限状态下临界截面的实际偏心距和弯矩，引用偏心距增大系数 η 求临界截面的偏心距，即

$$e_i + f = \left(1 + \frac{f}{e_i}\right)e_i = \eta e_i \tag{4-18}$$

$$e_i = e_0 + e_a \tag{4-19}$$

式中　f——偏心受压长柱纵向弯曲后产生的最大侧向挠度值；

η——考虑二阶弯矩影响的偏心距增大系数；

e_i——初始偏心距；

e_0——轴向力对截面中心的偏心距；

e_a——附加偏心距。

综合考虑荷载作用位置的不定性、混凝土质量的不均匀性和施工误差等因素的影响，其值取偏心方向截面尺寸的 1/30 和 20mm 中的较大者。

《混凝土结构规范》给出的偏心距增大系数的计算公式为

$$\eta = 1 + \frac{1}{1400\frac{e_i}{h_0}}\left(\frac{l_0}{h}\right)^2 \zeta_1 \zeta_2 \tag{4-20}$$

$$\zeta_1 = \frac{0.5 f_c A}{N} \tag{4-21}$$

$$\zeta_2 = 1.15 - 0.01 \frac{l_0}{h} \qquad (4-22)$$

式中　l_0——构件的计算长度,按表 4-1 或表 4-2 中有关规定取值;

　　　h——截面高度,对环形截面取外径 d;对圆形截面取直径 d;

　　　h_0——截面有效高度,对环形截面取 $h_0 = r_2 + r_s$。对圆形截面取 $h_0 = r + r_s$。其中,r 为圆形截面的半径,r_s 为钢筋中心所在圆周的半径,r_2 为圆环的外径;

　　　ζ_1——小偏心受压构件的截面曲率修正系数,当 $\zeta_1 > 1.0$ 时,取 1.0;

　　　ζ_2——偏心受压构件长细比对截面曲率的修正系数,当 $l_0/h < 15$ 时,ζ_2 等于 1.0。

　　　A——受压构件的截面面积,对于 T 形和"工"字形截面,均取 $A = bh + 2(b_f'' - b)h_f''$。

当偏心受压构件的长细比 $l_0/h \leqslant 5$ 或 $l_0/d \leqslant 5$ 或 $l_0/i \leqslant 17.5$ 时,可不考虑纵向弯曲对偏心距的影响,取 $\eta = 1.0$。

式(4-20)是在两端弯矩相等的条件下推导的。对于两端弯矩不相等的情况,纵向弯曲的影响相对较小。图 4.31 是两个端弯矩不相等但符号相同的情况。此时,构件的最大挠度不发生在中点,而是离弯矩较大一端的某一位置,因此,临界截面的弯矩比两端弯矩相等时的小,且两端的弯矩相差越大,临界截面上的弯矩越小,二阶弯矩的影响越小。图 4.32 是两个端弯矩不相等符号相反的情况。此时,构件有反弯点,纵向弯曲引起的二阶弯矩也有反弯点,因此,二阶弯矩可能并不使构件的最大弯矩发生变化,或仅有较小的增加。因此,对于两端弯矩不相等的情况,取用比较小的偏心距增大系数是合理的。但为了简化计算,《混凝土结构规范》偏于安全地取式(4-20)作为各类构件通用的偏心距增大系数。

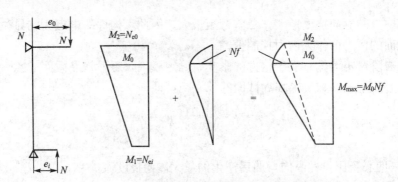

图 4.31　柱两端弯矩不相等时的二阶弯矩

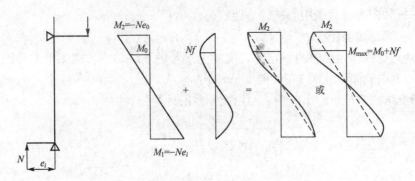

图 4.32　柱两端弯矩有反向弯矩时的二阶弯矩

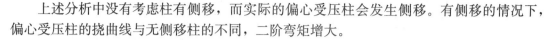

上述分析中没有考虑柱有侧移，而实际的偏心受压柱会发生侧移。有侧移的情况下，偏心受压柱的挠曲线与无侧移柱的不同，二阶弯矩增大。

2. 柱的计算长度

（1）刚性屋盖的单层房屋排架柱、露天吊车柱和栈桥柱，其计算长度按表 4-1 规定采用。

（2）一般多层房屋中的梁柱为刚接的框架结构，各层柱的计算长度按表 4-2 规定采用。

（3）当水平荷载产生的弯矩设计值占总弯矩设计值的 75% 以上时，框架柱的计算长度可按下列公式计算，取其中的较小值：

$$l_0 = [1 + 0.15(\psi_u + \psi_l)]H \tag{4-23}$$

$$l_0 = (2 + 0.2\psi_{min})H \tag{4-24}$$

式中　ψ_u、ψ_l——柱的上端、下端节点处交汇的各柱线刚度之和与交汇的各梁线刚度之和的比值；

ψ_{min}——比值 ψ_u、ψ_l 中的较小值；

H——柱的高度，按表 4-2 采用。

也可采用弹性分析方法分析二阶效应。当采用考虑二阶效应的弹性分析方法时，宜在结构分析中对构件的弹性抗弯刚度 E_cI 乘以下列折减系数：对于梁，取 0.4；对于柱，取 0.6；对于剪力墙及核心筒壁，取 0.45。刚度折减系数的确定原则是，使结构在不同的荷载组合下用折减刚度的弹性分析求得的各层间位移及其沿高度的分布规律与按线性分析所得结果相当，因而求得的内力也接近。用考虑二阶效应弹性分析算得的各杆件控制截面最不利内力可直接用于截面设计，而不需要通过偏心距增大系数增大截面的初始偏心距，但仍应考虑附加偏心距。

4.2.4　矩形截面偏心受压构件的正截面承载力计算

1. 基本计算公式

偏心受压构件的正截面承载力计算采用与受弯构件正截面承载力计算相同的基本假定，用等效矩形应力图形代替混凝土受压区的实际应力图形。

1）大偏心受压构件

承载能力极限状态时，大偏心受压构件中的受拉和受压钢筋应力都能达到屈服强度，根据截面力和力矩的平衡条件（图 4.33(a)），大偏心受压构件正截面承载能力计算的基本公式为

$$N \leqslant \alpha_1 f_c bx + f'_y A'_s - f_y A_s \tag{4-25}$$

$$Ne \leqslant \alpha_1 f_c bx \left(h_0 - \frac{x}{2}\right) + f'_y A'_s (h_0 - a'_s) \tag{4-26}$$

式（4-26）为向远离轴向力一侧钢筋（受拉钢筋）取矩的平衡条件，e 为轴向力至受拉钢筋合力点的距离。

$$e = \eta e_i + \frac{h}{2} - a_s \tag{4-27}$$

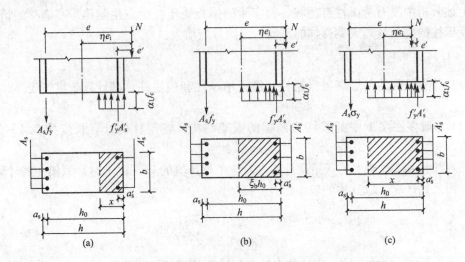

图4.33 矩形截面偏心受压构件正截面承载能力计算图式

(a) 大偏心受压;(b) 界限偏心受压;(c) 小偏心受压

为了保证受压钢筋 A_s' 应力到达 f_y' 及受拉钢筋 A_s 应力达到 f_y,构件截面的相对受压区高度应符合下列条件

$$2a_s' \leqslant x \leqslant \xi_b h_0 \qquad (4-28)$$

当 $x = \xi_b h_0$ 为大小偏心受压的界限(图4.32(b)),将 $x = \xi_b h_0$ 代入式(4-25)可得出界限情况下的轴向力 N_b 的表达式

$$N_b = \alpha_1 f_c \xi_b b h_0 + f_y' A_s' - f_y A_s \qquad (4-29)$$

由式(4-29)可见,界限轴向力的大小只与构件的截面尺寸、材料强度和截面的配筋情况有关。当截面尺寸、配筋面积及材料强度已知时,N_b 为定值。如作用在截面上的轴向力设计值 $N \leqslant N_b$,则为大偏心受压构件;若 $N > N_b$,则为小偏心受压构件。

2)小偏心受压构件

对于矩形截面小偏心受压构件而言,由于离轴力较远一侧纵筋受拉不屈服或处于受压状态,其应力大小与受压区高度有关,而在构件截面配筋计算中受压区高度也是未知的,所以计算相对较为复杂。根据截面力和力矩的平衡条件(图4.33(c)),可得矩形截面小偏心受压构件正截面承载能力计算的基本公式为

$$N \leqslant \alpha_1 f_c b x + f_y' A_s' - \sigma_s A_s \qquad (4-30)$$

$$Ne \leqslant \alpha_1 f_c b x \left(h_0 - \frac{x}{2} \right) + f_y' A_s' (h_0 - a_s') \qquad (4-31)$$

或

$$Ne' \leqslant \alpha_1 f_c b x \left(\frac{x}{2} - a_s' \right) + \sigma_s A_s (h_0 - a_s') \qquad (4-32)$$

$$e' = \frac{h}{2} - \eta e_i - a_s' \qquad (4-33)$$

式中 e'——轴力到受压钢筋合力点之间的距离。

σ_s 为远离轴向力一侧钢筋的应力。理论上可按应变的平截面假定求出,但计算过于复杂。可按式(4-34)近似计算

$$\sigma_s = f_y \frac{\xi - \beta_1}{\xi_b - \beta_1} \qquad (4-34)$$

按式(4-34)算得的钢筋应力应符合下列条件

$$-f_y' \leqslant \sigma_s \leqslant f_y \qquad (4-35)$$

当 $\xi \geqslant 2\beta_1 - \xi_b$ 时，取 $\sigma_s = -f_y'$。

当相对偏心距很小且 a_s' 比 a_s 大得很多时，也可能在离轴向力较远的一侧的混凝土先被压坏，称为反向破坏。为了避免发生反向压坏，对于小偏心受压构件除按式(4-30)和式(4-31)或式(4-32)计算外，还应满足下述条件

$$N\left[\frac{h}{2} - a_s' - (e_0 - e_a)\right] \leqslant \alpha_1 f_c bh\left(h_0' - \frac{h}{2}\right) + f_y'A_s(h_0' - a_s) \qquad (4-36)$$

2. 非对称配筋截面的承载力计算

1) 截面设计

(1) 偏心受压类别的初步判别方法如下。如前所述，判别两种偏心受压类别的基本条件是：$\xi \leqslant \xi_b$ 为大偏心受压；$\xi > \xi_b$ 为小偏心受压。但在截面配筋计算时，A_s' 和 A_s 为未知，受压区高度 ξ 也未知，因此也就不能利用 ξ 来判别。此时可近似按下面的方法进行初步判别：

当 $\eta e_i \leqslant 0.3h_0$ 时，为小偏心受压；

当 $\eta e_i > 0.3h_0$ 时，可先按大偏心受压计算。

一般来说，当满足 $\eta e_i \leqslant 0.3h_0$ 时为小偏心；当满足 $\eta e_i > 0.3h_0$ 时受截面配筋的影响，可能处于大偏心受压，也可能处于小偏心受压。例如，即使偏心距较大但受拉钢筋配筋很多，极限破坏时受拉钢筋可能不屈服，构件的破坏仍为小偏心破坏。但对于截面设计，在 $\eta e_i > 0.3h_0$ 的情况下按大偏心受压求 A_s' 和 A_s，其结果一般能满足 $\xi \leqslant \xi_b$ 的条件。

(2) 大偏心受压构件的配筋计算如下。受压钢筋 A_s' 及受拉钢筋 A_s 均未知。

式(4-25)及式(4-26)中有3个未知数：A_s'、A_s 及 x，故不能得出唯一解。为了使总的截面配筋面积($A_s' + A_s$)最小，和双筋受弯构件一样，可取 $x = \xi_b h_0$，则由式(4-26)可得

$$A_s' = \frac{Ne - \alpha_1 f_c bh_0^2 \xi_b(1 - 0.5\xi_b)}{f_y'(h_0 - a_s')} \qquad (4-37)$$

按式(4-37)算得 A_s' 应不小于 $\rho_{min}'bh$，如果小于则取 $A_s' = \rho_{min}'bh$，按 A_s' 为已知的情况计算。将式(4-37)算得的 A_s' 代入式(4-25)可得

$$A_s = \frac{\alpha_1 f_c b\xi_b h_0 + f_y'A_s' - N}{f_y} \qquad (4-38)$$

按式(4-38)计算的 A_s 应不小于 $\rho_{min}bh$。

受压钢筋 A_s' 为已知，求 A_s。

当 A_s' 为已知时，式(4-25)及式(4-26)中有两个未知数 A_s 及 x 可求得唯一解。由式(4-26)可知 Ne 由两部分组成

$$M' = f_y'A_s'(h_0 - a_s') \text{ 及 } M_1 = Ne - M' = \alpha_1 f_c bx\left(h_0 - \frac{x}{2}\right)$$

M_1 为压区混凝土与对应的部分受拉钢筋 A_{s1} 所组成的力矩。与单筋矩形受弯截面构件相似

$$\alpha_s = \frac{M_1}{\alpha_1 f_c bh_0^2} \qquad (4-39)$$

$$A_{s1} = \frac{M_1}{f_y \gamma_s h_0} \tag{4-40}$$

将 A_s' 及 A_{s1} 代入式(4-25)中可得出总的受拉钢筋面积 A_s 的计算公式：

$$A_s = \frac{\alpha_1 f_c b x + f_y' A_s' - N}{f_y} = A_{s1} + \frac{f_y' A_s' - N}{f_y} \tag{4-41}$$

应该指出的是，如果 $\alpha_s \geqslant \alpha_{s\max}$，则说明已知的 A_s' 尚不足，需按 A_s' 为未知的情况重新计算。如果 $\gamma_s h_0 > h_0 - a_s'$ 即 $x < 2a_s'$，与双筋受弯构件相似，可以近似取 $x = 2a_s'$ 对 A_s' 合力中心取矩求出

$$A_s = \frac{N(\eta e_i - 0.5h + a_s')}{f_y(h_0 - a_s')} \tag{4-42}$$

(3) 小偏心受压构件的配筋计算如下。由小偏心受压承载能力计算的基本公式可知，有两个基本方程，但要求 3 个未知数：A_s'、A_s 和 x，因此，仅根据平衡条件也不能求出唯一解，需要补充一个使钢筋的总用量最小的条件求 ξ。但对于小偏心受压构件，要找到与经济配筋相对应的 ξ 值需用试算逼近法求得，计算较为复杂。小偏心受压应满足 $\xi > \xi_b$ 和 $-f_y' \leqslant \sigma_s \leqslant f_y$ 两个条件。当纵筋 A_s 的应力达到受压屈服时$(\sigma_s = -f_y')$，由式(4-34)可计算此时的受压区高度为

$$\xi_{cy} = 2\beta_1 - \xi_b \tag{4-43}$$

当 $\xi_b < \xi < \xi_{cy}$ 时，A_s 不屈服，为了使用钢量最小，可按最小配筋率配置 A_s，取 $A_s = \rho_{\min} bh$。因此，小偏心受压配筋计算可采用如下近似方法。

(1) 首先假定 $A_s = \rho_{\min} bh$，并将 A_s 值代入基本公式中求 ξ 和 σ_s。若 σ_s 为负值，说明钢筋处于受压状态，取 $A_s = \rho_{\min}' bh$ 重新代入基本公式中求 ξ 和 σ_s。若满足 $\xi_b < \xi < \xi_{cy}$ 的条件，则直接利用式(4-31)求出 A_s'。

(2) 如果 $h/h_0 > \xi \geqslant \xi_{cy}$，说明 A_s 钢筋已屈服，取 $\sigma_s = -f_y'$，利用小偏压基本公式求 A_s' 和 A_s，并验算反向破坏的截面承载能力。

(3) 如果 $\xi \geqslant h/h_0$，取 $\xi = h/h_0$ 和 $\sigma_s = -f_y'$，利用小偏压基本公式求 A_s' 和 A_s，并验算反向破坏的截面承载能力。

按上述方法计算的 A_s 应满足最小配筋率的要求。

2) 截面的承载力复核

当构件截面尺寸、配筋面积 A_s 及 A_s'，材料强度及计算长度均已知，要求根据给定的轴力设计值 N(或偏心距 e_0)确定构件所能承受的弯矩设计值 M(或轴向力 N)时，属于截面承载力复核问题。一般情况下，单向偏心受压构件应进行两个平面内的承载力计算，即弯矩作用平面内的承载力计算及垂直于弯矩作用平面内的承载力计算。

(1) 给定轴向力设计值 N，求弯矩设计值 M 或偏心距 e_0。由于截面尺寸、配筋及材料强度均为已知，故可首先按式(4-29)算得界限轴向力 N_b。如满足 $N \leqslant N_b$ 的条件，则为大偏心受压的情况，可按大偏心受压正截面承载能力计算的基本公式求 x 和 e，由求出的 e 和偏心距增大系数 η，根据式(4-27)求出偏心距 e_0，最后求出弯矩设计值 $M = Ne_0$。

如 $N > N_b$，则为小偏心受压情况，可按小偏心受压正截面承载能力计算的基本公式求 x 和 e，采取与大偏心受压构件同样的步骤求弯矩设计值 $M = Ne_0$。

(2) 给定偏心距 e_0，求轴向力设计值 N。根据 e_0 先求初始偏心距 e_i。当 $\eta e_i \geqslant 0.3h_0$ 时，可按大偏心受压情况，取 $\zeta_1 = 1.0$ 并按已知的 l_0/h 求 ζ_2 和偏心矩增大系数 η，再将 e_i 和 η 代入式(4-27)中求 e。求出 e 后，将给定的截面尺寸、材料强度、配筋面积和 e 等参

数代入基本公式，求解 x 和 N，并验算大偏心受压的条件是否满足。如满足 $x \leqslant \xi_b h_0$，为大偏心受压，计算的 N 即为截面的设计轴力；若不满足，则按小偏心的情况计算。

当 $\eta e_i < 0.3 h_0$ 时，则属小偏心受压，将已知数据代入小偏心受压基本公式中求解 x 及 N。当求得 $N \leqslant \alpha_1 f_c bh$ 时，所求得的 N 即为构件的承载力；当 $N > \alpha_1 f_c bh$ 时，尚需按式(4-37)求不发生反向压坏的轴向力 N，并取较小的值作为构件的正截面承载能力。

（3）垂直弯矩作用平面的承载力计算。当构件在垂直于弯矩作用平面内的长细比较大时，除了验算弯矩作用平面的承载能力外，还应按轴心受压构件验算垂直于弯矩作用平面内的受压承载力。这时应取截面高度 b 计算稳定系数 φ，按轴心受压构件的基本公式计算承载力 N。无论截面设计还是截面校核，都应进行此项验算。

 应用案例 4-4

【解】

查表可知，C25 混凝土 $f_c = 11.9 \text{N/mm}^2$，HRB335 级钢 $f_y = f_y' = 300 \text{N/mm}^2$，$\alpha_1 = 1.0$，$\xi_b = 0.544$，一类环境，$c = 30 \text{mm}$，$a_s = a_s' = 40 \text{mm}$，$h_0 = h - a_s = 500 - 40 = 460 \text{mm}$。

1. 第一组内力作用下的配筋计算

$$N = 500 \text{kN}, \quad M = 250 \text{kN} \cdot \text{m}$$

1) 判断截面类型

$$N_b = \alpha_1 f_c \xi_b bh_0 = 1.0 \times 11.9 \times 0.544 \times 400 \times 460 = 1191 \text{kN} > N = 500 \text{kN}$$

截面为大偏心受压。

2) 计算 $\eta \cdot e_i$

$$e_0 = \frac{M}{N} = \frac{250 \times 10^3}{500} = 500 \text{mm}, \quad \frac{l_0}{h} = \frac{5}{0.5} = 10$$

$$e_a = \max\left\{\frac{h}{30}, \ 20\right\} = 20 \text{mm}, \quad e_i = e_0 + e_a = 500 + 20 = 520 \text{mm}$$

$$\zeta_1 = \frac{0.5 f_c bh}{N} = \frac{0.5 \times 11.9 \times 400 \times 500}{500 \times 10^3} = 2.38 > 1.0, \ \text{取} \ \zeta_1 = 1.0;$$

$$\zeta_2 = 1.15 - 0.01 \frac{l_0}{h} = 1.15 - 0.01 \times 10 = 1.05 > 1.0, \ \text{取} \ \zeta_2 = 1.0;$$

$$\eta = 1 + \frac{1}{1400 \frac{e_i}{h_0}}\left(\frac{l_0}{h}\right)^2 \zeta_1 \zeta_2 = 1 + \frac{1}{1400 \times \frac{520}{460}} 10^2 \times 1.0 \times 1.0 = 1.063$$

$\eta e_i = 1.063 \times 520 = 552.8 \text{mm} > 0.3 h_0 = 0.3 \times 460 = 138 \text{mm}$。

因此，可先按大偏心受压构件进行计算。

3) 计算 A_s 和 A_s'

$$\xi = \frac{N}{\alpha_1 f_c bh_0} = \frac{500 \times 10^3}{1.0 \times 11.9 \times 400 \times 460} = 0.228 > 2a_s'/h_0 = 0.173$$

为了配筋最经济，即使 $(A_s + A_s')$ 最小，令 $\xi = \xi_b$。

$$e = \eta e_i + \frac{h}{2} - a_s = 552.8 + 250 - 40 = 762.8 \text{mm}$$

将上述参数代入式(4-37)和式(4-38)得

$$A_s = A_s' = \frac{Ne - \xi(1 - 0.5\xi)\alpha_1 f_c bh_0^2}{f_y'(h_0 - a_s')}$$

$$= \frac{500 \times 10^3 \times 762.8 - 0.228 \times (1 - 0.5 \times 0.228) \times 1.0 \times 11.9 \times 400 \times 460^2}{300 \times (460 - 40)}$$

$$= 1412 \text{mm}^2 > \rho_{min}' bh = 0.2\% \times 400 \times 500 = 400 \text{mm}^2$$

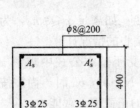

图 4.34 截面配筋

受拉和受压钢筋选用 $3\phi25$（$A_s=A_s'=1473\text{mm}^2$），箍筋 $\phi8@200$。截面配筋如图 4.34 所示。

2. 第二组内力作用下的配筋计算

$$N=1200\text{kN}, \quad M=142\text{kN}\cdot\text{m}$$

1）判断截面类型

$N_b=\alpha_1 f_c\xi_b bh_0=1.0\times11.9\times0.544\times400\times460=1191\text{kN}<N=1200\text{kN}$，

截面为小偏心受压。

2）计算 $\eta\cdot e_i$

$$e_0=\frac{M}{N}=\frac{142\times10^3}{1200}=118.3\text{mm}, \quad \frac{l_0}{h}=\frac{5}{0.5}=10$$

$$e_a=\max\left\{\frac{h}{30},\ 20\right\}=20\text{mm}, \quad e_i=e_0+e_a=118.3+20=138.3\text{mm}$$

$$\zeta_1=\frac{0.5f_c bh}{N}=\frac{0.5\times11.9\times400\times500}{1200\times10^3}=0.992;$$

$$\zeta_2=1.15-0.01\frac{l_0}{h}=1.15-0.01\times10=1.05>1.0,\ \text{取}\ \zeta_2=1.0;$$

$$\eta=1+\frac{1}{1400\frac{e_i}{h_0}}\left(\frac{l_0}{h}\right)^2\zeta_1\zeta_2=1+\frac{1}{1400\times\frac{138.3}{460}}\times10^2\times0.992\times1.0=1.235$$

$$\eta e_i=1.235\times138.3=170.8\text{mm}>0.3h_0=0.3\times460=138\text{mm}$$

3）计算 A_s 和 A_s'

$$e=\eta e_i+\frac{h}{2}-a_s=170.8+250-40=380.8\text{mm}$$

$$\xi=\frac{N-\xi_b\alpha_1 f_c bh}{\alpha_1 f_c bh_0+\dfrac{Ne-0.43\alpha_1 f_c bh_0^2}{(0.8-\xi_b)(h_0-a_s')}}+\xi_b=0.548$$

$$x=\xi h_0=0.548\times460=252.1\text{mm}$$

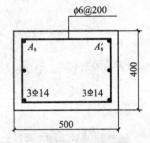

图 4.35 截面配筋

$$A_s=A_s'=\frac{Ne-\alpha_1 f_c bx\left(h_0-\frac{1}{2}x\right)}{f_y'(h_0-a_s')}$$

$$=\frac{1200\times10^3\times380.8-1.0\times11.9\times400\times252.1\times(460-0.5\times252.1)}{300\times(460-40)}$$

$$=446.2\text{mm}^2$$

$$>\rho_{min}'bh=0.2\%\times400\times500=400\text{mm}^2$$

实配 $3\phi14$（$A_s=A_s'=461\text{mm}^2$），满足构造要求，箍筋 $\phi6@200$。截面配筋如图 4.35 所示。

知识链接

螺旋箍筋柱

在普通箍筋柱中，箍筋是构造钢筋。柱破坏时，混凝土处于单向受压状态。而螺旋箍筋柱（图 4.36）的箍筋既是构造钢筋又是受力钢筋。由于螺旋筋或焊接环筋的套箍作用可约束核心混凝土（螺旋筋或焊接缓筋所包围的混凝土）的横向变形，使得核心混凝土处于三向受压状态，从而间接地提高混凝土的纵向抗压强度。当混凝土纵向压缩产生横向膨胀时，将受到密排螺旋筋或焊接环筋的约束，在箍筋中产生拉力而在混凝土中产生侧向压力。当构件的压应变超过无约束混凝土的极限应变后，尽管箍筋以外的表层混凝土会开裂甚至剥落而退出工作，但核心混凝土尚能继续承担更大的压力，直至箍筋屈服。显然，混凝土抗压强度的提高程度与箍筋的约束力的大小有关。为了使箍筋对混凝土有足够大的约束力，箍筋应为圆形，当为圆环时应焊接。由于螺旋筋或焊接环筋间接地起到了纵向受压钢筋的作用，故又称为间接钢筋。

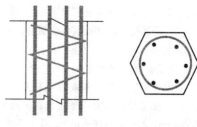

图4.36 螺旋箍筋柱

需要说明的是，螺旋箍筋柱虽可提高构件承载力，但施工复杂，用钢量较大，一般仅用于轴力很大，截面尺寸又受限制，采用普通箍筋柱会使纵向钢筋配筋率过高，而混凝土强度等级又不宜再提高的情况。

小　　结

轴心受压构件的承载力由混凝土和纵向受力钢筋两部分抗压能力组成，同时要考虑纵向弯曲对构件截面承载力的影响。其计算公式为

$$N \leqslant 0.9\varphi(f_c A + f_y' A_s')$$

高强度钢筋在受压构件中不能发挥作用，其最大应力只能达到400N/mm^2，因此，在受压构件中不宜采用高强度钢筋。

偏心受压构件按其破坏特征不同，分为大偏心受压构件和小偏心受压构件。

当 $\xi = \dfrac{x}{h_0} \geqslant \xi_b$ 时，为大偏心受压破坏；当 $\xi = \dfrac{x}{h_0}、\xi_b$ 时，为小偏心受压破坏。

习　　题

一、思考题

1. 在受压构件中配置箍筋的作用是什么？什么情况下需设置复合箍筋？

2. 轴心受压短柱、长柱的破坏特征各是什么？为什么轴心受压长柱的受压承载力低于短柱？承载力计算时如何考虑纵向弯曲的影响？

3. 偏心受压构件如何分类？怎样区分大、小偏心受压破坏的界限？

4. 矩形截面大偏心受压构件正截面的受压承载力如何计算？矩形截面小偏心受压构件正截面受压承载力如何计算？怎样进行不对称配筋矩形截面偏心受压构件正截面受压承载力的设计与计算？

5. 对称配筋矩形截面偏心受压构件大、小偏心受压破坏的界限如何区分？怎样进行对称配筋矩形截面偏心受压构件正截面承载力的设计与计算？

6. 分析混凝土强度、钢筋强度、配筋率、截面尺寸对偏心受压构件承载力的影响。

二、计算题

1. 已知某多层四跨现浇框架结构的第二层内柱，轴心压力设计值 $N = 1100$kN，楼层高 $H = 6$m，混凝土强度等级为C20，采用HRB335级钢筋，截面边长为350mm，计算长度为6m，求所需纵筋面积。

2. 已知圆形截面现浇钢筋混凝土柱，直径不超过350mm，承受轴心压力设计值 $N = 1900$kN，计算长度 $l_0 = 4$m，混凝土强度等级为C25，柱中纵筋采用HRB335级钢筋，箍筋用HPB235级钢筋，试设计该柱截面。

3. 某框架钢筋混凝土正方形截面轴心受压构件，计算长度为 9m，承受轴向力设计值 $N=1700\mathrm{kN}$，采用 C25 级混凝土，HRB400 级钢筋。试确定构件截面尺寸和纵向钢筋截面面积，并绘出配筋图。

4. 某混合结构多层房屋，门厅为现浇内框架结构(按无侧移考虑)，其底层柱截面为矩形，按轴心受压构件计算。截面尺寸为 450mm×600mm，计算长度为 8m，混凝土强度等级为 C25，已配纵向受力钢筋 822(HRB335 级)，试计算截面承载力。

5. 已知某单层工业厂房柱的轴向力设计值 $N=800\mathrm{kN}$，弯矩 $M=160\mathrm{kN\cdot m}$；截面尺寸 $b=300\mathrm{mm}$，$h=500\mathrm{mm}$，$a_s=a_s'=45\mathrm{mm}$；混凝土强度等级为 C20，采用 HRB335 级钢筋，计算长度 $l_0=3.5\mathrm{m}$，求钢筋截面面积 A_s 及 A_s'。

6. 已知柱的轴向力设计值 $N=550\mathrm{kN}$，弯矩 $M=450\mathrm{kN\cdot m}$；截面尺寸 $b=300\mathrm{mm}$，$h=600\mathrm{mm}$，$a_s=a_s'=45\mathrm{mm}$；混凝土强度等级为 C35，采用Ⅲ级钢筋；计算长度 $l_0=7.2\mathrm{m}$，求钢筋截面面积 A_s 及 A_s'。

7. 已知轴向力设计值 $N=7500\mathrm{kN}$，弯矩 $M=1800\mathrm{kN\cdot m}$；截面尺寸 $b=800\mathrm{mm}$，$h=1000\mathrm{mm}$，$a_s=a_s'=45\mathrm{mm}$；混凝土强度等级为 C30，采用 HRB335 级钢筋；计算长度 $l_0=6\mathrm{m}$，采用对称配筋，求钢筋截面面积 A_s 及 A_s'。

项目5

钢筋混凝土受弯构件计算

教学目标

掌握梁和板的一般构造要求；理解受弯构件正截面破坏特征及适筋的截面工作阶段；掌握几种形式截面受弯构件正截面承载力的计算；了解斜截面破坏的主要形态；掌握斜截面受剪承载力的计算；熟悉受弯构件裂缝及变形验算方法。

教学要求

知识要点	能力要求	相关知识	所占分值 （100分）
受弯构件的一般构造要求	能进行梁的配筋构造	纵向受力钢筋、架立钢筋、弯起钢筋、箍筋及纵向构造钢筋的配置	10
矩形截面承载力计算	能进行单筋、双筋矩形截面承载力计算	梁的正截面破坏形态；单筋、双筋矩形梁正截面计算公式	30
T形梁承载力计算	能进行 T 形梁承载力计算	两种类型的 T 形梁计算公式	30
斜截面承载力计算	能进行斜截面承载力计算	斜截面承载力计算公式	20
裂缝宽度及挠度计算	能进行裂缝宽度及挠度计算	裂缝宽度、挠度的计算公式及影响因素	10

引例

钢筋混凝土受弯构件是建筑物中的主要受力构件。钢筋混凝土梁是受弯构件的典型代表。钢筋混凝土梁是否安全是建筑物能否正常工作的关键。

图5.1所示为汶川地震中某建筑物底层梁受到破坏时的现场图片，请结合这幅图片，掌握钢筋混凝土梁正截面破坏的几种形态，了解裂缝的相关知识。

图5.1　汶川地震某建筑物底层梁受到破坏时的现场图片

预备知识

1. 平面一般力系

平面一般力系是指各力的作用线位于同一平面内任意分布的力系，如图5.2所示。

1）力的平移定理

设刚体的A点作用着一个力F，在此刚体上任取一点O。现在来讨论怎样才能将力F平移到O点，而不改变其原来的作用效应。可在点O处加上两个大小相等、方向相反，与F平行的力F'、F''且$F'=F''=F$，根据加减平衡力系公理，F、F'和F''与图5.3中的F对刚体的作用效应相同。显然F和F''组成一个力偶，其力偶矩为

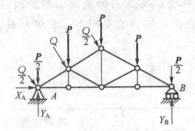

图5.2　平面一般力系

$$m=F\cdot d=M_O(F)_m$$

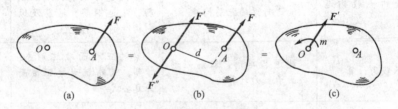

图5.3　力的平移

这3个力可转换为作用在O点的一个力和一个力偶。由此可得力的平移定理：作用在刚体上的力F可以平移到同一刚体上的任一点O，但必须附加一个力偶。其力偶矩等于原力F对新作用点O之矩。

力的平移定理是一般力系向一点简化的理论依据，也是分析力对物体作用效应的一个重要方法。例如，图5.4所示的厂房柱子受到吊车梁传来的荷载F的作用，为分析F的作用效应，可将力F平移到柱的轴线上的O点上，根据力的平移定理得一个力F'，同时还必须附加一个力偶。力F经平移后，它对柱子的变形效果就可以很明显地看出，力F使柱子轴向受压，力偶使柱弯曲。

2）平面一般力系向作用面内任一点简化

平面一般力系向作用面内任一点简化的结果是一个力和一个力偶。这个力作用在简化中心，它的矢量称为原力系的主矢，并等于原力系中各力的矢量和；这个力偶的力偶矩称为原力系对简化中心的主矩，并等于原力系中各力对简化中心之矩的代数和。

平面一般力系向一点简化一般可得到一个力和一个力偶，但这并不是最后的简化结果。根据主矢与主矩是否存在，可能出现下列几种情况。

（1）若 $R'=0$，$M_O \neq 0$，说明原力系与一个力偶等效，而这个力偶的力偶矩就是主矩。

（2）若 $R' \neq 0$，$M_O=0$，则作用于简化中心的力 R' 就是原力系的合力，作用线通过简化中心，即 $R=R'$。

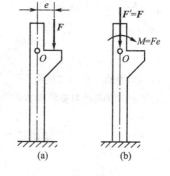

图 5.4　某厂房柱子的受力情况

（3）若 $R' \neq 0$，$M_O \neq 0$，这时根据力的平移定理的逆过程可以进一步合成为合力 R，如图 5.5 所示。

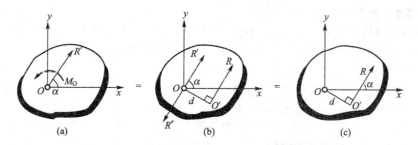

图 5.5　平面一般力系向一点简化

（4）若 $R'=0$，$M_O=0$，此时力系处于平衡状态。

3）平面一般力系的平衡条件

平面一般力系平衡的必要与充分条件是：力系的主矢和力系对平面内任一点的主矩都等于零。即

$$R'=0, \quad M_O=0$$

平衡方程的基本形式为

$$\left.\begin{array}{c} \sum X=0 \\ \sum Y=0 \\ \sum Z=0 \end{array}\right\}$$

平面一般力系平衡的必要与充分的解析条件是：力系中所有各力在任意选取的两个坐标轴中的每一轴上投影的代数和分别等于零；力系中所有各力对平面内任一点之矩的代数和等于零。

现举例说明应用平面一般力系的平衡条件来求解工程实际中物体平衡问题的步骤和方法。

【例 5.1】　图 5.6 所示为塔式起重机。已知轨距 $b=4$m，机身重 $G=240$kN，其作用线到右轨的距 $e=1.5$m，起重机的平衡重 $Q=120$kN，其作用线到左轨的距离 $a=6$m，荷载 P 的作用线到右轨的距离 $l=12$m。试问：

① 当空载 $P=0$ 时，起重机是否会向左倾倒？

② 起重机不向右倾倒的最大起重荷载 P 为多少？

【解】　（1）取起重机为研究对象。受力分析如图 5.6 所示，作用于起重机上的主动力有 G、P、Q，约束反力有 N_A 和 N_B，N_A 和 N_B 均铅垂向上，以上各力组成平面平行力系。

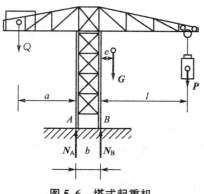

图 5.6　塔式起重机

（2）当空载 **P**=0 时，起重机不向左倾倒的条件为 $N_B \geqslant 0$。

列平衡方程为

$$\sum M_A = 0 \quad \boldsymbol{Q} \cdot a + \boldsymbol{N}_B \cdot b - \boldsymbol{G}(e + b) = 0$$

解得

$$\boldsymbol{N}_B = 150\text{kN} > 0$$

所以起重机不会向左倾倒。

（3）使起重机不向右倾倒的条件是 $N_A \geqslant 0$。

列平衡方程为

$$\sum M_B = 0 \quad \boldsymbol{Q} \cdot (a + b) - \boldsymbol{N}_A \cdot b - \boldsymbol{G} \cdot e - \boldsymbol{P} \cdot l = 0$$

解得

$$\boldsymbol{N}_A = \frac{1}{b}[\boldsymbol{Q}(a + b) - \boldsymbol{G} \cdot e - \boldsymbol{P} \cdot l] = 0$$

$$\boldsymbol{N}_A \geqslant 0 \quad [\boldsymbol{q}(a + b) - \boldsymbol{G} \cdot e - \boldsymbol{P} \cdot l] \geqslant 0$$

$$\boldsymbol{P} \leqslant 70\text{kN}$$

当荷载 **P**≤70kN 时，起重机不会向右倾倒。

4）物体系统的平衡

在工程中常常遇到由几个物体通过一定的约束联系在一起的系统，这种系统称为物体系统。研究物体系统的平衡时不仅要求解支座反力，而且还需要计算系统内各物体之间的相互作用力。

当物体系统平衡时，组成该系统的每一个物体也都处于平衡状态，因此对于每一个受平面一般力系作用的物体均可写出 3 个平衡方程。若由 n 个物体组成的物体系统，则共有 $3n$ 个独立的平衡方程。如系统中有的物体受平面汇交力系或平面平行力系作用时，则系统的平衡方程数目相应减少。当系统中的未知数目等于独立平衡方程的数目时，则所有未知数都能由平衡方程求出，这样的问题称为静定问题。

在工程实际中，有时为了提高结构的承载能力，常常增加多余的约束，因而使这些结构的未知力的数目多于平衡方程的数目，未知量就不能全部由平衡方程求出，这样的问题称为静不定问题或超静定问题。

求解物体系统的平衡问题关键在于恰当地选取研究对象，正确地选取投影轴和矩心，列出适当的平衡方程。总的原则是：尽可能地减少每一个平衡方程中的未知量，最好是每个方程只含有一个未知量，以避免求解联立方程。对于图 5.7 所示的三铰钢架就适合于先取整体为研究对象，如图 5.7(b)所示，对 A、B 两点列力矩方程，求出两个竖向反力 Y_A、Y_B 后，再取 AC 或 CB 部分刚架为研究对象，如图 5.7 (c)、(d)所示，求出其余约束反力。

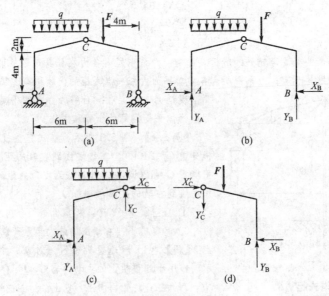

图 5.7　三铰钢架

2. 平面弯曲相关知识

1) 平面弯曲

当杆件受到垂直于杆轴的外力作用或在纵向平面内受到力偶作用时，杆轴由直线弯成曲线，这种变形称为弯曲。以弯曲变形为主的杆件称为梁。

弯曲变形是工程中最常见的一种基本变形。例如，房屋建筑中的楼面梁和阳台挑梁，受到楼面荷载和梁自重的作用将发生弯曲变形，如图 5.8 所示。

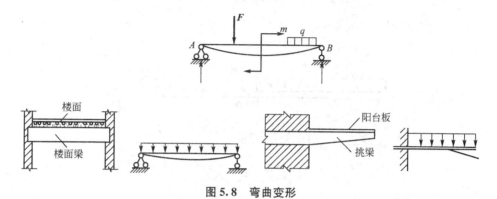

图 5.8 弯曲变形

工程中常见的梁，其横截面往往有一根对称轴，这根对称轴与梁轴线所组成的平面称为纵向对称平面。如果作用在梁上的外力（包括荷载和支座反力）和外力偶都位于纵向对称平面内，梁变形后，轴线将在此纵向对称平面内弯曲。这种梁的弯曲平面与外力作用平面相重合的弯曲称为平面弯曲，如图 5.9 所示。平面弯曲是一种最简单，也是最常见的弯曲变形。

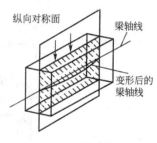

图 5.9 平面弯曲

2) 梁的计算简图

采用简化的图形代替实际的工程结构，这种简化了的图形称为结构的计算简图。

在选取结构的计算简图时应当遵循如下两个原则。

(1) 尽可能正确地反映结构的主要受力情况，使计算的结果接近实际情况，有足够的精确性。

(2) 要忽略对结构的受力情况影响不大的次要因素，使计算工作尽量简化。

工程中常见梁体的计算简图有以下几种。

(1) 简支梁。某教学大楼的内廊为简支在砖墙上的现浇钢筋混凝土平板，如图 5.10 所示。

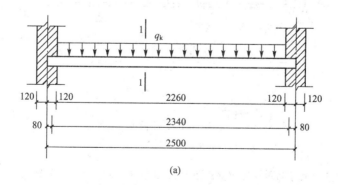

(a)

图 5.10 简支梁

（a）简支梁结构

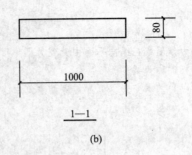

1—1

(b)

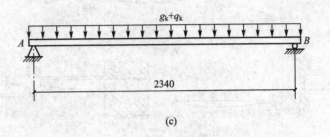

(c)

图 5.10(续)

(b) 实际简图；(c) 计算简图

(2) 外伸梁。某支承在砖墙上的简支伸臂梁如图 5.11 所示。

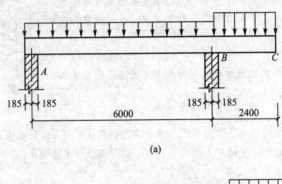

(a)

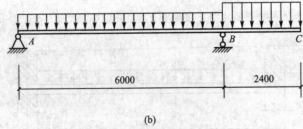

(b)

图 5.11 伸臂梁

(a) 实际简图；(b) 计算简图

(3) 连续梁。某仓库楼盖结构平面布置图如图 5.12 所示，板、次梁、主梁的实际简图和计算简图分别如图 5.13、图 5.14 和图 5.15 所示。

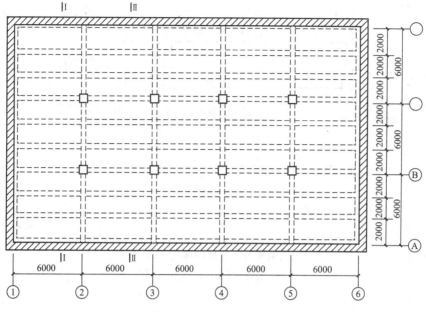

图 5.12　结构平面布置图

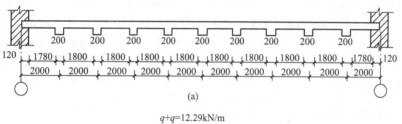

(a)

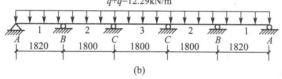

(b)

图 5.13　仓库楼盖的板

（a）实际简图；（b）计算简图

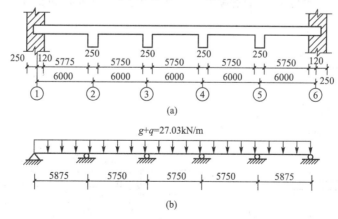

(a)

(b)

图 5.14　仓库楼盖的次梁

（a）实际简图；（b）计算简图

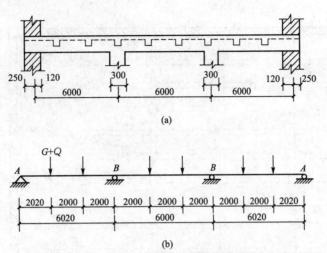

图 5.15　仓库楼盖的主梁

（a）实际简图；（b）计算简图

3）梁的弯曲内力——剪力和弯矩

图 5.16(a)所示为一简支梁，荷载 F 和支座反力 R_A、R_B 是作用在梁的纵向对称平面内的平衡力系。现用截面法分析任一截面 $m-m$ 上的内力。假想将梁沿 $m-m$ 截面分为两段，现取左段为研究对象，因有支座反力 R_A 作用，为使左段满足 $\sum Y=0$，截面 $m-m$ 上必然有与 R_A 等值、平行且反向的内力 Q 存在，这个内力 Q 称为剪力；同时，因 R_A 对截面 $m-m$ 的形心 O 点有一个力矩 $R_A \cdot a$ 的作用，为满足平衡，截面 $m-m$ 上也必然有一个与力矩 $R_A \cdot a$ 大小相等且转向相反的内力偶矩 M 存在，这个内力偶矩 M 称为弯矩。由此可见，梁发生弯曲时，横截面上同时存在着两个内力素，即剪力和弯矩。

剪力的常用单位为 N 或 kN，弯矩的常用单位为 N·m 或 kN·m。

剪力和弯矩的大小可由左段梁的静力平衡方程求得，即

$$\sum Y=0, \quad R_A-Q=0, \quad 得\ Q=R_A$$
$$\sum M=0, \quad R_A \cdot a-M=0, \quad 得\ M=R_A \cdot a$$

如果取右段梁作为研究对象，同样可求得截面 $m-m$ 上的 Q 和 M，根据作用力与反作用力的关系，它们与从左段梁求出 $m-m$ 截面上的 Q 和 M 大小相等，方向相反。

为了使从左、右两段梁求得同一截面上的剪力 Q 和弯矩 M 具有相同的正负号，并考虑到土建工程上的习惯要求，对剪力和弯矩的正负号特作如下规定。

（1）剪力的正负号。使梁段有顺时针转动趋势的剪力为正，反之为负（图 5.17(a)、(b)）。

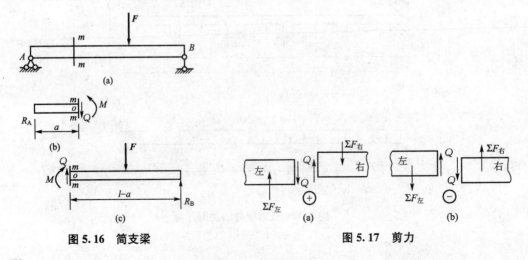

图 5.16　简支梁　　　　　　　　　　图 5.17　剪力

（2）弯矩的正负号。使梁段产生下侧受拉的弯矩为正，反之为负（图 5.18(a)、(b)）。

4）截面法求内力

用截面法求指定截面上的剪力和弯矩的步骤如下。

（1）计算支座反力。

（2）用假想的截面在需求内力处将梁截成两段，取其中任一段为研究对象。

（3）画出研究对象的受力图（截面上的 Q 和 M 都先假设为正的方向）。

（4）建立平衡方程，解出内力。

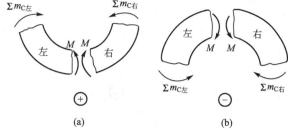

图 5.18　弯矩

【例 5.2】　简支梁如图 5.19(a)所示。已知 $F_1=30$kN，$F_2=30$kN，试求截面 l-l 上的剪力和弯矩。

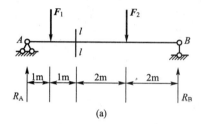
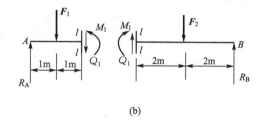

图 5.19　截面法求内力实例

【解】

（1）求支座反力，考虑梁的整体平衡有

$$\sum M_B=0 \quad F_1\times5+F_2\times2-R_A\times6=0$$
$$\sum M_A=0 \quad -F_1\times1-F_2\times4+R_B\times6=0$$

得
$$R_A=35\text{kN}(\uparrow), \quad R_B=25\text{kN}(\uparrow)$$

校核
$$\sum Y=R_A+R_B-F_1-F_2=35+25-30-30=0$$

（2）求截面 l-l 上的内力。

在截面 l-l 处将梁截开，取左段梁为研究对象，画出其受力图，内力 Q_1 和 M_1 均先假设为正的方向，列平衡方程为

$$\sum Y=0 \quad R_A-F_1-Q_1=0$$
$$\sum M_1=0 \quad -R_A\times2+F_1\times1+M_1=0$$

得
$$Q_Q=R_A-F_1=35-30=5\text{kN}$$
$$M_1=R_A\times2-F_1\times1=35\times2-30\times1=40\text{kN}\cdot\text{m}$$

求得 Q_1 和 M_1 均为正值，表示截面 l-l 上内力的实际方向与假定的方向相同；按内力的符号规定，剪力、弯矩都是正的。所以，画受力图时一定要先假定内力为正的方向，由平衡方程求得结果的正负号，就能直接代表内力本身的正负。

如取 l-l 截面右段梁为研究对象，如图 5.9(b)所示，可得出同样的结果。

5）用内力方程法绘制剪力图和弯矩图

为了计算梁的强度和刚度问题，除了要计算指定截面的剪力和弯矩外，还必须知道剪力和弯矩沿梁轴线的变化规律，从而找到梁内剪力和弯矩的最大值，以及它们所在的截面位置。

由以上讨论可以看出，梁内各截面上的剪力和弯矩一般随截面的位置而变化。若横截面的位置用沿梁轴线的坐标 x 来表示，则各横截面上的剪力和弯矩都可以表示为坐标 x 的函数，即

$$Q=Q(x), \quad M=M(x)$$

以上两个函数式表示梁内剪力和弯矩沿梁轴线的变化规律，分别称为剪力方程和弯矩方程。

为了形象地表示剪力和弯矩沿梁轴线的变化规律，可以根据剪力方程和弯矩方程分别绘制剪力图和弯矩图。以沿梁轴线的横坐标 x 表示梁横截面的位置，以纵坐标表示相应横截面上的剪力或弯矩，在土建工程中习惯上将正剪力画在 x 轴上方，负剪力画在 x 轴下方；而将弯矩图画在梁受拉的一侧，即正弯矩画在 x 轴下方，负弯矩画在 x 轴上方，如图 5.20 所示。

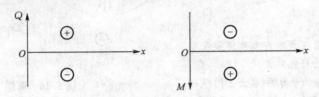

图 5.20　剪力、弯矩图

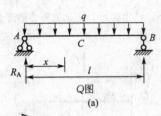

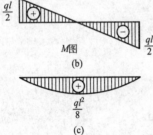

图 5.21　某简支梁受力情况及其剪力图、弯矩图

【例 5.3】 简支梁受均布荷载作用如图 5.21 所示，试画出梁的剪力图和弯矩图。

【解】

（1）求支座反力。

由对称关系可得

$$R_A = R_B = \frac{1}{2} ql (\uparrow)$$

（2）列剪力方程和弯矩方程。

取距 A 点（坐标原点）为 x 处的任意截面，则梁的剪力方程和弯矩方程为

$$Q(x) = R_A - qx = \frac{1}{2} ql - qx \quad (0 < x < l)$$

$$M(x) = R_A \cdot x - \frac{1}{2} qx^2 = \frac{1}{2} qlx - \frac{1}{2} qx^2 \quad (0 \leqslant x \leqslant l)$$

（3）画剪力图和弯矩图。

由上式知，$Q(x)$ 是 x 的一次函数，即剪力方程为一直线方程，剪力图是一条斜直线。

当

$$x = 0 \text{ 时}, \quad Q_A = \frac{ql}{2}$$

$$x = l \text{ 时}, \quad Q_B = -\frac{ql}{2}$$

根据这两个截面的剪力值画出剪力图。

$M(x)$ 是 x 的二次函数，说明弯矩图是一条二次抛物线，应至少计算 3 个截面的弯矩值才可描绘出曲线的大致形状。

$$x = 0 \text{ 时}, \quad M_A = 0$$

$$x = \frac{l}{2} \text{ 时}, \quad M_C = \frac{ql^2}{8}$$

$$x = l \text{ 时}, \quad M_B = 0$$

根据以上计算结果画出弯矩图。

从剪力图和弯矩图可得结论：在均布荷载作用的梁段，剪力图为斜直线，弯矩图为二次抛物线。在剪力等于零的截面上弯矩有极值。

【例 5.4】 简支梁受集中力作用如图 5.22 所示，试画出梁的剪力图和弯矩图。

【解】

（1）求支座反力。

由梁的整体平衡条件得

$$\sum M_B = 0, \quad R_A = \frac{Fb}{l}(\uparrow)$$

$$\sum M_A = 0, \quad R_B = \frac{Fa}{l}(\uparrow)$$

校核 $\quad \sum Y = R_A + R_B - F = \frac{Fb}{l} + \frac{Fa}{l} - F = 0$

计算无误。

（2）列剪力方程和弯矩方程。

梁在 C 处有集中力作用，故 AC 段和 CB 段的剪力方程和弯矩方程不相同，要分段列出。

AC 段：在距 A 端为 x_1 的任意截面处将梁假想截开，并考虑左段梁平衡，则剪力方程和弯矩方程为

$$Q(x_1) = R_A = \frac{Fb}{l} \quad (0 < x_1 < a) \tag{1}$$

$$M(x_1) = R_A x_1 = \frac{Fb}{l} x_1 \quad (0 \leqslant x_1 \leqslant a) \tag{2}$$

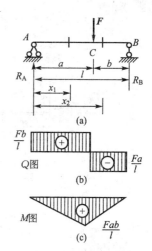

图 5.22 某简支梁受集中力作用及其剪力图、弯矩图

CB 段：在距 A 端为 x_2 的任意截面处假想截开，并考虑左段的平衡，列出剪力方程和弯矩方程为

$$Q(x_2) = R_A - F = \frac{Fb}{l} - F = -\frac{Fa}{l} \quad (a < x_2 < l) \tag{3}$$

$$M(x_2) = R_A x_2 - F(x_2 - a) = \frac{Fa}{l}(l - x_2) \quad (a \leqslant x_2 \leqslant l) \tag{4}$$

（3）画剪力图和弯矩图。

根据剪力方程和弯矩方程画剪力图和弯矩图。

Q 图：AC 段剪力方程 $Q(x_1)$ 为常数，其剪力值为 Fb/l，剪力图是一条平行于 x 轴的直线，且在 x 轴上方。CB 段剪力方程 $Q(x_2)$ 也为常数，其剪力值为 Fb/l，剪力图也是一条平行于 x 轴的直线，但在 x 轴下方。画出全梁的剪力图。

M 图：AC 段弯矩 $M(x_1)$ 是 x_1 的一次函数，弯矩图是一条斜直线，只要计算两个截面的弯矩值就可以画出弯矩图。

当 $\qquad\qquad\qquad\qquad x_1 = 0$ 时，$\quad M_A = 0$

$$x_1 = a \text{ 时}，\quad M_C = \frac{Fab}{l}$$

根据计算结果可以画出 AC 段弯矩图。

CB 段弯矩图 $M(x_2)$ 也是 x_2 的一次函数，弯矩图仍是一条直线。

当 $\qquad\qquad\qquad\qquad x_2 = a$ 时，$\quad M_C = \frac{Fab}{l}$

$$x_2 = l \text{ 时}，\quad M_B = 0$$

由上面两个弯矩值画出 CB 段弯矩图。整梁的弯矩图如图 5.22 所示。

从剪力图和弯矩图中可得结论：在无荷载梁段剪力图为平行线，弯矩图为斜直线。在集中力作用处，左右截面上的剪力图发生突变，其突变值等于该集中力的大小，突变方向与该集中力的方向一致；而弯矩图出现转折，即出现尖点，尖点方向与该集中力方向一致。

【例 5.5】 如图 5.23(a)所示简支梁受集中力偶作用，试画出梁的剪力图和弯矩图。

【解】

（1）求支座反力。

由整梁平衡得

$$\sum M_B = 0, \quad R_A = \frac{m}{l}(\uparrow)$$

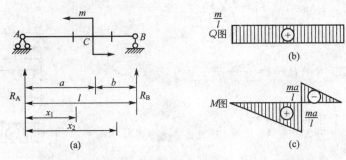

图 5.23　某简支梁受集力偶作用及其剪力图、弯矩图

$$\sum M_A = 0, \quad R_B = -\frac{m}{l}(\downarrow)$$

校核：
$$\sum Y = R_A + R_B = \frac{m}{l} - \frac{m}{l} = 0$$

计算无误。

(2) 列剪力方程和弯矩方程。

梁在 C 截面有集中力偶 m 作用，应分两段列出剪力方程和弯矩方程。

AC 段：在 A 端为 x_1 的截面处假想将梁截开，考虑左段梁平衡，则剪力方程和弯矩方程为

$$Q(x_1) = R_A = \frac{m}{l} \quad (0 < x_1 \leqslant a) \tag{1}$$

$$M(x_1) = R_A x_1 = \frac{m}{l} x_1 \quad (0 \leqslant x_1 < a) \tag{2}$$

CB 段：在 A 段为的截面处假想将梁截开，考虑左段平衡，则列出剪力方程和弯矩方程为

$$Q(x_2) = R_A = \frac{m}{l} \quad (a \leqslant x_2 < l) \tag{3}$$

$$M(x_2) = R_A x_2 - m = \frac{m}{l}(l - x_2) \quad (a < x_2 \leqslant l) \tag{4}$$

(3) 画剪力图和弯矩图。

Q 图：由式(1)、式(3)可知，梁在 AC 段和 CB 段剪力都是常数，故剪力是一条在 x 轴上方且平行于 x 轴的直线。画出剪力图如图 5.23(b)所示。

M 图：由式(2)、式(4)可知，梁在 AC 段和 CB 段内弯矩都是 x 的一次函数，故弯矩图是两段斜直线。

AC 段：

当
$$x_1 = 0 \text{ 时}, \quad M_A = 0$$

$$x_1 = a \text{ 时}, \quad M_{C左} = \frac{ma}{l}$$

CB 段：

当
$$x_2 = a \text{ 时}, \quad M_{2右} = -\frac{mb}{l}$$

$$x_2 = l \text{ 时}, \quad M_B = 0$$

画出弯矩图如图 5.23(c)所示。

由内力图可得结论：梁在集中力偶作用处，左右截面上的剪力无变化，而弯矩出现突变，其突变值等于该集中力偶矩。

6) 用叠加法画弯矩图

由于在小变形条件下梁的内力、支座反力、应力和变形等参数均与荷载呈线性关系，每一荷载单独

作用时引起的某一参数不受其他荷载的影响。所以,梁在几个荷载共同作用时所引起的某一参数(内力、支座反力、应力和变形等)等于梁在各个荷载单独作用时所引起同一参数的代数和,这种关系称为叠加原理,如图 5.24 所示。

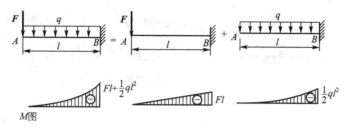

图 5.24 叠加法

根据叠加原理来绘制梁的内力图的方法称为叠加法。由于剪力图一般比较简单,因此不用叠加法绘制。下面只讨论用叠加法作梁的弯矩图。其方法为:先分别作出梁在每一个荷载单独作用下的弯矩图,然后将各弯矩图中同一截面上的弯矩代数相加,即可得到梁在所有荷载共同作用下的弯矩图。

为了便于应用叠加法绘内力图,在表 5-1 中给出了梁在简单荷载作用下的剪力图和弯矩图,可供查用。

表 5-1 单跨梁在简单荷载作用下的弯矩图

荷载形式	弯矩图	荷载形式	弯矩图	荷载形式	弯矩图
F, l	Fl	q, l	$\dfrac{ql^2}{2}$	M_c, l	M_0
a F b, l	$\dfrac{Fab}{l}$	q, l	$\dfrac{ql^2}{8}$	a M_0 b	$\dfrac{b}{l}M_0$ $\dfrac{b}{l}M_0$
F, l a	Fa	q, l a	$\dfrac{1}{2}ql^2$	M_0, l a	M_0

【例 5.6】 试用叠加法画出图 5.25 所示简支梁的弯矩图。

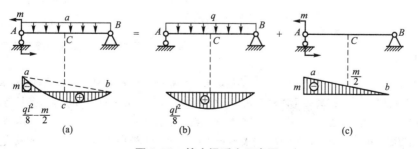

图 5.25 简支梁受力示意图

【解】

（1）先将梁上荷载分为集中力偶 m 和均布荷载 q 两组。

（2）分别画出 m 和 q 单独作用时的弯矩图（图 5.25(b)、(c)），然后将这两个弯矩图相叠加。叠加时，将相应截面的纵坐标代数相加。

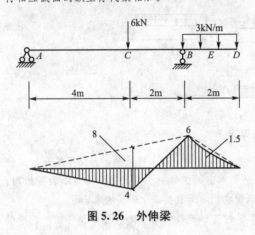

【例 5.7】 试作出图 5.26 所示外伸梁的弯矩图。

【解】

（1）分段。将梁分为 AB、BD 两个区段。

（2）计算控制截面弯矩。

$$M_A = 0$$

$$M_B = -3 \times 2 \times 1 = -6 \text{kN} \cdot \text{m}$$

$$M_D = 0$$

AB 区段 C 点处的弯矩叠加值为

$$\frac{Fab}{l} = \frac{6 \times 4 \times 2}{6} = 8 \text{kN} \cdot \text{m}$$

$$M_C = \frac{Fab}{l} - \frac{2}{3} M_B = 8 - \frac{2}{3} \times 6 = 4 \text{kN} \cdot \text{m}$$

图 5.26 外伸梁

BD 区段中点 E 处的弯矩叠加值为

$$M_E = \frac{M_B}{2} - \frac{ql^2}{8} = \frac{6}{2} - \frac{3 \times 2^2}{8} = 1.5 \text{kN} \cdot \text{m}$$

（3）作 M 图，如图 5.26 所示。

由例 5.7 可以看出，用区段叠加法作外伸梁的弯矩图时不需要求支座反力就可以画出其弯矩图。所以，用区段叠加法作弯矩图是非常方便的。

【例 5.8】 绘制图 5.27(a)所示梁的弯矩图。

【解】 此题若用一般方法作弯矩图较为麻烦。现采用区段叠加法来作，可方便得多。

（1）计算支座反力。

$$\sum M_B = 0 \quad R_A = 15 \text{kN}(\uparrow)$$

$$\sum M_A = 0 \quad R_B = 11 \text{kN}(\uparrow)$$

校核：$\sum Y = -6 + 15 - 2 \times 4 - 8 + 11 - 2 \times 2 = 0$

计算无误。

（2）选定外力变化处为控制截面，并求出它的弯矩。

本例控制截面为 C、A、D、E、B、F 各处，可直接根据外力确定内力的方法求得

$$M_C = 0$$

$$M_A = -6 \times 2 = -12 \text{kN} \cdot \text{m}$$

$$M_D = -6 \times 6 + 15 \times 4 - 2 \times 4 \times 2 = 8 \text{kN} \cdot \text{m}$$

$$M_E = -2 \times 2 \times 3 + 11 \times 2 = 10 \text{kN} \cdot \text{m}$$

$$M_B = -2 \times 2 \times 1 = -4 \text{kN} \cdot \text{m}$$

$$M_F = 0$$

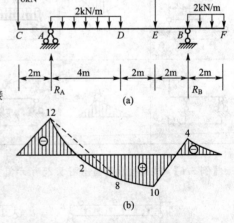

图 5.27 某梁受力情况及弯矩图

（3）将整个梁分为 CA、AD、DE、EB、BF 5 段，然后用区段叠加法绘制各段的弯矩图。方法是：先用一定比例绘出 CF 梁各控制截面的弯矩纵标，然后看各段是否有荷载作用，如果某段范围内无荷载作用（如 CA、DE、EB 3 段），则可将该段端部的弯矩纵标连以直线，即为该段弯矩图。如该段内有荷载作用（如 AD、BF 两段），则将该段端部的弯矩纵标连一虚线，以虚线为基线叠加该段按简支梁求得的弯矩图。整个梁的弯矩图如图 5.27(b)所示。

其中 AD 段中点的弯矩为

$$M_{AD中} = \frac{-12+8}{2} + \frac{ql^2}{8} = \frac{-12+8}{2} + \frac{24^2}{8} = 2kN \cdot m$$

任务 5.1 钢筋混凝土矩形截面梁承载力计算

5.1.1 钢筋混凝土受弯构件的构造要求

仅承受弯矩 M 和剪力 V 的构件称为受弯构件。

在工业与民用建筑中,常见的梁、板是典型的受弯构件。梁和板的受力情况是一样的,其区别仅在于截面的高宽比 h/b 不同。由于梁和板的受力情况、截面计算方法均基本相同,故本章不再分梁、板,而统一称为受弯构件。

仅在截面的受拉区按计算配置受力钢筋的受弯构件称为单筋受弯构件;在截面的受拉区和受压区都按计算配置受力钢筋的受弯构件称为双筋受弯构件。

受弯构件需进行下列计算和验算。

(1)承载能力极限状态计算。

① 正截面受弯承载力计算。按控制截面(跨中或支座截面)的弯矩设计值确定截面尺寸及纵向受力钢筋的数量。

② 斜截面受剪承载力计算。按控制截面的剪力设计值复核截面尺寸,并确定截面抗剪所需的箍筋和弯起钢筋的数量。

(2)正常使用极限状态验算。受弯构件除必须进行承载能力极限状态的计算外,一般还须按正常使用极限状态的要求进行构件变形和裂缝宽度的验算。

受弯构件除了要进行上述两类计算和验算外,还须采取一系列构造措施才能保证构件的各个部位都具有足够的抗力,才能使构件具有必要的适用性和耐久性。

所谓构造措施,是指那些在结构计算中未能详细考虑或很难定量计算而忽略了其影响的因素,而在保证构件安全、施工简便及经济合理等前提下所采取的技术补救措施。在实际工程中,由于不注意构造措施而出现工程事故的不在少数。

1. 截面形式及尺寸

1)截面形式

梁最常用的截面形式有矩形和 T 形。此外还可根据需要做成花篮形、十字形、I 形、倒 T 形、倒 L 形等,如图 5.28 所示。现浇整体式结构,为了便于施工,常采用矩形或 T 形截面;而在预制装配式楼盖中,为了搁置预制板可采用矩形,为了不使室内净高降低太多,也可采用花篮形、十字形截面;薄腹梁则可采用 I 形截面。

图 5.28 梁的截面形式

2)截面尺寸

梁的截面尺寸通常沿梁全长保持不变,以方便施工。在确定截面尺寸时,应满足下述的构造要求。

（1）按挠度要求的梁最小截面高度。在设计时，对于一般荷载作用下的梁可参照表 5-2 初定梁的高度，此时，梁的挠度要求一般能得到满足。

表 5-2 梁的截面高度

项次	构件种类		简支	两端连续	悬臂
1	整体肋形梁	次梁	$l_0/20$	$l_0/25$	$l_0/8$
		主梁	$l_0/12$	$l_0/15$	$l_0/6$
2	独立梁		$l_0/12$	$l_0/15$	$l_0/6$

注：（1）l_0 为梁的计算跨度。
　　（2）梁的计算跨度 $l_0 \geqslant 9\text{m}$ 时，表中数值应乘以系数 1.2。

（2）常用梁高。常用梁高为 200mm、250mm、300mm、350mm、……、750mm、800mm、900mm、1000mm 等。

截面高度 $h \leqslant 800\text{mm}$ 时，取 50mm 的倍数。

$h > 800\text{mm}$ 时，取 100mm 的倍数。

（3）常用梁宽。梁高确定后，梁宽度可由常用的高宽比来确定。

矩形截面：$h/b = 2.0 \sim 3.5$。

T 形截面：$h/b = 2.5 \sim 4.0$。

常用梁宽为 150mm、180mm、200mm、……，如宽度 $b > 200\text{mm}$，应取 50mm 的倍数。

3）支承长度

当梁的支座为砖墙或砖柱时，可视为简支座，梁伸入砖墙、柱的支承长度盘应满足梁下砌体的局部承压强度，且当梁高 $h \leqslant 500\text{mm}$ 时，$a \geqslant 180\text{mm}$；$h > 500\text{mm}$ 时，$a \geqslant 240\text{mm}$。

当梁支承在钢筋混凝土梁（柱）上时，其支承长度 $a \geqslant 180\text{mm}$；钢筋混凝土桁条支承在砖墙上时，$a \geqslant 120\text{mm}$，支承在钢筋混凝土梁上时，$a \geqslant 80\text{mm}$。

2. 钢筋

在一般的钢筋混凝土梁中通常配置有纵向受力钢筋、箍筋、弯起钢筋及架立钢筋，如图 5.29 所示。当梁的截面高度较大时，尚应在梁侧设置构造钢筋。

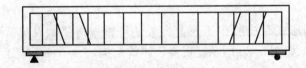

图 5.29 钢筋混凝土梁中的钢筋

1）纵向受力钢筋

纵向受力钢筋的作用主要是承受弯矩在梁内所产生的拉力，应设置在梁的受拉一侧，其数量应通过计算来确定。通常采用Ⅰ级、Ⅱ级及Ⅲ级钢筋，当混凝土的强度等级大于或等于 C20 时，从经济性及钢筋与混凝土的粘结较好这一方面出发，宜优先采用Ⅱ级及Ⅲ级钢筋。

（1）直径。梁中常用的纵向受力钢筋直径为 10～25mm，一般不宜大于 28mm，以免造成梁的裂缝过宽。另外，同一构件中钢筋直径的种类不宜超过 3 种，其直径相差不宜小于 2mm，以便施工时肉眼能够识别，同时直径也不应相差太悬殊，以免钢筋受力不均匀。

（2）间距。梁上部纵向受力钢筋的净距不应小于 30mm，也不应小于 $1.5d$（d 为受力钢筋的最大直径），梁下部纵向受力钢筋的净距不应小于 25mm，也不应小于 d。构件下部纵向受力钢筋的配置多于两层时，自第三层时起，水平方向的中距应比下面两层的中距大一倍。

（3）钢筋的根数及层数。梁内纵向受力钢筋的根数不应少于两根，当梁宽 $b<100mm$ 时，也可为一根。在确定钢筋根数时需注意，如选用钢筋的直径较大，则钢筋的数量势必减少；而钢筋的直径大会使得梁的裂缝宽度增大，同时在梁的抗剪计算中，当剪力较大时，会造成无纵筋可弯的情况。但钢筋的根数也不宜太多，否则不能满足受力钢筋的净距要求，同时也会给混凝土的浇筑工作带来不便。

纵向受力钢筋的层数与梁的宽度、钢筋根数、直径、间距及混凝土保护层的厚度等因素有关，通常要求将钢筋沿梁宽均匀布置，并尽可能排成一排，以增大梁截面的内力臂，提高梁的抗弯能力。只有当钢筋的根数较多，排成一排不能满足钢筋净距、混凝土保护层厚度时才考虑将钢筋排成两排，但此时梁的抗弯能力将较钢筋排成一排时低（当钢筋的数量一样时）。

（4）受力钢筋的混凝土保护层最小厚度 c。为了满足对受力钢筋的有效锚固及耐火、耐久性要求，钢筋的混凝土保护层应有足够的厚度。混凝土保护层最小厚度与钢筋直径、构件种类、环境条件和混凝土强度等级有关。具体应符合表 5-3 的规定。

表 5-3 混凝土保护层最小厚度

环境类别		板墙壳			梁柱		
		≥C20	C25~C45	≥C50	≥C20	C25~C45	≥C50
一		20	15	15	30	25	25
二	a	—	20	15	—	30	25
	b	—	25	20	—	35	30
三		—	30	25	—	40	35

注：（1）基础的保护层厚度不小于 40mm；当无垫层时不小于 70mm。
（2）处于一类环境且由工厂生产的预制构件，当混凝土强度不低于 C20 时，其保护层厚度可按表中规定减少 5mm，但预制构件中的预应力钢筋的保护层厚度不应小于 15mm；处于二类环境且由工厂生产的预制构件，当表面另做水泥砂浆抹面层且有质量保证措施时，保护层厚度可按表 5-3 中一类环境数值取用。
（3）预制钢筋混凝土受弯构件钢筋端头的保护层厚度不应小于 10mm，预制肋形板主肋钢筋的保护层厚度应按梁的数值采用。
（4）板、墙、壳中分布钢筋的保护层厚度不应小于 10mm，梁、柱中箍筋和构造钢筋的保护层厚度不应小于 15mm。
（5）处于二类环境中的悬臂板，其上表面应另作水泥砂浆保护层或采取其他保护措施。
（6）有防火要求的建筑物，其保护层厚度应符合国家现行有关防火规范的规定。

（5）配筋形式。

① 简支梁。单跨简支梁在荷载作用下只产生跨中正弯矩，故应将纵向受力钢筋置于梁的下部，其数量按最大正弯矩计算求得。当梁砌筑于墙内时，在梁的支座处将产生少量的负弯矩，此时可利用架立钢筋作为构造负筋或将部分跨中受力钢筋在支座附近弯起至梁

的上面，以承担支座处的负弯矩，余下的纵向受力钢筋应全部伸入支座，当其数量 $b \geqslant$ 150mm 时，不应少于两根；当 $b <$ 150mm 时可为一根，如图 5.30(a)所示。

② 外伸梁。在荷载作用下简支梁跨中产生正弯矩，纵向受力钢筋应置于梁的下部；悬臂部分产生负弯矩，故纵向受力钢筋应配置在梁的上部，并应伸入简支梁上部一定距离，以承担简支梁支座附近的负弯矩，其延伸长度应根据弯矩图的分布情况来确定，如图 5.30(b)所示。

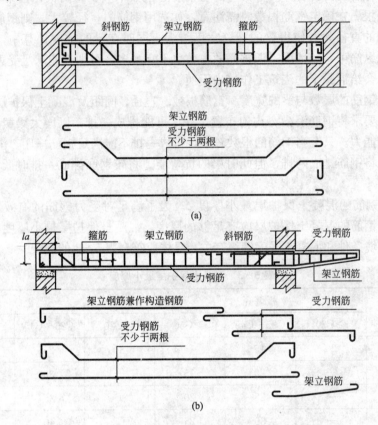

图 5.30 单跨梁的配筋构造
(a) 简支梁的配筋；(b) 外伸梁的配筋

2）架立钢筋

架立钢筋一般为两根，布置在梁截面受压区的角部。架立钢筋的作用是固定箍筋的正确位置，与纵向受力钢筋构成钢筋骨架，并承受因温度变化、混凝土收缩而产生的拉力，以防止发生裂缝，另外在截面的受压区布置钢筋对改善混凝土的延性亦有一定的作用。

架立钢筋的直径：当梁的跨度 l_0 小于 4m 时，直径不宜小于 8mm；当 l_0 等于 4～6m 时，直径不宜小于 10mm；当 l_0 大于 6m 时，直径不宜小于 12mm。

3）梁侧构造钢筋

当梁的腹板高度 $h_w >$ 450mm 时，在梁的两个侧面应沿高度配置纵向构造钢筋，如图 5.31 所示，每侧纵向构造钢筋的截面面积不应小于腹板截面面积的 0.1%，间距不宜大于 200mm。

梁侧构造钢筋的作用：承受因温度变化、混凝土收缩在梁的中间部位引起的拉应力，

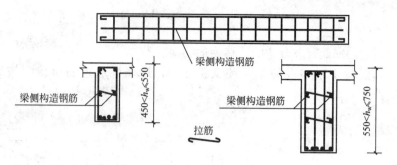

图 5.31 梁侧构造钢筋及拉筋布置

防止混凝土在梁中间部位产生裂缝。

梁两侧的纵向构造钢筋宜用拉筋连系，拉筋的直径与箍筋直径相同，间距为 300～500mm，通常取为箍筋间距的两倍。

5.1.2 受弯构件正截面破坏特征及适筋梁的正截面工作阶段

受弯构件正截面的破坏特征主要由纵向受拉钢筋的配筋率 ρ 的大小确定。受弯构件的配筋率 ρ 用纵向受拉钢筋的截面面积与正截面的有效面积的比值来表示。但在验算最小配筋率时，有效面积应改为全面积。

$$\rho = \frac{A_s}{bh_0}$$

式中　A_s——纵向受力钢筋的截面面积，mm^2；

　　　b——截面的宽度，mm；

　　　h_0——截面的有效高度，$h_0 = h - a_s$，mm；

　　　a_s——受拉钢筋合力作用点到截面受拉边缘的距离。

由 ρ 的表达式看到，ρ 越大，表示 A_s 越大，即纵向受拉钢筋的数量越多。

由于配筋率 ρ 的不同，钢筋混凝土受弯构件将产生不同的破坏情况，根据其正截面的破坏特征可分为适筋梁、超筋梁、少筋梁 3 种破坏情况，如图 5.32 所示。

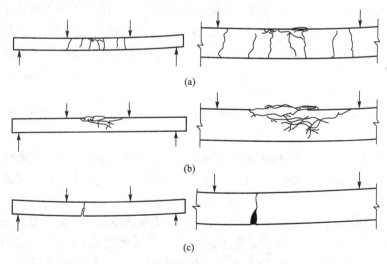

图 5.32 梁的 3 种破坏形式

（a）适筋梁破坏；（b）超筋梁破坏；（c）少筋梁破坏

1. 适筋梁破坏

纵向受力钢筋的配筋率 ρ 合适的梁称为适筋梁。

通过对钢筋混凝土梁多次的观察和试验表明，适筋梁从施加荷载到破坏可分为如图 5.33 所示的 3 个阶段。

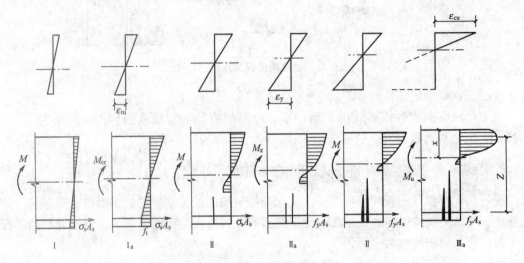

图 5.33　钢筋混凝土梁工作的 3 个阶段

1）第Ⅰ阶段——弹性工作阶段

从加荷开始到梁受拉区出现裂缝以前为第Ⅰ阶段。此时，荷载在梁上部产生的压力由截面中和轴以上的混凝土承担，荷载在梁下部产生的拉力由布置在梁下部的纵向受拉钢筋和中和轴以下的混凝土共同承担。当弯矩不大时，混凝土基本处于弹性工作阶段。应力、应变成正比，受压区和受拉区混凝土应力分布图形为三角形。当弯矩增大时，由于混凝土抗拉能力远较抗压能力低，故受拉区的混凝土将首先开始表现出塑性性质，应变较应力增长速度快。当弯矩增加到开裂弯矩时，受拉区边缘纤维应变恰好到达混凝土受弯时极限拉应变，梁遂处于将裂未裂的极限状态，而此时受压区边缘纤维应变量相对还很小，故受压区混凝土基本上仍属于弹性工作性质，即受压区应力图形接近三角形。此即第Ⅰ阶段末，以Ⅰa表示。Ⅰa可作为受弯构件抗裂度的计算依据。值得注意的是，此时钢筋相应的拉应力较低，只有 20N/mm^2 左右。

2）第Ⅱ阶段——带裂缝工作阶段

当弯矩再增加时，梁将在抗拉能力最薄弱的截面处首先出现第一条裂缝，一旦开裂，梁即由第Ⅰ阶段转化为第Ⅱ阶段工作。

在裂缝截面处，由于混凝土开裂，受拉区的拉力主要由钢筋承受，使得钢筋应力较开裂前突然增大很多，随着弯矩 M 的增加，受拉钢筋的拉应力迅速增加，梁的挠度、裂缝宽度也随之增大，截面中和轴上移，截面受压区高度减小，受压区混凝土塑性性质将表现得越来越明显，受压区应力图形呈曲线变化。当弯矩继续增加使得受拉钢筋应力达到屈服点时，截面所能承担的弯矩称为屈服弯矩 M_y，相应称此时为第Ⅱ阶段末，以Ⅱa表示。

第Ⅱ阶段相当于梁使用时的应力状态，Ⅱa可作为受弯构件使用阶段的变形和裂缝开展计算时的依据。

3）第Ⅲ阶段——破坏阶段

钢筋达到屈服强度后，它的应力大小基本保持不变，而变形将随着弯矩 M 的增加而急剧增大，使受拉区混凝土的裂缝迅速向上扩展，中和轴继续上移，混凝土受压区高度减小，压应力增大，受压混凝土的塑性特征表现得更加充分，压应力图形呈显著曲线分布。当弯矩 M 增加至极限弯矩时，称为第Ⅲ阶段末，以Ⅲ$_a$ 表示。此时，混凝土受压区边缘纤维到达混凝土受弯时的极限压应变。受压区混凝土将产生近乎水平的裂缝，混凝土被压碎，标志着梁已开始破坏。这时截面所能承担的弯矩即为破坏弯矩 M_u，这时的应力状态即作为构件承载力极限状态计算的依据。

在整个第Ⅲ阶段钢筋的应力都基本保持屈服强度不变直至破坏。这一性质对于分析混凝土构件的受力情况时是非常重要的。

综上所述，对于配筋合适的梁，其破坏特征是：受拉钢筋首先到达屈服强度，继而进入塑性阶段，产生很大的塑性变形，梁的挠度、裂缝也都随之增大，最后因受压区的混凝土达到其极限压应变被压碎而破坏。由于在此过程中梁的裂缝急剧开展和挠度急剧增大，将给人以梁即将破坏的明显预兆，故称此种破坏为"延性破坏"。由于适筋梁的材料强度能充分发挥，符合安全可靠、经济合理的要求，故梁在实际工程中都应设计成适筋梁。

2. 超筋梁

纵向受力钢筋的配筋率 ρ 过大的梁称为超筋梁。

由于纵向受力钢筋过多，故当受压区边缘纤维应变到达混凝土受弯时的极限压应变时，钢筋的应力尚小于屈服强度，但此时梁已因受压区混凝土被压碎而破坏。试验表明，钢筋在梁破坏前仍处于弹性工作阶段，由于钢筋过多，导致钢筋的应力不大，从而钢筋的应变也很小，梁裂缝开展不宽，延伸不高，梁的挠度亦不大。因此，超筋梁的破坏特征是：纵向受拉钢筋还未达到屈服强度梁就因受压区的混凝土被压碎而破坏。因为这种梁是在没有明显预兆的情况下由于受压区混凝土突然压碎而破坏，故称为"脆性破坏"。

超筋梁虽配置了很多受拉钢筋，但由于其应力小于钢筋的屈服强度，不能充分发挥钢筋的作用，造成浪费，且梁在破坏前没有明显的征兆，破坏带有突然性，故工程实际中不允许设计成超筋梁。

比较适筋梁和超筋梁的破坏特征可以发现，两者相同之处是破坏时都以受压区的混凝土被压碎作为标志，不同的地方是适筋梁在破坏时受拉钢筋已达到其屈服强度，而超筋梁在破坏时受拉钢筋的应力达不到屈服强度。因此，在钢筋和混凝土的强度确定之后，一根梁总会有一个特定的配筋率，它使得梁在受拉钢筋的应力到达屈服强度的同时受压区边缘纤维应变也恰好到达混凝土受弯时的极限应变值，即存在一个配筋率，它使得受拉钢筋达到屈服强度和受压区混凝土被压碎同时发生。这时梁的破坏叫作"界限破坏"，此也即适筋梁与超筋梁的界限，或称之为"平衡配筋梁"。

鉴于安全和经济的原因，在实际工程中不允许采用超筋梁，故这个特定的配筋率实际上就限制了适筋梁的最大配筋，通常称它为适筋梁的最大配筋率，用 ρ_{max} 表示。因此，当梁的实际配筋率 $\rho < \rho_{max}$，梁受压区混凝土受压破坏时，受拉钢筋可以达到屈服强度，属适筋梁破坏。当 $\rho > \rho_{max}$，梁受压区混凝土受压破坏时，受拉钢筋达不到屈服强度，属超筋梁破坏。而当 $\rho = \rho_{max}$ 时，受拉钢筋应力到达屈服强度的同时受压区混凝土压碎而致梁破坏，属界限破坏。为了在设计中不出现超筋梁，则应满足 $\rho \leqslant \rho_{max}$。

3. 少筋梁

纵向受力钢筋的配筋率 ρ 过小的梁称为少筋梁。

少筋梁在受拉区的混凝土开裂前，截面的拉力由受拉区的混凝土和受拉钢筋共同承担，受拉区的混凝土一旦开裂，截面的拉力几乎全部由钢筋承受，由于受拉钢筋过少，所以钢筋的应力立即达到受拉屈服强度，并且可能迅速经历整个流幅而进入强化阶段，若钢筋的数量很少，钢筋甚至可被拉断。其破坏特征是：少筋梁破坏时，裂缝往往集中出现一条，不仅展开宽度很大，且沿梁高延伸较高，梁的挠度也很大，已不能满足正常使用的要求，即使此耐受压区混凝土还未被压碎也认为梁已破坏。

由于受拉钢筋过少，从单纯满足梁的抗弯承载力需要出发，少筋梁的截面尺寸必然过大，故不经济；且它的承载力主要取决于混凝土的抗拉强度，破坏时受压区混凝土强度未能充分利用，梁破坏时没有明显的预兆，属于"脆性破坏"性质，故在实际工程中不允许采用少筋梁。

5.1.3 正截面受力分析

1. 基本假定

（1）截面应变符合平截面假定。构件正截面弯曲变形后，其截面依然保持平面，截面应变分布服从平截面假定，即截面内任意点的应变与该点到中和轴的距离成正比，钢筋与外围混凝土的应变相同。国内外大量试验也表明，从加载开始至破坏，所测得破坏区段的混凝土及钢筋的平均应变基本上是符合平截面假定的。试验还表明，构件破坏时受压区混凝土的压碎是在沿构件长度一定范围内发生的，受拉钢筋的屈服也是在沿构件长度一定范围内发生的。因此，在承载力计算时采用平截面假定是可行的。

（2）不考虑混凝土的抗拉强度。在裂缝截面处，受拉区混凝土已大部分退出工作，虽然在中和轴附近尚有部分混凝土承担拉力，但与钢筋承担的拉力或混凝土承担的压力相比数值很小，并且合力离中和轴很近，承担的弯矩可以忽略。

（3）混凝土应力—应变关系。混凝土的应力—应变曲线有多种不同形式，常采用由一条二次抛物线和水平线组成的曲线，即不考虑其下降段，如图 5.34 所示。

（4）钢筋应力—应变关系。钢筋应力取钢筋应变与其弹性模量的乘积，但不大于其强度设计值，受拉钢筋的极限拉应变取 0.01，如图 5.35 所示。

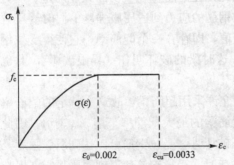

图 5.34 混凝土 σ_c-ε_c 设计曲线

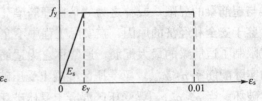

图 5.35 热轧钢筋 σ_c-ε_c 设计曲线

钢筋应力的函数表达式如下：

当 $0 \leqslant \varepsilon_s \leqslant \varepsilon_y$ 时， $\sigma_s = E_s \varepsilon_s$

当 $\varepsilon_s > \varepsilon_y$ 时， $\sigma_s = f_y$

2. 受力分析

适筋梁在正截面承载力极限状态时，受拉钢筋已经达到屈服强度，受压区混凝土达到受压破坏极限。以单筋矩形截面为例，根据上述假设，截面受力状态如图5.36(a)所示。

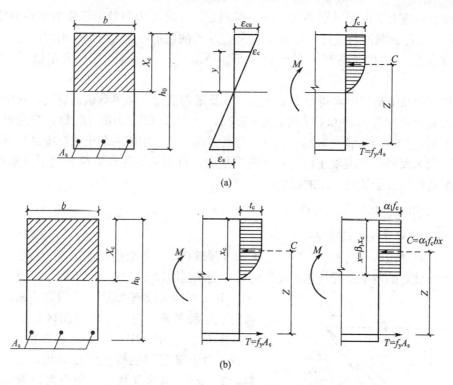

(a)

(b)

图5.36 理论应力图形和等效应力图形

(a) 理论应力图形；(b) 等效应力图形

此时，受压区边缘混凝土压应变达到极限压应变。对于特定的混凝土强度等级，ε_0 与 ε_{cu} 均可取为定值。因此，根据截面假定与混凝土应力—应变关系，受压区混凝土应力分布图形由受压区高度唯一确定，压区混凝土合力 C 的值为一积分表达式，受压区混凝土合力作用点与受拉钢筋合力作用点之间的距离 z 称为内力臂，也必须表达为积分的形式。

根据轴向力与对受拉钢筋合力作用点的力矩平衡可以建立两个独立平衡方程

$$T = A_s f_y = C(x_c)$$

$$M = A_s f_y z(x_c)$$

通过联立求解上述两个方程虽然可以进行截面设计计算，但因混凝土压应力分布为非线性分布，计算过程中需要进行比较复杂的积分计算，不利于工程应用。《规范》采用简化压应力分布的方法。

3. 等效矩形应力图形

正截面抗弯计算的主要目的仅仅是为了建立 M_u 的计算公式，实际上并不需要完整地给出混凝土的压应力分布，而只要能确定压应力合力 C 的大小及作用位置就可以了。为此,《规范》对于非均匀受压构件,如受弯、偏心受压和大偏心受拉等构件的受压区混凝土的应力分布进行简化,即用等效矩形应力图形来代换二次抛物线加矩形的应力图形。

其代换的原则是:保持原来受压区混凝土的压应力合力 C 的大小和作用点位置不变。

根据上述两个条件,经推导计算得

$$x = \beta_1 x_c$$
$$\sigma_0 = a_1 f_c$$

等效矩形应力图由无量纲参数 β_1 及 α_1 所确定。β_1 及 α_1 为等效矩形应力图块的特征值,α_1 为矩形应力图的强度与受压区混凝土最大应力 f_c 的比值;β_1 为矩形应力图的受压区高度与平截面假定的中和轴高度 x_c 的比值,即 $\beta_1 = x/x_c$;x 为等效压区高度值,简称压区高度。

根据试验及分析可以求得 β_1 与 α_1 的值。β_1 及 α_1 与混凝土强度等因素有关,对中低强混凝土,当 $\varepsilon_0 = 0.002$,$\varepsilon_{cu} = 0.003$ 时,$\beta_1 = 0.824$,$\alpha_1 = 0.969$。为简化计算,当混凝土的强度等级不超过 C50 时取 $\beta_1 = 0.8$,$\alpha_1 = 1$。对高强混凝土,用随混凝土强度提高而逐渐降低的系数 α_1 值来反映高强混凝土的特点。应当指出,将上述简化计算规定用于三角形截面、圆形截面的受压区会带来一定的误差。

4. 界限相对受压区高度与最小配筋率

1) 界限相对受压区高度 ξ_b

界限相对受压区高度 ξ_b 是指在适筋梁的界限破坏时,等效受压区高度与截面有效高度之比。界限破坏的特征是受拉钢筋屈服的同时受压区混凝土边缘达到极限压应变。

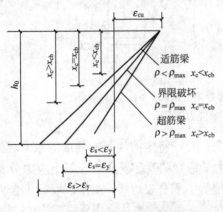

图 5.37 所示为平截面应变假定。根据平截面假定,正截面破坏时,不同受压区高度的应变变化如图 5.37 所示。中间斜线表示的为界限破坏的应变。对于确定的混凝土强度等级,ε_u 的值为常数,$\beta_1 = x/x_c$ 也为常数。由图中可以看出,破坏时的相对受压区高度越大,钢筋拉应变越小。

破坏时的相对受压区高度

$$\xi = \frac{x}{h_0} = \frac{\beta_1 x_c}{h_0}$$

相对界限受压区高度

$$\xi_b = \frac{x_b}{h_0} = \frac{\beta_1 x_{cb}}{h_0}$$

图 5.37 平截面应变假定

若 $\xi > \xi_b$,破坏时钢筋拉应变,受拉钢筋不屈服,表明发生的破坏为超筋破坏。

若 $\xi < \xi_b$,破坏时钢筋拉应变,受拉钢筋已经达到屈服,表明发生的破坏为适筋破坏或少筋破坏。

根据平截面假设,相对界限受压区高度可用简单的几何关系求出。

$$\xi_b = \frac{\beta_1 x_{cb}}{h_0} = \frac{\beta_1 \varepsilon_{cu}}{\varepsilon_{cu} + \varepsilon_y} = \frac{\beta_1 \varepsilon_{cu}}{\varepsilon_{cu} + \dfrac{f_y}{E_s}} = \frac{\beta_1}{1 + \dfrac{f_y}{\varepsilon_{cu} E_s}} \tag{5-1}$$

《规范》规定如下。

对于有屈服点的钢筋

$$\xi_b = \frac{\beta_1}{1+\dfrac{f_y}{\varepsilon_{cu}E_s}} \qquad (5-2)$$

对于无屈服点的钢筋

$$\xi_b = \frac{\beta_1}{1+\dfrac{0.002}{\varepsilon_{cu}}\dfrac{f_y}{\varepsilon_{cu}E_s}} \qquad (5-3)$$

截面受拉区内配有不同种类的钢筋时，受弯构件的相对界限受压区高度应分别计算，并取其小值。

2）最小配筋率 ρ_{min}

少筋破坏就是一旦出现裂缝构件就会失效。《规范》规定：对于受弯梁类构件，受拉钢筋百分率不应小于 $45f_t/f_y$，同时不应小于 0.2；当温度因素对结构构件有较大影响时，受拉钢筋最小配筋百分率应比规定适当增加；原则上讲，最小配筋率规定了少筋截面和适筋截面的界限，即配有最小配筋率的钢筋混凝土梁在破坏时所能承担的弯矩等于相同截面的素混凝土梁所承担的弯矩。

5.1.4 单筋矩形截面受弯构件正截面承载力计算

1. 基本公式与适用条件

1）计算公式

根据前面所述钢筋混凝土结构设计基本原则，对受弯构件正截面受弯承载力应满足作用在结构上的荷载在所计算的截面中产生的弯矩设计值 M 不超过根据截面的设计尺寸、配筋量和材料的强度设计值计算得到的受弯构件的正截面受弯承载力设计值，即

$$M \leqslant M_u$$

取截面轴向力及弯矩平衡，即截面上水平方向的内力之和为零，截面上内外力对受拉钢筋合力点的力矩之和等于零，可写出单筋矩形截面受弯构件正截面受弯承载力计算的基本公式如下，其计算简图如图5.38所示。

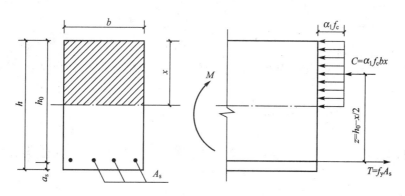

图5.38 单筋矩形截面承载力计算简图

$$由 \sum X=0 \qquad \alpha_1 f_c b x = f_y A_s \qquad (5-4)$$

$$由 \sum M=0 \qquad M \leqslant M_u = \alpha_1 f_c b x \left(h_0 - \frac{x}{2}\right) \qquad (5-5)$$

式中　M——弯矩设计值；

M_u——正截面极限抵抗弯矩；

f_c——混凝土轴心抗压强度设计值；

f_y——钢筋的抗拉强度设计值；

A_s——受拉区纵向钢筋的截面面积；

α_1——矩形应力图的强度与受压区混凝土最大应力 f_c 的比值；

b——截面宽度；

x——按等效矩形应力图计算的受压区高度；

h_0——截面有效高度，$h_0 = h - a_s$，a_s 为受拉钢筋合力点至截面受拉边缘的距离，当为一排钢筋时，$a_s = c + \dfrac{d}{2}$，其中 d 为钢筋直径，c 为混凝土保护层厚度。

另外，由式(5-4)可得

$$x = \frac{f_y A_s}{\alpha_1 f_c b}$$

则相对受压区高度即为

$$\xi = \frac{x}{h_0} = \frac{f_y A_s}{\alpha_1 f_c b h_0} = \rho \frac{f_y}{\alpha_1 f_c}$$

由上式得 $\rho = \xi \alpha_1 \dfrac{f_c}{f_y}$，对于材料给定的截面，相对受压区高度 ξ 和配筋率 ρ 之间有明确的换算关系。对应于 ξ_b 的 ρ 即为该截面允许的最大配筋率 ρ_{max}。

2）适用条件

上述两式仅适用于适筋梁，而不适用于超筋及少筋梁，因为超钢梁破坏时的实际拉应力为 $\sigma_s < f_y$，并未达到屈服强度，这时，钢筋应力 σ_s 为未知值，放在以上公式中不能按 f_y 考虑；少筋梁一旦开裂，裂缝就延伸至梁顶部，不存在受压区。因此，对于上述适筋梁计算公式必须满足下列适用条件。

（1）为防止超筋破坏，应满足

$$\xi \leqslant \xi_b$$
$$x \leqslant x_b = \xi_b h_0$$
$$\rho \leqslant \rho_{max} = \xi_b \alpha_1 \frac{f_c}{f_y}$$

以上三式是同一含义，为了便于应用，写成 3 种形式，满足其中之一，其余两个必然得到满足。

（2）为了防止少筋破坏，应满足

$$\rho \geqslant \rho_{min}$$

当温度因素对结构构件有较大影响时，受拉钢筋最小配筋百分率应比规定适当增加。

 特别提示

在满足适筋梁的条件 $\rho_{min} \leqslant \rho \leqslant \rho_{max}$ 的情况下，截面尺寸可有不同的选择。当 M 给定时，若截面尺寸大一些，则 A_0 可小一些，但混凝土及模板的费用要增加；反之，截面尺寸减小，则 A_0 增大，但混凝土及模板的费用可减小。故为了使包括材料及施工费用在内的总造价为最省，设计时应使配筋率尽可能在经济配筋率内。钢筋混凝土受弯构件的经济配筋率为

实心板　　　　0.3%～0.8%
矩形截面梁　　0.6%～1.5%
T形截面梁　　0.9%～1.8%

2. 基本公式的应用

设计受弯构件时，一般仅需对控制截面进行受弯承载力计算。

受弯构件正截面承载力计算问题可分为两类：截面设计和截面校核。

1）截面设计

在进行截面设计时，通常是已知弯矩设计值 M_u，要求确定构件的截面尺寸及配筋。就适筋梁而言，对正截面受弯承载力起决定作用的是钢筋的强度，而混凝土强度等级的影响不很明显。采用高强混凝土还存在降低结构延性等方面问题。因此普通钢筋混凝土构件的混凝土强度等级不宜选得过高。《规范》规定，混凝土强度不应低于 C15；而当采用 HRB335 级钢筋时，混凝土强度等级不低于 C15；当采用 HRB400 级钢筋时，混凝土强度等级不低于 C20。一般现浇构件用 C20～C30，预制构件一般用 C20～C40。常用的钢筋是 HPB235 或 HRB335 级钢筋。

关于截面尺寸的确定，截面高度一般是根据受弯构件的刚度、常用配筋率，以及构造和施工要求等确定。如果构造上无特殊要求，一般可根据设计经验给定 $b \times h$，也可按以下公式估算

$$h_0 = (1.05 \sim 1.1) \sqrt{\frac{M}{\rho f_y b}} \qquad (5-6)$$

2）截面校核

在实际工程中经常遇到已经建成的或已完成设计的结构构件，其截面尺寸、配筋量和材料等均已知，要求计算截面的受弯承载力，或校核截面承受某个弯矩值是否安全。此类问题的根本是求截面极限承载力 M_u 值。

3）计算表格

按基本公式求解一般必须解二次联立方程，为简化计算，可根据基本公式编制计算表格。以下是编制思路。

将承载力计算的基本公式改写为

$$\alpha_1 f_c b x = f_y A_s = \alpha_1 f_c b h_0 \xi$$

$$M \leqslant M_u = \alpha_1 f_c b x \left(h_0 - \frac{x}{2} \right) = \alpha_1 f_c b h_0^2 \xi (1 - 0.5\xi)$$

设

$$\alpha_s = \xi(1 - 0.5\xi)$$

$$\gamma_s = 1 - 0.5\xi$$

可得

$$M = \alpha_s \alpha_1 f_c b h_0^2$$

对混凝土压力合力作用点取力矩平衡，可得

$$M_u = f_y A_s \left(h_0 - \frac{x}{2} \right) = f_y A_s h_0 (1 - 0.5\xi) = \gamma_s f_y A_s h_0$$

系数 α_s、γ_s 仅与受压区相对高度 ξ 有关，可以预先算出，列成表格以便应用。在具体计算中，若查表不便时，亦可直接用式(5-7)、式(5-8)计算。

$$\xi = 1 - \sqrt{1 - 2\alpha_s} \qquad (5-7)$$

$$\gamma_s = \frac{1 + \sqrt{1 - 2\alpha_s}}{2} \qquad (5-8)$$

3. 影响受弯构件抗弯能力的因素

由 M_u 的计算公式可以看出，M_u 与截面尺寸（b、h），材料强度（f_c、f_y）、钢筋数量（A_s）等有关。

1）截面尺寸（b、h）

M_u 与截面 b 是一次方关系，而与 h 是二次方关系，故加大截面 h 比加大 b 更有效。

2）材料强度（f_c、f_y）

若其他条件不变，仅提高 f_c 时，由 $a_1 f_c b_x = f_c A_s$ 可知，x 将按比例减小，再由公式 $M_u = f_c A_s \left(h_0 - \dfrac{x}{2} \right)$ 知，z 的减小使 M_u 的增加甚小。因此，用提高混凝土强度等级的办法来提高截面的抗弯强度 M_u 的效果不大，从经济角度看也是不可取的。

若保持 A_s 不变，仅提高 f_c 时，如由 Ⅰ 级钢筋改用 Ⅱ 级钢筋，则 f_y 的数值由 $210N/mm^2$ 增加到 $300N/mm^2$，由公式 $M_u = f_y A_s r_s h_0$ 可见，M_u 的值增加是很明显的。

3）受拉钢筋数量 A_s

由公式 $M_u = f_y A_s r_s h_0$ 可见，增加 A_s 的效果和提高 f_y 类似，截面的抗弯能力 M_u 虽不能完全随 A_s 的增大而按比例增加，但 M_u 增大的效果还是很明显的。

综上所述，如欲提高截面的抗弯能力 M_u，应优先考虑的措施是加大截面的高度，其次是提高受拉钢筋的强度等级或加大钢筋的数量。而加大截面的宽度或提高混凝土的强度等级则效果不明显，一般不予采用。

【例 5.9】 已知矩形截面承受弯矩设计值 $M = 145kN \cdot m$，试设计该截面。

【解】 本例属于截面设计。

（1）选用材料。

混凝土用 C20，$f_c = 9.6N/mm^2$，$\alpha_1 = 1.0$；采用 HRB 335 级钢筋，$f_y = 300N/mm^2$。

（2）确定截面尺寸。

取 $\rho = 1\%$，假定 $b = 250mm$，则

$$h_0 = 1.05 \sqrt{\frac{M}{\rho f_y b}} = 1.05 \sqrt{\frac{145 \times 10^6}{0.01 \times 300 \times 250}} = 461.7mm$$

因 ρ 不高，假定布置一层钢筋，混凝土保护层厚 $c = 25mm$，$a_s = 35mm$，$h = 461.7 + 35 = 497mm$，实际取 $h = 500mm$。此时，$b/h = 250/500 = 1/2$，合适。

于是，截面实际有效高度 $h_0 = 500 - 35 = 465mm$。

（3）计算钢筋截面面积和选择钢筋。

$$145 \times 10^6 = 1.0 \times 9.6 \times 250x(465 - 0.5x)$$

$$x^2 - 930x + 120833 = 0$$

$$x = 156.1mm \quad 或 \quad x = 773.9mm$$

因为 x 不可能大于 h，所以取 $x = 156.1mm < 0.55h_0 = 255.8mm$。

将 $x = 156.1mm$ 代入式（5-4），得

$$1.0 \times 9.6 \times 250 \times 156.1 = 300 \times A_s$$

$$A_s = 1249mm^2$$

配 4B20，$A_s = 1249\text{mm}^2$

$$\rho = \frac{A_s}{bh} = \frac{1256}{250 \times 500} = 1.00\% > \rho_{min} = 0.15\%$$

【例 5.10】 已知矩形梁截面尺寸 $b \times h = 250\text{mm} \times 500\text{mm}$，环境类别为一级，弯矩设计值为 $M = 150\text{kN} \cdot \text{m}$，混凝土强度等级为 C30，钢筋采用 HRB335 级钢筋。求所需的受拉钢筋截面面积。

【解】 环境类别为一级，C30 时梁的混凝土保护层最小厚度为 25mm。

故设 $a = 35\text{mm}$，则

$$h_0 = 500 - 35 = 465\text{mm}$$

由混凝土和钢筋等级得

$$f_c = 14.3\text{N/mm}^2, \quad f_y = 300\text{N/mm}^2, \quad f_t = 1.43\text{N/mm}^2$$

又 $\beta_1 = 0.8$，$\alpha_1 = 1$，则

$$\alpha_s = \frac{M}{\alpha_1 f_c b h_0^2} = \frac{150 \times 10^6}{1.0 \times 14.3 \times 250 \times 465^2} = 0.194$$

$$\xi = 1 - \sqrt{1 - 2\alpha_s} = 0.218 < \xi_b = 0.55，可以。$$

$$\gamma_s = \frac{1 + \sqrt{1 - 2\alpha_s}}{2} = 0.891$$

$$A_s = \frac{M}{\gamma_s f_y h_0} = \frac{150 \times 10^6}{300 \times 0.891 \times 465} = 1207\text{mm}^2$$

选用 4B20，$A_s = 1256\text{mm}^2$。

$$\rho = \frac{1256}{250 \times 465} = 1.08\% > \rho_{min} = 45\frac{f_t}{f_y} = 45 \times \frac{1.43}{300} = 0.214\%$$

5.1.5 双筋矩形截面受弯构件正截面承载力计算

当截面受的弯矩较大，而截面尺寸受到使用条件的限制不允许继续加大，混凝土强度等级也不宜提高时，则应采用双筋截面。即除在受拉区设置钢筋外，同时在受压区配置钢筋以协助混凝土承担压力，使破坏时受拉钢筋应力达到屈服强度而受压混凝土尚不致过早被压碎。

此外，在某些构件的截面中，不同的荷载作用情况下可能产生异号弯矩，如在风力或地震力作用下的框架横梁。为了承受正负弯矩分别作用时截面出现的拉力，需在梁截面的顶部及底部均配置钢筋，则截面便成为双筋截面。

在一般情况下采用受压钢筋来承受截面的部分压力是不经济的，应避免采用。但双筋梁可以提高截面的延性及减小使用阶段的变形。

在下列情况下可采用双筋截面。

(1) 当截面承受的弯矩较大，而截面高度及材料强度等又由于种种原因不能提高，以致按单筋矩形梁计算时 $x > \xi_b h_0$，即出现超筋情况时，可采用双筋截面，此时在混凝土受压区配置受压钢筋来补充混凝土抗压能力的不足。

(2) 构件在不同的荷载组合下承受异号弯矩的作用，如风荷载作用下的框架横梁，由于风向的变化，在同一截面可能既出现正弯矩又出现负弯矩，此时就需要在梁的上、下方都布置受力钢筋。

(3) 为了提高截面的延性，在梁的受压区配置一定数量的受压钢筋，因此，抗震设计

中要求框架梁必须配置一定比例的受压钢筋。

1. 受压钢筋的应力

双筋截面受弯构件的受力特点和破坏特征基本上与单筋截面相似。试验研究表明，双筋截面适筋梁的破坏仍为受拉钢筋首先到达屈服，然后经历一般变形过程之后，受压区混凝土压碎而破坏。因此，在建立截面受弯承载力的计算公式时，受压区混凝土仍可采用等效矩形应力图形。而受压钢筋的抗压强度设计值尚待确定。

试验表明，当梁内适当地布置封闭箍筋，使它能够约束纵向受压钢筋的纵向压屈时，由于混凝土的塑性变形的发展，破坏时受压钢筋应力是能够达到屈服的。但是当箍筋的间距过大或刚度不足(如采用开口钢箍)时，受压钢筋会过早向外侧向凸出，这时受压钢筋的应力达不到屈服，而引起混凝土保护层剥落，使受压区混凝土过早破坏。因此，《规范》要求当梁中配有计算需要的受压钢筋时，箍筋应为封闭式，其间距 s 在绑扎骨架中不应大于 $15d$，在焊接骨架中不应大于 $20d$（d 为纵向受压钢筋中的最小直径），同时在任何情况下均不应大于 400mm。箍筋的直径不应小于 $1/4d$（d 为纵向受压钢筋的最大直径）。当一层内的纵向受压钢筋多于 3 根时，应设置复合箍筋；当一层内的纵向受压钢筋多于 5 根且直径大于 18mm 时，箍筋间距不应大于 $10d$；当梁宽 $b<400\text{mm}$，且一层内的纵向受压钢筋不多于 1 根时，可不设置复合箍筋。

双筋梁破坏时，边缘纤维的压应变已经达到极限压应变 ε_{cu}。受压钢筋的应力取决于它的应变 ε_s'，如果受压钢筋的位置过低，截面破坏时受压钢筋就可能达不到屈服。若取 $\varepsilon_{cu} \approx 0.0033$，$\beta_1 \approx 0.8$，$x=2a_s'$，则

$$\varepsilon_s' = 0.0033\left(1-\frac{0.8a_s'}{2a_s'}\right) = 0.00198 \approx 0.002$$

$$\sigma_s' = E_s'\varepsilon_s' = 2\times10^5 \times 0.002 = 396\text{MPa}$$

对于 HRB235 级、HRB335 级、HRB400 级及 RRB335 级钢筋，应变为 0.002 时的应力均可达到强度设计值，《规范》规定，$|f_y'|=f_y$，但不超过 400MPa。

2. 基本计算公式与适用条件

1) 基本公式

对于双筋矩形截面受弯构件的截面应力，同样取轴向力及弯矩平衡，可写出双筋矩形截面受弯构件正截面受弯承载力计算的基本公式如下，其计算简图如图 5.39 所示。

$$\alpha_1 f_c bx + f_y'A_s' = f_y A_s$$

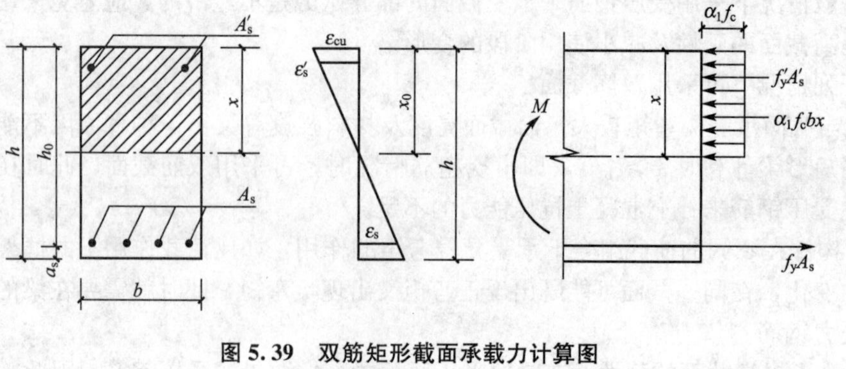

图 5.39 双筋矩形截面承载力计算图

$$M \leqslant M_u = \alpha_1 f_c bx \left(h_0 - \frac{x}{2} \right) + f_y' A_s' (h_0 - a_s')$$

式中　f_y'——钢筋的抗压强度设计值；

　　　A_s'——受压钢筋的截面面积；

　　　a_s'——受压钢筋的合力作用点到截面受压边缘的距离。

其他符号同单筋矩形截面。

双筋矩形截面所承担的弯矩设计值 M_u 可分成两部分来考虑。第一部分是由受压区混凝土和与其相应的一部分受拉钢筋 A_{s1} 所形成的承载力设计值 M_{u1}，相当于单筋矩形截面的受弯承载力，第二部分是由受压钢筋 A_s' 和与其相应的另一部分受拉钢筋 A_{s2} 所形成的承载力设计值 M_{u2}。

由单筋矩形截面承载力公式得

$$\alpha_1 f_c bx = f_y A_{s1}$$

$$M_{u1} = \alpha_1 f_c bx \left(h_0 - \frac{x}{2} \right)$$

又从前述分析可知

$$f_y' A_s' = f_y A_{s2}$$

$$M_{u2} = f_y' A_s' (h_0 - a_s')$$

叠加得

$$M_u = M_{u1} + M_{u2}$$

$$A_s = A_{s1} + A_{s2}$$

2）适用条件

（1）为了防止出现超筋破坏，应满足

$$\xi \leqslant \xi_b$$

$$x \leqslant x_b = \xi_b h_0$$

（2）为保证受压钢筋达到抗压设计强度，应满足

$$x \geqslant 2a_s'$$

在实际设计中若求得 $x < 2a_s'$，受压钢筋合力作用点将位于受压区混凝土合力作用点的内侧，即受压钢筋的位置将离中和轴太近，则表明受压钢筋不能达到其抗压设计强度，与计算中所取的应力状态不符。因此，为使截面破坏时受压钢筋应力达到其抗压强度 f_y'，对混凝土受压高度 x 的最小值应予以限制，即应满足下列条件。

$$x \geqslant 2a_s'$$

这相当于限制了内力臂 z 的最大值，即

$$z \leqslant h_0 - a_s'$$

双筋截面中的受拉钢筋常常配置较多，一般均能满足最小配筋率的要求，故不必进行验算。

3. 基本公式的应用

1）截面设计

在双筋截面配筋计算中可能遇到下列两种情况。

情况1：已知材料强度等级、截面尺寸及弯矩设计值 M，求受拉及受压钢筋的截面面积。

在基本计算公式中有 A_s、A_s' 及 x 3 个未知数，尚需增加一个条件才能求解。在实际计算中，应使截面的总钢筋截面面积为最小，应考虑充分利用混凝土的强度。

此时，可直接将 $x=\xi_b h_0$ 代入，解得

$$A_s'=\frac{M-\alpha_1 f_c bx\left(h_0-\dfrac{x}{2}\right)}{f_y'(h_0-a_s')}$$

而

$$A_s=\frac{\alpha_1 f_c bx+f_y'A_s'}{f_y}$$

情况 2：已知材料强度等级、截面尺寸、弯矩设计值 M 及受压钢筋面积 A_s'，求受拉钢筋的面积 A_s。

在此类情况中，受压钢筋面积通常是由异号弯矩或构造上的需要而设置的。在这种情况下应考虑充分利用受压钢筋的强度，以使总用钢量为最小。设受压钢筋应力达到 f_s'，基本公式只剩下 A_s 及 x 两个未知数，可解方程求得。也可根据公式分解，用查表法求得，步骤如下。

查表，计算各类参数。

$$M_{u2}=f_y'A_s'(h_0-a_s')$$
$$M_{u1}=M-M_{u2}$$
$$\alpha_s=\frac{M_{u1}}{\alpha_1 f_c bh_0^2}$$

查表得 ξ。

若求得 $2a_s'\leqslant x=\xi h_0\leqslant\xi_b h_0$

$$A_s=\frac{\alpha_1 f_c bx+f_y'A_s'}{f_y}$$

若出现 $x<2a_s'$ 的情况，则 A_s 可用 $A_s=\dfrac{M}{f_y(h_0-a_s')}$ 直接求得。

若求得的 $\xi>\xi_b$，说明给定的 A_s' 太少，不符合公式的要求，这时应按 A_s' 为未知值，按情况 1 步骤进行 A_s 及 A_s' 计算。

2）截面校核

已知截面尺寸、材料强度等级和钢筋用量 A_s 及 A_s'，要求校核截面的受弯承载力。

先求 x，若 $2a_s'\leqslant x\leqslant\xi_b h_0$，则可代入求得 M_u。

若 $x<2a_s'$，则利用 $M_u=f_y A_s(h_0-a_s')$ 求得 M_u。

若 $x>\xi_b h_0$，说明截面已属超筋，破坏始自受压区。计算时可取 $x=\xi_b h_0$。

【例 5.11】 有一矩形截面 $b\times h=200\text{mm}\times500\text{mm}$，承受弯矩设计值 $M=250\text{kN}\cdot\text{m}$，混凝土强度等级为 C30，用 HRB335 级钢筋，求所需钢筋截面面积。

【解】 检查是否需要采用双筋截面。

假定受拉钢筋为两排：$h_0=h-60=500-60=440\text{mm}$。

若为单筋截面，其所能承受的最大弯矩设计值为

$M_{max}=\alpha_1 f_c bh_0^2\xi(1-0.5\xi_b)=1.0\times14.3\times200\times440^2\times0.528\times(1-0.5\times0.528)$

$\qquad=215\text{kN}\cdot\text{m}<M=250\text{kN}\cdot\text{m}$

计算结果表明，必须设计成双筋截面。

为使总用钢量为最小，令 $x=\xi_b h_0$，代入解得

$$A'_s = \frac{M-\alpha_1 f_c bx\left(h_0-\dfrac{x}{2}\right)}{f'_y(h_0-a'_s)}$$

$$= \frac{250000000-215000000}{360\times(440-35)} = 240\text{mm}^2$$

而

$$A_s = \frac{\alpha_1 f_c bx+f'_y A'_s}{f_y} = \frac{1.0\times14.3\times200\times0.528\times440+360\times240}{360} = 2086\text{mm}^2$$

实际选用钢筋量：受拉钢筋 8C18（2036mm^2），受压钢筋 2C14（308mm^2）。

【例 5.12】 有一矩形截面梁，$b\times h=300\text{mm}\times600\text{mm}$，承受弯矩设计值 $M=150\text{kN}\cdot\text{m}$ 混凝土强度等级为 C30，在受压区已配置两根直径为 14mm（308mm^2）的 HRB335 级受压钢筋，求所需受拉钢筋截面面积。

【解】 钢筋排成一排，故 $h_0=h-35=600-35=565\text{mm}$。

$$M_{u2}=f'_y A'_s(h_0-a'_s)=300\times308\times(565-35)=48972000\text{N}\cdot\text{mm}=48.972\text{kN}\cdot\text{m}$$

$$M_{u1}=M-M_{u2}=150-48.972=101.028\text{kN}\cdot\text{m}$$

$$\alpha_s=\frac{M_{u1}}{\alpha_1 f_c bh_0^2}=\frac{101028000}{1.0\times14.3\times300\times565^2}=0.11$$

$$\xi=0.117<\xi_b$$

$x=0.117\times565=66.1\text{mm}<2a'_s=75\text{mm}$，则 A_s 可直接求得

$$A_s=\frac{M}{f_y(h_0-a'_s)}=\frac{150000000}{300\times(565-35)}=943.4\text{mm}^2$$

【例 5.13】 有一矩形截面梁，$b\times h=200\text{mm}\times400\text{mm}$，要求承受弯矩设计值 $M=100\text{kN}\cdot\text{m}$，混凝土强度等级为 C20，受拉钢筋 3B25（1473mm^2），受压钢筋 2B16（402mm^2），采用 HRB335 级钢筋，验算此截面是否安全。

【解】

由基本公式得

$$x=\frac{f_y A_s-f'_y A'_s}{\alpha_1 f_c b}=\frac{300\times1473-300\times402}{1.0\times9.6\times200}=145\text{mm}$$

$$2a'_s=75\text{mm}<x<\xi_b h_0=0.565\times365=206\text{mm}$$

于是，

$$M=\alpha_1 f_c bx\left(h_0-\frac{x}{2}\right)+f'_y A'_s(h_0-a'_s)$$

$$=1.0\times9.6\times200\times206\times\left(365-\frac{206}{2}\right)+300\times402\times(365-35)$$

$$=143424000\text{N}\cdot\text{m}=143.424\text{kN}\cdot\text{m}$$

$M=100\text{kN}\cdot\text{m}<M_u$，安全。

任务 5.2　钢筋混凝土 T 形截面梁承载力计算

5.2.1　T 形截面

因为受弯构件产生裂缝后，裂缝截面处的受拉混凝土因开裂而退出工作，拉力可认为全部由受拉钢筋承担，故可将受拉区混凝土的一部分去掉，即构件的承载力与截面受拉区的形状无关，所以截面的承载力不但与原有截面相同，而且可以节约混凝土，减轻构件自重。

由于 T 形截面(图 5.40)受力比矩形截面合理，所以 T 形截面梁在工程实践中的应用十分广泛。例如，在整体式肋形楼盖中，楼板和梁浇注在一起形成整体式 T 形梁。许多预制的受弯构件的截面也常做成 T 形，预制空心板截面形式是矩形，但将其圆孔之间的部分合并，就是 I 形截面，故其正截面计算也是按 T 形截面计算的。

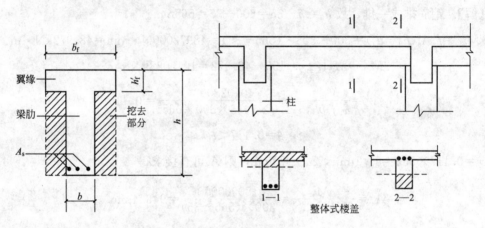

图 5.40　T 形截面梁

值得注意的是，若翼缘处于梁的受拉区，当受拉区的混凝土开裂后，翼缘部分的混凝土就不起作用了，所以这种梁形式上是 T 形，但在计算时只能按腹板为矩形梁计算承载力。所以，判断梁是按矩形还是按 T 形截面计算，关键是看其受压区所处的部位。若受压区位于翼缘(图 5.40 1—1 截面)，则按 T 形截面计算；若受压区位于腹板(图 5.40 2—2 截面)，则应按矩形截面计算。

通过试验和理论分析可知，T 形梁受力后，翼缘上的纵向压应力的分布是不均匀的，离肋部越远数值越小。因此，当翼缘很宽时，考虑到远离肋部的翼缘部分所起的作用已很小，故在实际设计中应将翼缘限制在一定的范围内，称为翼缘的计算宽度 b'_f。在 b'_f 范围内的压应力分布假定是均匀的。

对于预制 T 形梁(即独立梁)，设计时应使其实际翼缘宽度不超过 b'_f。

5.2.2　基本公式及适用条件

计算 T 形梁时，根据中和轴位置的不同，将 T 形截面分为如下两类。

第一类 T 形截面：中和轴位于翼缘内，即 $x \leqslant h'$。

第二类 T 形截面：中和轴通过腹板，即 $x > h'$。

1. 第一类 T 形截面($x \leqslant h'_f$)

1) 基本公式

因为第一类 T 形截面的中和轴通过翼缘，混凝土受压区为矩形($b'_f x$)。所以第一类 T 形截面的承载力和梁宽为 b'_f 的矩形截面梁完全相同，而与受拉区的形状无关(因为不考虑受拉区混凝土承担拉力)。故只要将单筋矩形截面的基本计算公式中的 b 用 b'_f 代替就可以得出第一类 T 形截面的基本计算公式，其计算图如图 5.41 所示。

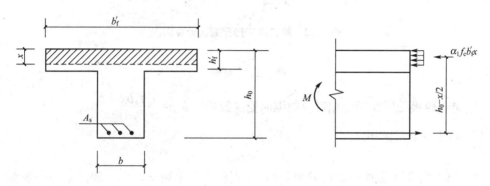

图 5.41　第一类 T 形截面梁计算图

$$f_c b'_f x = f_y A_s$$

$$M \leqslant f_c b'_f x \left(h_0 - \frac{x}{2}\right)$$

2) 适用条件

(1) 防止超筋梁破坏。

$$x \leqslant \xi_b h_0$$

或

$$\rho \leqslant \rho_{max}$$

由于一般情况下 T 形梁的翼缘高度 h'_f 都小于 $\xi_b h_0$，而第一类 T 形梁的 $x \leqslant h'_f$，所以这个条件通常都能满足，不必验算。

(2) 防止少筋梁破坏。

$$\rho \geqslant \rho_{min}$$

注意，由于最小配筋率 ρ_{min} 是由截面的开裂弯矩 M_{cr} 决定的，而 M_{cr} 与受拉区的混凝土有关，故 $\rho = A_s / bh$。ρ_{min} 则依然按矩形截面的数值采用。

2. 第二类 T 形截面($x > h'_f$)

1) 基本公式

因为第二类 T 形截面的混凝土受压区是 T 形，为便于计算，将受压区面积分成两部分：一部分是腹板($b \times x$)；另一部分是挑出翼缘($b'_f - b$) h'_f，其计算简图如图 5.42 所示。

$$\alpha f_c b x + \alpha f_c (b'_f - b) h'_f = f_y A_s$$

$$M_u = \alpha f_c b x \left(h_0 - \frac{x}{2}\right) + \alpha f_c (b'_f - b) h'_f \left(h_0 - \frac{h'_f}{2}\right)$$

2) 适用条件

(1) 防止超筋梁破坏。

$$x \leqslant \xi_b h_0$$

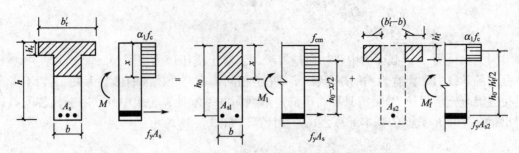

图 5.42　第二类 T 形梁截面计算简图

或

$$\rho_1 = \frac{A_{s1}}{bh_0} \leqslant \rho_{max}$$

其中 A_{s1} 是与腹板受压混凝土相对应的纵向受拉面积，$A_{s1} = \dfrac{\alpha_1 f_c bx}{f_y}$。

（2）防止少筋梁破坏。

$$\rho \geqslant \rho_{min}$$

由于第二类 T 形截面梁的配筋率较高（否则就不会出现 $z > f$），故此条件一般都能满足，可不必验算。

5.2.3　截面设计和截面校核

1. 截面设计

已知：设计弯矩 M、截面尺寸（b、h、b_f'、h_f'）、材料强度（f_c、f_y）。

求：纵向受拉钢筋面积 A_s。

1）第一类 T 形截面

当 $M \leqslant \alpha_1 f_c b_f' h_f' \left(h_0 - \dfrac{h_f'}{2}\right)$ 时，属于第一类 T 形截面。其计算方法与 $b_f' \times h$ 的单筋矩形截面完全相同。

2）第二类 T 形截面

当 $M > \alpha_1 f_c b_f' h_f' \left(h_0 - \dfrac{h_f'}{2}\right)$ 时，属于第二类 T 形截面，其计算步骤与双筋梁类似。

（1）由基本公式得

$$x = h_0 - \sqrt{h_0^2 - \frac{2\left[M - \alpha_1 f_c (b_f' - b) h_f' \left(h_0 - \dfrac{h_f'}{2}\right)\right]}{\alpha_1 f_c b}}$$

验算适用条件：应满足 $x \leqslant \xi_b h_0$ 的条件。

（2）将求得的 x 代入得

$$A_s = \frac{\alpha_1 f_c bx + \alpha_1 f_c (b_f' - b) h_f'}{f_y}$$

2. 截面校核

已知：截面尺寸（b、h、b_f'、h_f'）、材料强度（f_c、f_y）、纵向受拉钢筋面积 A_s。

求：截面所能承受的弯矩 M_u。

1）第一类 T 形截面

当 $f_y A_s \leqslant \alpha_1 f_c b_f' h_f'$ 时，属于第一类 T 形截面。按 $b_f' \times h$ 的单筋矩形截面计算 M_u。

2）第二类 T 形截面

当 $f_y A_s > \alpha_1 f_c b_f' h_f'$ 时，属于第二类 T 形截面。其 M_u 可按下述方法计算。

由基本公式直接求出 x。

若 $x \leqslant \xi_b h_0$，则由公式直接求出 M_u。

若 $x > \xi_b h_0$，则应取 $x = \xi_b h_0$，代入求 M_u。

将求出的 M_u 与 T 形梁实际承受的 M 相比较，若 $M_u \geqslant M$，截面安全；若 $M_u < M$，截面不安全。

【例 5.14】 已知一肋形楼盖的次梁，承受的弯矩 $M = 105\text{kN} \cdot \text{m}$，梁的截面尺寸为 $h = 200\text{mm}$，$h = 600\text{mm}$，$b_f' = 2000\text{mm}$，$h_f' = 80\text{mm}$，混凝土强度等级为 C20，采用 I 级钢筋，如图 5.43 所示。

求：纵向受拉钢筋面积 A。

【解】 查表确定材料强度等级。

$f_c = 9.6\text{N/mm}^2$，$f_y = 210\text{N/mm}^2$

判别 T 形梁类别。

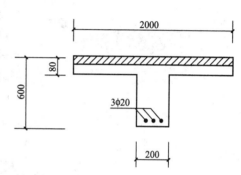

图 5.43 肋形楼盖次梁结构图

假定受拉钢筋排成一排，$h_0 = 600 - 40 = 560\text{mm}$

$$\alpha_1 f_c b_f' h_f' \left(h_0 - \frac{h_f'}{2} \right) = 1 \times 9.6 \times 2000 \times 80 \times \left(560 - \frac{80}{2} \right)$$

$$= 806 \times 10^6 \text{N} \cdot \text{mm} = 860\text{kN} \cdot \text{m} > M = 105\text{kN} \cdot \text{m}$$

属于第一类 T 形截面。

于是，

$$x = h_0 \sqrt{h_0^2 - \frac{2M}{\alpha_1 f_c b_f'}} = 565 - \sqrt{565^2 - \frac{2 \times 105 \times 10^6}{1 \times 9.6 \times 2000}} = 9.8\text{mm}$$

$$A_s = \frac{\alpha_1 f_c b_f' x}{f_y} = \frac{1 \times 9.6 \times 2000 \times 9.8}{210} = 896\text{mm}^2$$

验算最小配筋率：$\rho = \dfrac{A_s}{bh} = \dfrac{941}{200 \times 600} = 0.780/0 > \rho_{min} = 0.2\%$，且 $\rho > 0.45 \dfrac{f_t}{f_y} = 0.45 \times \dfrac{1.1}{210} = 0.235\%$，满足要求。

任务 5.3　钢筋混凝土受弯构件斜截面承载力计算

5.3.1　受弯构件的斜截面

受弯构件除了承受弯矩 M 外，一般同时还承受剪力 V 的作用，如图 5.44 所示。

在 M 和 V 共同作用的区段，弯矩 M 产生的法向应力 σ 和剪力 V 产生的剪应力 τ 将合

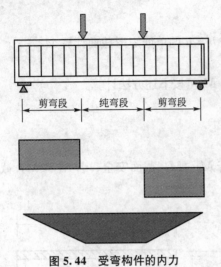

图 5.44 受弯构件的内力

成主拉应力 σ_{tp} 和主压应力 σ_{cp}，主拉应力 σ_{tp} 和主压应力 σ_{cp} 的轨迹线如图 5.45 所示。

随着荷载的增加，当主拉应力 σ_{tp} 的值超过混凝土复合受力下的抗拉极限强度时就会在沿主拉应力垂直方向产生斜向裂缝，从而有可能导致构件发生斜截面破坏。

为了防止梁发生斜截面破坏，除了梁的截面尺寸应满足一定的要求外，还需在梁中配置与梁轴线垂直的箍筋(必要时还可采用由纵向钢筋弯起而成的弯起钢筋)，以承受梁内产生的主拉应力，箍筋和弯起钢筋统称为腹筋。箍筋和纵向受力钢筋、架立钢筋绑扎(或焊接)成刚性的钢筋骨架，使梁内的各种钢筋在施工时能保持正确的位置，如图 5.46 所示。

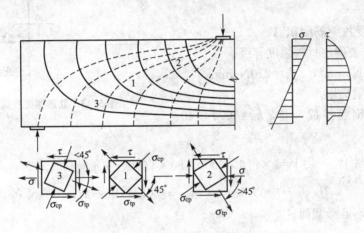

图 5.45 梁主要应力轨迹线图

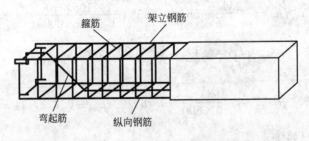

图 5.46 梁钢筋骨架

5.3.2 斜截面破坏的主要形态

首先介绍斜截面计算中要用到的两个参数，剪跨比 λ 和配箍率 ρ_{sv}。

1. 剪跨比 λ

剪跨比 λ 是一个无量纲的参数，其定义是：计算截面的弯矩 M 与剪力 V 和相应截面的有效高度 h_0 乘积的比值，称为广义剪跨比。因为弯矩 M 产生正应力，剪力 V 产生剪应力，故 λ 实质上反映了计算截面正应力和剪跨力的比值关系即反映了梁的应力状态，梁剪跨比关系图如图 5.47 所示。

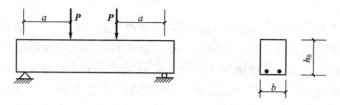

图 5.47　梁剪跨比关系图

$$\lambda = \frac{M}{Vh_0}$$

对于承受集中荷载的简支梁，集中荷载作用截面的剪跨比 λ 为

$$\lambda = \frac{M}{Vh_0} = \frac{pa}{ph_0} = \frac{a}{h_0}$$

$\lambda = \dfrac{a}{h_0}$ 称为计算剪跨比，a 为集中荷载作用点至支座的距离，称为剪跨。

对于多个集中荷载作用的梁，为简化计算，不再计算最大集中荷载作用截面的广义剪跨比 M/Vh_0，而直接取该截面到支座的距离作为它的计算剪跨 a，这时的计算剪跨比 $\lambda = a/h_0$ 要低于广义剪跨比，但相差不多，故在计算时均以计算剪跨比进行计算。

2. 配箍率 ρ_{sv}

箍筋截面面积与对应的混凝土面积的比值称为配箍率（又称箍筋配筋率）ρ_{sv}。

$$\rho_{sv} = \frac{A_{sv}}{bs}$$

式中　A_{sv}——配置在同一截面内的箍筋面积总和，$A_{sv} = nA_{sv1}$；

　　　　n——同一截面内箍筋的肢数；

　　　　A_{sv1}——单肢箍筋的截面面积；

　　　　b——截面宽度，若是 T 形截面则是梁腹宽度；

　　　　s——箍筋腹梁轴线方向的间距。

斜截面破坏的 3 种主要形态如图 5.48 所示。

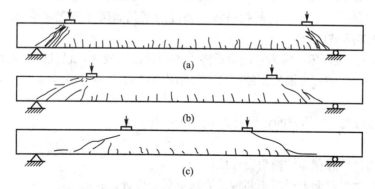

图 5.48　梁斜截面破坏形态

（a）斜压破坏；（b）剪压破坏；（c）斜拉破坏

(1) 斜压破坏。这种破坏多发生在剪力大而弯矩小的区段，即剪跨比 λ 较小（$\lambda<1$）时，或剪跨比适中但腹筋配置过多，即配箍率 ρ_{sv} 较大时，以及腹部宽度较窄的 T 形或 I 形截面。

发生斜压破坏的过程首先是在梁腹部出现若干条平行的斜裂缝，随着荷载的增加，梁腹部被这些斜裂缝分割成若干个斜向短柱，最后这些斜向短柱由于混凝土达到其抗压强度而破坏。这种破坏的承载力主要取决于混凝土强度及截面尺寸，而破坏时箍筋应力往往达不到屈服强度，钢筋的强度不能充分发挥，且破坏属于"脆性破坏"，故在设计中应避免。为了防止出现这种破坏，要求梁的截面尺寸不能太小，箍筋不宜过多。

(2) 斜拉破坏。这种破坏多发生在剪跨比 λ 较大（$\lambda>3$），或腹筋配置过少，即配箍率 ρ_{sv} 较小时。

发生斜拉破坏的过程是一旦梁腹部出现斜裂缝，很快就形成临界斜裂缝，与其相交的梁腹筋随即屈服，箍筋对斜裂缝开展的限制已不起作用，导致斜裂缝迅速向梁上方受压区延伸，梁将沿斜裂缝裂成两部分而破坏，即使不裂成两部分也将因临界斜裂缝的宽度过大而不能使用。因为斜拉破坏的承载力很低，并且一裂就破坏，故破坏属于脆性破坏。为了防止出现斜拉破坏，要求梁所配置的箍筋数量不能太少，间距不能过大。

(3) 剪压破坏。这种破坏通常发生在剪跨比 λ 适中（$\lambda=1\sim3$），梁所配置的腹筋（主要是箍筋）适当，即配箍率合适时。

这种破坏的过程是：随着荷载的增加，斜截面出现多条斜裂缝，其中一条延伸长度较大。延伸宽度较宽的斜裂缝称为"临界斜裂缝"。遭到破坏时，与临界斜裂缝相交的箍筋首先达到屈服强度。最后，由于斜裂缝顶端剪压区的混凝土在压应力、剪应力共同作用下达到剪压复合受力时的极限强度而破坏，梁也就失去承载力。梁发生剪压破坏时，混凝土和箍筋的强度均能得到充分发挥，破坏时的脆性性质不如斜压破坏时明显。为了防止剪压破坏，可通过斜截面抗剪承载力计算，配置适量的箍筋来防止。值得注意的是，为了提高斜截面的延性和充分利用钢筋强度，不宜采用高强度的钢筋作箍筋。

5.3.3 斜截面受剪承载力计算

1. 计算公式

在梁斜截面的各种破坏形态中，可以通过配置一定数量的箍筋（即控制最小配箍率），且限制箍筋的间距不太大来防止斜拉破坏；通过限制截面尺寸不能太小（相当于控制最大配箍率）来防止斜压破坏。

对于常见的剪压破坏，因为它们承载能力的变化范围较大，设计时要进行必要的斜截面承载力计算（图 5.49）。《混凝土结构规范》给出的基本计算公式就是根据剪压破坏的受力特征建立的。

《混凝土结构规范》给出的计算公式采用下列表达式

$$v \leqslant v_u = v_{cs} + v_{sb}$$

式中　V——构件计算截面的剪力设计值；

　　v_{cs}——构件斜截面上混凝土和箍筋受剪承载力设计值；

　　v_{sb}——与斜裂缝相交的弯起钢筋的受剪承载力设计值。

剪跨比 λ 是影响梁斜截面承载力的主要因素之一，但为了简化计算，这个因素在一般计算情况下不予考虑。《混凝土结构规范》规定，仅对承受集中荷载为主（即作用有多种荷载，其中集中荷载对支座截面或节点边缘所产生的剪力值占总剪力值的 75% 以上的情况）的矩形、T 形和 I 形截面的独立梁才考虑剪跨比 λ 的影响。v_{cs} 为混凝土和箍筋共同承担的受剪承载力，可以表达为

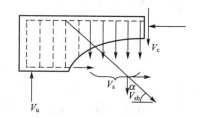

$$v_{cs} = v_c + v_{sv}$$

图 5.49 斜截面受剪承载力的计算图
注：图中所示为受剪承载力的组成。
令 V_{cs} 为箍筋和混凝土共同承受的剪力，即

V_{cs} 可以认为是剪压区混凝土的抗剪承载力；V_{sv} 可以认为是与斜裂缝相交的箍筋的抗剪承载力。

$$V_{cs} = V_c + V_{sv}$$
$$V_u = V_{cs} + V_{sb}$$

由《混凝土结构规范》，根据试验资料的分析，对矩形、T 形、I 形截面的一般受弯构件有

$$v_{cs} = 0.7 f_t b h_0 + 1.25 f_{yv} \frac{A_{sv}}{S} h_0$$

对主要承受集中荷载作用为主的矩形、T 形和 I 形截面独立梁有

$$V_{cs} = \frac{1.75}{\lambda + 1} f_t b h_0 + f_{yv} \frac{A_{sv}}{s} h_0$$

式中　f_t——混凝土轴心抗拉强度设计值；

　　　f_{yv}——箍筋抗拉强度设计值；

　　　λ——计算截面的剪跨比，$\lambda = \dfrac{a}{h_0}$，当 $\lambda < 1.5$ 时取 1.5；当 $\lambda > 3$ 时取 3。

 特别提示

必须指出，由于配置箍筋后混凝土所能承受的剪力与无箍筋时所能承受的剪力是不同的，因此，对于上述两项表达式，虽然第一项在数值上等于无腹筋梁的受剪承载力，但不应理解为配置箍筋梁的混凝土所能承受的剪力；同时，第二项的系数 1.25（或 1.0）也不代表斜裂缝水平投影长度与截面有效高度 h_0 的比值，而是表示在配置箍筋后受剪承载力可以提高的程度。换句话说，对于上述两表达式，应理解为两项之和代表有箍筋梁的受剪承载力。

2. 计算公式的适用范围——上、下限值

1）上限值——最小截面尺寸及最大配箍率

当配箍率超过一定的数值，即箍筋过多时，箍筋的拉应力达不到屈服强度，梁斜截面抗剪能力主要取决于截面尺寸及混凝土的强度等级，而与配箍率无关。此时，梁将发生斜压破坏。因此，为了防止配箍率过高（即截面尺寸过小），避免斜压破坏，《混凝土结构规范》规定了上限值。

对矩形、T 形和 I 形截面的受弯构件，其受剪截面需符合下列条件。

当 $\dfrac{h_w}{b} \leqslant 4.0$ 时（即一般梁），$V \leqslant 0.25 \beta_c f_c b h_0$。

当 $\dfrac{h_w}{b} \geqslant 6.0$ 时（即薄腹梁），$V \leqslant 0.20 \beta_c f_c b h_0$。

当 $4.0 < \dfrac{h_w}{b} < 6.0$ 时，$V \leqslant \left(0.35 - 0.025 \dfrac{h_w}{b} \right) \beta_c f_c b h_0$。

式中　V——截面最大剪力设计值；

　　　b——矩形截面的宽度，T 形、I 形截面的腹板宽度；

　　　h_w——截面的腹板高度，矩形截面取有效高度 h_0，T 形截面取有效高度减去翼缘高度，I 形截面取腹板净高；

　　　f_c——混凝土轴心抗压强度设计值；

　　　β_c——混凝土强度影响系数，当混凝土强度等级不超过 C50 时，$\beta_c = 1.0$；当混凝土强度等级为 C80 时，$\beta_c = 0.8$；其间按线性内插法确定。

以上 3 个式子相当于限制了梁截面的最小尺寸及最大配箍率，如果上述条件不满足，则应加大截面尺寸或提高混凝土的强度等级。

对于 I 形和 T 形截面的简支受弯构件，当有经验时，公式可取为

$$V \leqslant 0.30\beta_c f_c b h_0$$

2）下限值——最小配箍率 $\rho_{sv,min}$

若箍筋配箍率过小，即箍筋过少，或箍筋的间距过大，一旦出现斜裂缝箍筋的拉应力会立即达到屈服强度，不能限制斜裂缝的进一步开展，导致截面发生斜拉破坏。因此，为了防止出现斜拉破坏，箍筋的数量不能过少，间距不能太大。为此，《混凝土规范》规定了箍筋配箍率的下限值（即最小配箍率）为

$$\rho_{sv,min} = \left(\frac{A_{sv}}{bs}\right)_{min} = 0.24\frac{f_t}{f_{yv}}$$

3. 按构造配箍筋

对于矩形、T 形、I 形截面的一般受弯构件，若 $V \leqslant 0.7f_t b h_0$；对主要承受集中荷载作用为主的独立梁，若 $V \leqslant \dfrac{1.75}{\lambda+1}f_t b h_0$，则均可不进行斜截面的受剪承载力计算，而仅需根据《混凝土结构规范》的有关规定，按最小配箍率及构造要求配置箍筋。

4. 计算位置

在计算受剪承载力时，计算截面的位置按下列规定确定。

（1）支座边缘处的截面。这类截面属必须计算的截面，因为支座边缘的剪力值是最大的。

（2）受拉区弯起钢筋弯起点的截面。因为此截面的抗剪承载力不包括相应弯起钢筋的抗剪承载力。

（3）箍筋直径或间距改变处的截面。在此截面箍筋的抗剪承载力有所变化。

（4）截面腹板宽度改变处。在此截面混凝土抗剪承载力有所变化。

【例 5.15】 一钢筋混凝土矩形截面简支梁，梁截面尺寸 $b = 250\text{mm}$，$h = 500\text{mm}$，其跨度荷载设计值（包括自重）如图 5.50 所示，由正截面强度计算配置了 5Φ22，混凝土为 C20，箍筋采用 I 级钢筋，求所需的箍筋数量。

【解】

（1）计算支座边剪力值。

由均布荷载 $g+q$ 在支座边产生的剪力设计值为

$$V_{(g+q)} = \frac{1}{2}\times 7\times 6.6 = 23.1\text{kN}$$

由集中荷载 P 在支座边产生的剪力设计值为

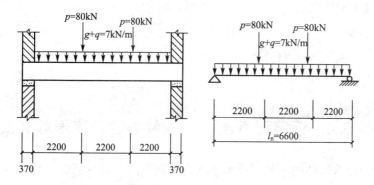

图 5.50 某钢筋混凝土矩形截面简支梁跨度荷载设计值

$$V_p = P = 80\text{kN}$$

支座边总剪力设计值为

$$V = V_{(g+q)} + V_p = 23.1 + 80 = 103.1\text{kN}$$

集中荷载在支座边产生的剪力占支座边总剪力的百分比为

$$\frac{V_p}{V} = \frac{80}{103.1} = 78\% > 75\%$$

所以应考虑剪跨比的影响。

(2) 复核截面尺寸。

纵向钢筋配置 5Φ22 需按两排布置，故

$$h_0 = h - 65 = 500 - 65 = 435\text{mm}$$

$$\frac{h_w}{b} = \frac{435}{250} = 1.74 < 4$$

$$0.25\beta_c f_c b h_0 = 0.25 \times 1 \times 9.6 \times 250 \times 435 = 264000\text{N} = 264\text{kN} > V = 103.1\text{kN}$$

截面尺寸满足要求。

(3) 计算剪跨比 λ。

$$\lambda = \frac{a}{h_0} = \frac{2200}{435} = 5 > 3$$

取 λ=3。

(4) 验算是否需按计算配箍筋。

$$\frac{1.75}{\lambda + 1.0} f_t b h_0 = \frac{1.75}{3 + 1.0} \times 1.1 \times 250 \times 440 = 52.9\text{kN} < V = 103.1\text{kN}$$

需要按计算配置箍筋。

(5) 计算箍筋数量。

$$\frac{A_{sv}}{s} = \frac{nA_{sv1}}{s} = \frac{V - \frac{1.75}{\lambda + 1.0} f_t b h_0}{f_{yv} h_0} = \frac{1.03.1 \times 10^3 - 52.9 \times 10^3}{210 \times 440} = 0.543\text{mm}^2/\text{mm}$$

选用箍筋为双肢箍：$n=2$，直径为 $\phi 8$（$A_{sv1} = 50.3\text{mm}^2$）。

$$s = \frac{2 \times 50.3}{0.543} = 185.2\text{mm}$$

取 $s = 150\text{mm} < S_{max} = 200\text{mm}$。

即箍筋采用 $\phi 8@150$，沿梁全长均匀布置。

（6）验算最小配箍率。

最小配箍率为

$$\rho_{sv,min}=0.24\frac{f_t}{f_{yv}}=0.24\times\frac{1.1}{210}=0.126\%<\rho_{sv}=0.268\%$$

满足要求。

任务 5.4　钢筋混凝土受弯构件裂缝及变形验算简介

钢筋混凝土受弯构件的正截面受弯承载力及斜截面受剪承载力计算是保证结构构件安全可靠的前提条件。而要使构件具有预期的适用性和耐久性，则应进行正常使用极限状态的验算，即对构件进行裂缝宽度及变形验算。

考虑到结构构件不满足正常使用极限状态时所带来的危害性比不满足承载力极限状态时要小，其相应的可靠指标也要小些。《混凝土结构规范》规定，验算变形及裂缝时荷载均采用标准值，不考虑荷载分项系数。构件的变形及裂缝宽增大，因此验算变形及裂缝宽度时应按荷载效应的标准组合、准永久组合或标准组合，并考虑长期作用影响来进行。标准组合是指在正常使用极限状态验算时，对可变荷载采用标准值、组合值为荷载代表值的组合。准永久组合指在正常使用极限状态验算时，对可变荷载采用准永久值为荷载代表值的组合。

5.4.1　受弯构件裂缝宽度的验算

1. 裂缝控制

由于混凝土的抗拉强度很低，在荷载不大时，梁的受拉区就已经开裂，引起裂缝的原因是多方面的，最主要的当然是由于荷载产生的内力。此外，由于基础的不均匀沉降、混凝土收缩和温度作用而产生的变形受到钢筋或其他构件约束时，以及因钢筋锈蚀而体积膨胀，都会在混凝土中产生拉应力，当拉应力超过混凝土的抗拉强度时即开裂。由此看来，截面受有拉应力的钢筋混凝土构件在正常使用阶段出现裂缝是难以避免的，对于一般的工业与民用建筑来说也是允许构件带裂缝工作的。之所以对裂缝的开展宽度进行限制，主要是基于下面两个方面的理由：一是外观要求；二是耐久性要求，并以后者为主。

从外观要求考虑，裂缝过宽将给人以不安全的感觉，同时也影响到对结构质量的评价。从耐久性要求考虑，如果裂缝过宽，在有水侵入或空气相对湿度很大或所处的环境恶劣时，裂缝处的钢筋将锈蚀甚至严重锈蚀，导致钢筋截面面积减小，使构件的承载力下降。因此必须对构件的裂缝宽度进行控制。

 **特别提示**

值得指出的是，近 20 年来的试验研究表明，与钢筋垂直的横向裂缝处钢筋的锈蚀并不像人们通常所设想的那样严重，故在设计中不应将裂缝宽度的界限值看作是严格的界限值，而应更多地看成是一种带有参考性的控制指标。从结构耐久性的角度讲，保证混凝土的密实性及保证混凝土保护层厚度满足规定要比控制构件表面的横向裂缝宽度重要得多。

在进行结构构件设计时，应根据使用要求选用不同的裂缝控制等级。《混凝土结构规范》将裂缝控制等级划分为三级。

1）一级：严格要求不出现裂缝的构件

按荷载效应标准组合进行计算时，构件受拉区边缘的混凝土不应产生拉应力。

2）二级：一般要求不出现裂缝的构件

按荷载效应标准组合进行计算时，构件受拉区边缘的混凝土拉应力不应大于混凝土轴心抗拉强度标准值。按荷载效应准永久组合进行计算时，构件受拉区边缘的混凝土拉应力不宜产生拉应力。

3）三级：允许出现裂缝的构件

荷载效应标准组合并考虑长期作用影响计算时，构件的最大裂缝宽度用 ω_{max} 表示，不应超过允许的最大裂缝宽度 $[\omega_{max}]$，$[\omega_{max}]$ 为最大裂缝宽度的允许值。

上述一、二级裂缝控制属于构件的抗裂能力控制，对于一般的钢筋混凝土构件来说，在使用阶段一般都是带裂缝工作的，故按三级标准来控制裂缝宽度。

2. 受弯构件裂缝宽度的计算

钢筋混凝土构件的裂缝宽度计算是一个比较复杂的问题，各国学者对此进行了大量的试验分析和理论研究，提出了一些不同的裂缝宽度计算模式。目前我国《混凝土结构规范》提出的裂缝宽度计算公式主要是以粘结滑移理论为基础的，同时也考虑了混凝土保护层厚度及钢筋有效约束区的影响。

受弯构件的裂缝包括由弯矩产生的正应力引起的垂直裂缝和由弯矩、剪力产生的主拉应力引起的斜裂缝。对于主拉应力引起的斜裂缝，按斜截面抗剪承载力计算配置了足够的腹筋后，其斜裂缝的宽度一般都不会超过规范所规定的最大裂缝宽度允许值，所以在此主要讨论由弯矩引起的垂直裂缝的情况。

1）受弯构件裂缝的出现和开展过程

如图 5.51 所示的简支梁，其 CD 段为纯弯段，设 M 为外荷载产生的弯矩，M_{cr} 为构件沿正截面的开裂弯矩，即构件垂直裂缝即将出现时的弯矩。当 $M < M_{cr}$ 时，构件受拉区边缘混凝土的拉应力 σ_t 小于混凝土的抗拉强度，构件不会出现裂缝。当 $M = M_{cr}$ 时，由于在纯弯段各截面的弯矩均相等，故理论上来说各截面受拉区混凝土的拉应力都同时达到混凝土的抗拉强度，各截面均进入裂缝即将出现的极限状态。然而实际上由于构件混凝土的实际抗拉强度的分布是不均匀的，故在混凝土最薄弱的截面将首先出现第一条裂缝。

在第一条裂缝出现之后，裂缝截面处的受拉混凝土退出工作，荷载产生拉力全部由钢筋承担，使开裂截面处纵向受拉钢筋的拉应力突然增大，而裂缝处混凝土的拉应力降为零，裂缝两侧尚未开裂的混凝土必然试图也使其拉应力降为零，从而使该处的混凝土向裂缝两侧回缩，混凝土与钢筋表面出现相对滑移并产生变形差，故裂缝一出现即具有一定的宽度。由于钢筋和混凝土之间存在粘结应力，因而裂缝截面处的钢筋应力又通过粘结应力逐渐传递给混凝土，钢筋的拉应力则相应减小，而混凝土拉应力则随着离开裂缝截面的距离的增大而逐渐增大，随着弯矩的增加，即当 $M > M_{cr}$ 时，在离开第一条裂缝一定距离的截面的混凝土拉应力又达到了其抗拉强度，从而出现第二条裂缝。在第二条裂缝处的混凝土同样朝裂缝两侧滑移，混凝土的拉应力又逐渐增大，当其达到混凝土的抗拉强度时，又

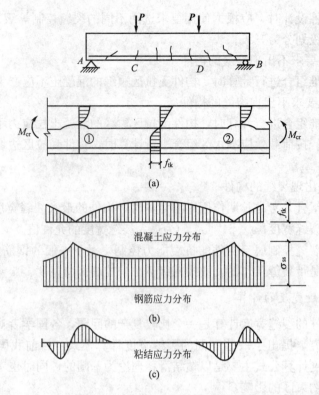

图 5.51　受弯构件裂缝的开展过程

出现新的裂缝。按类似的规律，新的裂缝不断产生，裂缝间距不断减小，当减小到无法使未产生裂缝处的混凝土的拉应力增大到混凝土的抗拉强度时，这时即使弯矩继续增加，也不会产生新的裂缝，因而可以认为此时裂缝已经稳定。

当荷载继续增加，即 M 由 M_{cr} 增加到使用阶段荷载效应的标准组合的弯矩标准值 M_s 时，对于一般梁，在使用荷载作用下裂缝的发展已趋于稳定，新的裂缝将不再增加。最后，各裂缝宽度达到一定的数值，裂缝截面处受拉钢筋的应力达到 σ_{ss}。

2）裂缝宽度计算

（1）平均裂缝间距。计算受弯构件裂缝宽度时，需先计算裂缝的平均间距。根据试验结果，平均裂缝间距与混凝土保护层厚度及相对滑移引起的应力传递长度有关。

（2）平均裂缝宽度 ω_m。如上所述，裂缝的开展是由于混凝土的回缩造成的，因此两条裂缝之间受拉钢筋的伸长值与同一处受拉混凝土伸长值的差值就是构件的平均裂缝宽度，由此可推得受弯构件的平均裂缝宽度 ω_m 为

$$\omega_m = 0.85\psi \frac{\sigma_{sk}}{E_s} l_{cr}$$

式中　σ_{sk}——按荷载效应的标准组合计算的受弯构件裂缝截面处纵向受拉钢筋的应力，其

计算式为 $\sigma_{sk} = \dfrac{M_k}{\eta h_0 A_s} = \dfrac{M_k}{0.87 h_0 A_s}$，其中 η 为内力臂系数，近似取 0.87；

ψ——裂缝间纵向受拉钢筋应变不均匀系数，通过试验分析，对矩形、T 形、倒 T 形、I 形截面的钢筋混凝土受弯构件，ψ 按下式计算：

$$\psi = 1.1 - \frac{0.65 f_{tk}}{\rho_{tc} \sigma_{sk}}$$

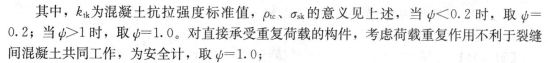

其中，k_{tk} 为混凝土抗拉强度标准值，ρ_{tc}、σ_{sk} 的意义见上述，当 $\psi < 0.2$ 时，取 $\psi = 0.2$；当 $\psi > 1$ 时，取 $\psi = 1.0$。对直接承受重复荷载的构件，考虑荷载重复作用不利于裂缝间混凝土共同工作，为安全计，取 $\psi = 1.0$；

$\quad\quad E_s$——混凝土弹性模量；

$\quad\quad l_{cr}$——受弯构件平均裂缝宽度。

（3）最大裂缝宽度 ω_{max}。由于钢筋混凝土材料的不均匀性及裂缝出现的随机性，导致裂缝间距和裂缝宽度的离散性较大，故必须考虑裂缝分布和开展的不均匀性。

按 $\omega_{max} = 0.85\psi\dfrac{\sigma_{sk}}{E_s}l_{cr}$ 计算出的平均裂缝宽度应乘以考虑裂缝不均匀性的扩大系数，使计算出来的最大裂缝宽度 ω_{max} 具有 95% 的保证率，由试验知，梁的裂缝宽度的频率分布基本上为正态分布，故相对最大裂缝宽度由下式计算

$$\omega_{max} = \omega_m(1 + 1.645\delta)$$

取裂缝宽度变异系数 δ 为 0.4，则 $\omega_{max} = 1.66\omega_m$。

在长期荷载作用下，由于混凝土的收缩、徐变及受拉区混凝土的应力松弛和滑移徐变，裂缝间受拉钢筋的平均应变不断增大，使构件的裂缝宽度不断增大。因此，在长期荷载作用下，最大裂缝宽度还应乘上一个裂缝宽度增大系数 1.5，从而受弯构件最大裂缝宽度的计算公式如下

$$\omega_{max} = 1.66 \times 1.5\omega_m = 1.66 \times 1.5 \times 0.85\psi\frac{\sigma_{sk}}{E_s}l_{cr}$$

$$= 2.1\psi\frac{\sigma_{sk}}{E_s}\left(1.9c + 0.08\frac{d}{\upsilon\rho_{tc}}\right)$$

《混凝土结构规范》规定，对于直接承受轻、中级工作制吊车的受弯构件，可将计算求得的最大裂缝宽度乘以系数 0.85。这是因为对于直接承受吊车荷载的受弯构件，考虑承受短期荷载，满载的机会较少，且计算中已取 1.0，故将计算所得的最大裂缝宽度乘以折减系数 0.85。

按上式计算出的 ω_{max} 应小于或等于最大裂缝宽度允许值 $[\omega_{max}]$。

最大裂缝宽度允许值 $[\omega_{max}]$ 的数值可根据钢筋种类、构件类型及所处的环境查表求得。

（4）验算最大裂缝宽度的步骤如下。

① 按荷载效应的标准组合计算弯矩 M_k。

② 计算裂缝截面处的钢筋应力 σ_{sk}。

$$\sigma_{sk} = \frac{M_k}{0.87h_0A_s}$$

③ 计算有效配筋率 ρ_{te}。

$$\rho_{te} = A_s/A_{te}$$

④ 计算受拉钢筋应变的不均匀系数 ψ。

$\psi = 1.1 - \dfrac{0.65f_{tk}}{\rho_{tc}\sigma_{sk}}$，且应在 0.2 和 1.0 之间取值。

⑤ 计算最大裂缝宽度 ω_{max}。

$$\omega_{max} = 2.1\psi\frac{\sigma_{sk}}{E_s}\left(1.9c + 0.08\frac{d}{\upsilon\rho_{tc}}\right)$$

⑥ 查表，得最大裂缝宽度的允许值 $[\omega_{max}]$。

应满足 $\omega_{max} \leqslant [\omega_{max}]$。

【例 5.16】 某图书馆楼盖的一根钢筋混凝土简支梁，计算跨度 $l_0 = 6\text{m}$，截面尺寸 $b = 250\text{mm}$，$h = 650\text{mm}$，混凝土强度等级为 C20（$E_c = 2.55 \times 10^4 \text{N/mm}^2$，$f_{tk} = 1.54\text{N/mm}^2$），按正截面强度计算已配置了 $4 \Phi 20$（$E_s = 2 \times 10^5 \text{N/mm}^2$，$A_s = 1256\text{mm}^2$），梁所承受的永久荷载标准值（包括梁自重）$g_k = 18.6\text{kN/m}$，可变荷载标准值 $q_k = 14\text{kN/m}$，试验算其裂缝宽度。

【解】

（1）按荷载的标准组合计算弯矩 M_k。

$$M_k = \frac{1}{8}ql_0^2 = \frac{1}{8} \times (18.6 + 14) \times 6^2 = 146.7\text{kN} \cdot \text{m}$$

（2）计算裂缝截面处的钢筋应力 σ_{sk}。

$$\sigma_{sk} = \frac{M_k}{0.87h_0A_s} = \frac{146.7 \times 10^6}{0.87 \times 615 \times 1256} = 218.3\text{N/mm}^2$$

（3）计算有效配筋率 ρ_{tc}。

$$A_{tc} = 0.5bh = 0.5 \times 250 \times 650 = 81250\text{mm}^2$$

$$\rho_{tc} = A_s/A_{tc} = 1256/81250 = 0.0155 > 0.01$$

（4）计算受拉钢筋应变的不均匀系数 ψ。

$$\psi = 1.1 - \frac{0.65f_{tk}}{\rho_{te}\sigma_{sk}} = 1.1 - \frac{0.65 \times 1.54}{0.0155 \times 218.3}$$

$$= 0.812 > 0.2$$

且 $\psi < 1.0$，故取 $\psi = 0.812$。

（5）计算最大裂缝宽度 ω_{max}。

混凝土保护层厚度 $c = 25\text{mm} > 20\text{mm}$，Ⅱ级钢筋 $v = 0.7$。

$$\omega_{max} = 2.1\psi\frac{\sigma_{sk}}{E_s}\left(1.9c + 0.08\frac{d}{v\rho_{tc}}\right)$$

$$= 2.1 \times 0.812 \times \frac{218.3}{2 \times 10^5}\left(1.9 \times 25 + 0.08 \times \frac{20}{0.7 \times 0.0155}\right) = 0.363\text{mm}$$

（6）查表，得最大裂缝宽度的允许值 $[\omega_{max}] = 0.3\text{mm}$。

$\omega_{max} = 0.363\text{mm} \geqslant [\omega_{max}] = 0.3\text{mm}$，裂缝宽度不满足要求。

3）减小构件裂缝宽度的措施

从求最大裂缝宽度的公式可见，要减小裂缝宽度，最简便有效的措施，一是选用变形钢筋（因其表面特征系数是 0.7，光面钢筋是 1.0）；二是选用直径较细的钢筋，以增大钢筋与混凝土的接触面积，提高钢筋与混凝土的粘结强度，减小裂缝间距 l_{cr}（因为 l_c 与 ω_{max} 近似成正比关系）。但如果钢筋的直径选得过细，钢筋的条数必然过多，从而导致施工困难且钢筋之间的净距也难以满足规范的需求。这时可增加钢筋的面积，即加大钢筋的有效配筋率 ρ_{te}，从而减小钢筋的应力 α_{sk}。此外，改变截面形状和尺寸，提高混凝度等级虽能减小裂缝宽度，但效果甚微，一般不宜采用。

需要指出的是，在施工中常常会碰到钢筋代换的问题，钢筋代换时除了必须满足强度要求外，还需注意钢筋强度和直径对构件裂缝宽度的影响，若是用强度高的钢筋代换较低的钢筋，因钢筋强度提高，其数量必定减少，从而导致钢筋应力增加；或是用直径粗的钢筋代换直径细的钢筋，都会使构件的裂缝宽度增大，这是应该注意的。

5.4.2 受弯构件挠度验算

1. 受弯构件挠度验算的特点

在建筑力学中，相关章节介绍了匀质弹性材料受弯构件变形的计算方法。如跨度为 l_0 的简支梁在均布荷载 $(g+q)$ 的作用下，其跨中的最大挠度为

$$f_{max}=\frac{5(g+q)l_0^4}{384EI}=\frac{5Ml_0^2}{48EI}=\beta\frac{Ml_0^2}{EI}$$

式中　EI——均质弹性材料梁的抗弯刚度，当梁截面尺寸及材料确定后，EI 是一常数；

M——跨中最大弯矩，$M=\frac{1}{8}(g+q)l_0^2$；

β——与构件的支承条件及所受荷载形式有关的挠度系数。

现在来分析一下钢筋混凝土受弯构件的情况。由适筋梁从加荷到破坏的 3 个阶段可知，梁在荷载不大的第一阶段末，受拉区的混凝土就已开裂，随着荷载的增加，裂缝的宽度和高度也随之增加，使到裂缝处的实际截面减小，即梁的惯性矩减小，导致梁的刚度下降。另一方面，随着弯矩的增加、梁塑性变形的发展，变形模量也随之减小，即 E 也随之减小。由此可见，钢筋混凝土梁的截面抗弯刚度不是一个常数，而是随着弯矩的大小而变化，并与裂缝的出现和开展有关的。同时，随着荷载作用持续时间的增加，钢筋混凝土梁的截面抗弯刚度还将进一步减小，梁的挠度还将进一步增大。故不能用 EI 来表示钢筋混凝土的抗弯刚度。为了区别于匀质弹性材料受弯构件的抗弯刚度，用 B 代表钢筋混凝土受弯构件的刚度。钢筋混凝土梁在荷载效应的标准组合作用下的截面抗弯刚度简称为短期刚度；钢筋混凝土梁在荷载效应的标准组合作用下并考虑荷载长期作用的截面抗弯刚度简称为长期刚度。

计算钢筋混凝土受弯构件的挠度实质上是计算它的抗弯刚度 B，一旦求出抗弯刚度 B 后，就可以用 B 替 EI，然后按照弹性材料梁的变形公式算出梁的挠度。

2. 受弯构件在荷载效应的标准组合作用下的刚度（短期刚度）B_s

在材料力学中，截面刚度 EI 与截面内力 M 及变形（曲率 $1/\rho$）有如下关系

$$\frac{1}{\rho}=\frac{M}{EI}$$

对钢筋混凝土受弯构件，上式可通过建立下面 3 个关系式，并引入适当的参数来建立，最后将 EI 用短期刚度置换即可。

（1）几何关系——根据平截面假定得到的应变与曲率的关系

$$\frac{1}{\rho}=\frac{\varepsilon}{y}$$

（2）物理关系——根据胡克定律给出的应力与应变的关系

$$\varepsilon=\frac{\sigma}{E}$$

（3）平衡关系——根据应力与内力的关系

$$\sigma=\frac{My}{I}$$

根据这 3 个关系式，并考虑钢筋混凝土的受力变形特点，最后得出钢筋混凝土受弯构件短期刚度的计算公式为

$$B_s = \frac{E_s A_s h_0^2}{1.15\psi + 0.2 + \dfrac{6\alpha_E \rho}{1 + 3.5\gamma_f'}}$$

式中 E_s——纵向受拉钢筋的弹性模量；

       A_s——纵向受拉钢筋截面面积；

       H_0——梁截面有效高度；

       ψ——裂缝间纵向受拉钢筋应变不均匀系数；

       α_E——钢筋弹性模量有混凝土弹性模量的比值，$\alpha_E = \dfrac{E_s}{E_c}$；

       ρ——纵向受拉钢筋配筋率，$\rho = \dfrac{A_s}{bh_0}$；

       γ_f'——T形、I形截面受压翼缘面积与腹板有效面积的比值，$\gamma_f' = \dfrac{(b_f' - b)h_f'}{bh_0}$；其中，$b_f'$、$h_f'$ 为受压区翼缘的宽度、厚度。当受压翼缘厚度较大时，由于靠近中轴的翼缘部分受力较小，如仍按较大的 h_f' 计算 γ_f'，则算得的刚度偏高，故为了安全起见，《混凝土结构规范》规定，当 $h_f' > 0.2h_0$ 时，仍取 $h_f' = 0.2h_0$。

3. 按荷载效应的标准组合并考虑荷载长期作用影响的长期刚度 B_l

在长期荷载作用下，钢筋混凝土梁的挠度将随时间增长而不断缓慢增长，抗弯刚度随时间而不断降低，这一过程往往要持续很长时间。

在长期荷载作用下，钢筋混凝土梁挠度不断增长的原因主要是由于受压区混凝土的徐变变形，使混凝土的压应变随时间而增长。另外，裂缝之间受拉区混凝土的应力松弛、受拉钢筋和混凝土之间粘结滑移徐变，都使得受拉混凝土不断退出工作，从而使受拉钢筋平均应变随时间增大。因此，凡是影响混凝土徐变和收缩的因素，如受压钢筋配筋率、加载龄期、使用环境的温湿度等，都对长期荷载作用下构件挠度的增长有影响。

长期荷载作用下受弯构件挠度的增长可用挠度增大系数 θ 来表示，$\theta = f_l / f_s$ 为长期荷载作用下挠度 f_l 与短期荷载作用下挠度 f_s 的比值，它可由试验确定。影响 θ 的主要因素是受压钢筋，因为受压钢筋对混凝土的徐变有约束作用，可减少构件在长期荷载作用的挠度增长。

ρ' 为受压钢筋的配筋率：$\rho' = A_s'/bh_0$；ρ 为受拉钢筋的配筋率：$\rho = A_s/bh_0$。

截面形式对长期荷载作用下的挠度也有影响，对于翼缘位于受拉区的 T 形截面，挠度应增大 20%。

由于构件上作用的全部荷载中一部分是长期作用的荷载（即荷载效应的准永合），另一部分是短期作用的荷载（即荷载效应的标准组合）。现设 M_l 为按荷载长期作用计算的弯矩值，亦即是按永久荷载及可变荷载的准永久值计算的弯矩。M_k 为按短期作用计算的弯矩值，亦即是按全部永久荷载及可变荷载的标准值计算的弯矩。在 M_k 作用下梁的短期挠度为 f_l，则在 M_l 作用下梁的挠度将增大为 θf_l。故在弯矩增量 $(M_k - M_l)$ 作用下的短期挠度增量为在 M_k 作用下的总挠度。

荷载长期作用使构件挠度增大，所以考虑用荷载长期作用的刚度来计算构件的总挠度。

4. 最小刚度原则

由上述的分析可知，钢筋混凝土构件截面的抗弯刚度随弯矩的增大而减小。因此，即使是等截面梁，由于梁的弯矩一般沿梁长方向是变化的，故梁各个截面的抗弯刚度也是不一样的，弯矩大的截面抗弯刚度小，弯矩小的截面抗弯刚度就大，即梁的刚度沿梁长为变值。变刚度梁的挠度计算是十分复杂的。在实际设计中为了简化计算通常采用"最小刚度原则"，即在同号弯矩区段采用其最大弯矩（绝对值）截面处的最小刚度作为该区段的抗弯刚度来计算变形。

计算钢筋混凝土受弯构件的挠度，先要求出在同一符号弯矩区段内的最大弯矩，然后求出该区段弯矩最大截面的刚度 B，然后根据梁的支座类型套用相应的力学挠度公式，按公式计算钢筋混凝土受弯构件的挠度。求得的挠度值不应大于《混凝土结构规范》规定的挠度允许值 $[f]$。

5. 挠度验算的步骤

（1）按受弯构件荷载效应的标准组合并考虑荷载长期作用影响计算弯矩值 M_k、M_l。

（2）计算受拉钢筋应变不均匀系数。

（3）计算构件的短期刚度

$$B_s = \frac{E_s A_s h_0^2}{1.15\psi + 0.2 + \dfrac{6\alpha_E \rho}{1 + 3.5\gamma_f'}}$$

（4）计算构件的刚度 B

$$B = \frac{M_k}{M_q(\theta - 1) + M_k} \cdot B_s$$

（5）计算构件挠度

$$f = \beta \frac{M_s l_0^2}{B} \leq [f]$$

6. 减少构件挠度的措施

若求出的构件挠度大于《规范》规定的挠度限值，则应采取措施来减小挠度。减小挠度的实质就是提高构件的抗弯刚度。提高抗弯刚度最有效的措施是增大梁的截面高度，其次是增加钢筋的截面面积，其他措施如提高混凝土强度等级，选用合理的截面形状等效果都不显著。此外，采用预应力混凝土构件也是提高受弯构件刚度的有效措施。

小　结

钢筋混凝土受弯构件由于配筋率的不同，可分为少筋构件、适筋构件、超筋构件三类。少筋构件和超筋构件在破坏前没有明显的预兆，有可能造成巨大的生命和财产损失，因此应避免将构件设计成少筋构件和超筋构件。

正截面承载力计算包括截面设计和截面校核两类问题。矩形截面梁分为单筋和双筋两种情况；T形截面梁分为第一类T形截面和第二类T形截面两种情况，分别建立平衡方程组，进行正截面承载力计算。

影响斜截面承载力的主要因素有剪跨比、高跨比等。

计算构件的挠度与裂缝宽度时，应按荷载效应标准组合，并考虑荷载长期作用的影响进行计算，计算值不应超过《规范》规定的限值。

习　题

1. 少筋梁、适筋梁、超筋梁的破坏特征各有哪些？在工程实践中如何防止少筋梁和超筋梁破坏？

2. 正截面承载力计算的基本假定是什么？为什么要作出这些假定？

3. 什么是界限相对受压区高度？它有什么意义？

4. 钢筋混凝土的最小配筋率是如何确定的？

5. 在适筋梁的正截面设计中，如何将混凝土受压区的实际曲线应力分布图形化为等效矩形应力分布图形？

6. 在什么情况下采用双筋梁？双筋梁的纵向受压钢筋与单筋梁中的架立筋有何区别？

7. 受弯构件斜截面有哪几种破坏形态？它们的特点是什么？

8. 斜截面承载力为什么要规定上、下限？为什么要限制梁的截面尺寸？

9. 钢筋混凝土受弯构件的挠度和裂缝宽度的计算步骤是怎样的？

10. 减少钢筋混凝土受弯构件的挠度和裂缝宽度的主要措施有哪些？

项目6

预应力混凝土构件认识

理解预应力混凝土原理和掌握其基本概念，掌握预应力的施加方法：先张法、后张法；了解预应力混凝土材料的种类和性能要求；能计算张拉控制应力和分析产生预应力损失的原因。

教学要求

知识要点	能力要求	相关知识	所占分值（100分）
预应力混凝土原理	掌握预应力混凝土基本概念	混凝土的受力特性	20
预应力施加方法	掌握先张法、后张法张拉工艺	传力途径、适用范围	25
预应力混凝土材料	了解材料种类和性能要求	普通混凝土材料	20
张拉控制应力	能计算张拉控制应力	张拉设备、规范要求	15
预应力损失	分析产生预应力损失的原因	施工工艺流程	20

引例

什么是预应力？

讨论日常生活中利用预应力的事例如下。

日常生活中可以见到，图 6.1 所示木质水桶、浴桶、酒桶，在桶板干燥时用竹质或金属箍箍紧，使桶壁中预先产生环向压应力。盛水后，木材膨胀在桶壁内产生环向拉应力，只要木板之间的预压应力大于水压产生的环向拉应力，木桶就不会漏水。

图 6.1　木质水桶、浴桶、酒桶

如图 6.2 所示，要从书架上取下一叠书，双手得先对书预先施加压力，压力越大能搬的书就越多。

图 6.2　搬书

如图 6.3 所示木锯，它是利用预拉力来抵抗压力的，预先拧紧另一侧的绳子使锯条预先受拉，如预加拉力大于锯木时产生的压力，锯条就始终处于受拉状态，不会产生压曲失稳。

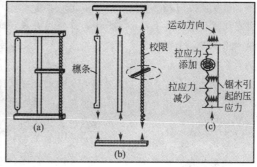

图6.3　木锯

预应力混凝土的原理

前面讲述的钢筋混凝土受拉构件、受弯构件及大偏心受压构件等，在荷载作用下都存在混凝土受拉区。由于混凝土的抗拉强度及极限拉应变很小，其抗拉强度约为抗压强度的 $1/8\sim1/17$，极限拉应变（约为 $1\times10^{-4}\sim1.5\times10^{-4}$）也仅为极限压应变的 $1/20\sim1/30$，因而钢筋混凝土构件存在一些难以克服的缺点：正常使用荷载下混凝土受拉区开裂；高强度钢筋不能充分发挥作用；构件截面尺寸较大。

克服上述缺点的一种设想是利用某些手段，在结构构件受外荷载作用前，预先对由外荷载引起的混凝土受拉区施加预压应力，即采用预应力混凝土。

以图6.4所示预应力简支梁为例，说明预应力混凝土的一些重要特性及基本原理。

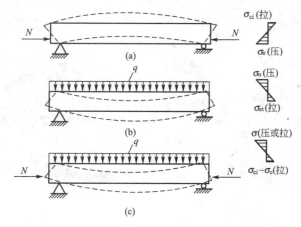

图6.4　对混凝土矩形梁施加预应力的示意图
（a）预压力作用下；（b）外荷载作用下；（c）预压力与外荷载共同作用下

图6.4(a)所示的无配筋素混凝土梁，在外荷载作用之前，预先在梁的受拉区施加一对大小相等、方向相反的偏心预加力 N，从而使梁跨中截面的下边缘混凝土产生预压应力 σ_c，梁上边缘产生预拉应力 σ_{ct}。假如混凝土的应力处于弹性范围以内，则跨中混凝土正应力沿截面高度呈直线分布。当均布荷载 q（包括梁自重）单独作用时，跨中截面梁的下边缘将产生拉应力 σ_{ct}，梁上边缘产生压应力 σ_c（图6.4(b)）。这样，在预加力 N 和外荷载 q 的共同作用下，梁的下边缘拉应力将减至 $\sigma_{ct}-\sigma_c$，梁上边缘应力一般为压应力，但也可能为拉应力（图6.4(c)）。只要 $\sigma_{ct}-\sigma_c<f_t$，就可使构件在使用中不出现裂缝。再由于预加力 N 的大小是可调的，如果增大预加力 N，则在外荷载作用下梁的下边缘的拉应力还可减小，甚至变成压应力。

因此，预应力混凝土的基本原理是：预先对混凝土的受拉区施加压应力，使之处于一种人为的应力状态。这种应力的大小和分布可能部分抵消或全部抵消使用荷载作用下产生的拉应力 σ_{ct}，从而使结构或构件在使用荷载作用下不至于开裂，或推迟开裂，或减小裂缝开展的宽度，提高构件的抗裂度和刚度，有效利用了混凝土抗压强度高这一特点来间接提高混凝土的抗拉强度。多数情况下，预加应力是由张拉后的预应力钢筋提供的，从而使预应力混凝土构件可利用高强钢筋和高强混凝土，取得了节约钢材，减轻构件自重的效果，克服了普通钢筋混凝土的主要缺点。为高强材料的应用开辟了新的途径。

　　预应力混凝土是普通混凝土工程技术的延伸及提高，最早是在 1928 年由著名的法国工程师弗来西奈（E·Freyssinet）研究成功的，预应力在工程中的应用为世界建筑在大跨度、重荷载、大空间的设计提供了丰富的技术支持。经过数十年的研究开发与推广应用，取得了很大进展，在房屋建筑、桥梁、水利、海洋、能源、电力及通信工程中得到了广泛应用，节约了大量的材料与投资，促进了社会生产的发展。可以说，预应力混凝土结构作为一种先进的结构形式，其应用的范围和数量是衡量一个国家建筑技术水平的重要指标之一。常见的工程案例如图 6.5 所示。

图 6.5　常见的工程案例
（a）核电站反应堆安全壳；（b）预应力混凝土轨枕；（c）预应力混凝土屋架；
（d）预应力混凝土输水管道；（e）预应力混凝土铁路桥梁

(f)

图 6.5(续)

（f）地下室预应力混凝土无梁楼板

任务 6.1 预应力施加

目前，对混凝土施加预应力，一般是通过张拉钢筋（称为预应力筋）利用钢筋的回弹来挤压混凝土，使混凝土受到预压应力。预应力混凝土构件，根据张拉钢筋与混凝土浇筑的先后关系，张拉预应力筋的方法可分为先张法和后张法两大类。

6.1.1 先张法

钢筋先在台座（或钢模）上张拉并锚固，然后支模和浇筑混凝土。待混凝土达到一定强度后（按计算确定，且至少不低于强度设计值的 75%）剪断（或放松）钢筋。钢筋放松后将产生弹性回缩，但钢筋和混凝土之间的粘结力阻止其回缩，因而混凝土获得预应力。因此对于先张法构件，预应力的传递是通过钢筋和混凝土的粘结力实现的。先张法的主要工序如图 6.6 所示。

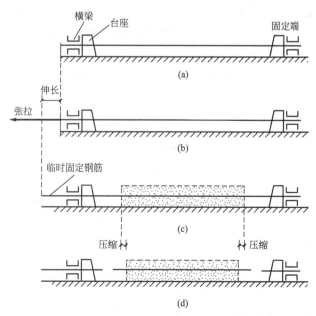

图 6.6 先张法工艺过程示意图

（a）穿钢筋；（b）张拉钢筋；（c）浇筑混凝土；（d）切断钢筋

先张法施工简单，靠粘结力自锚，不必耗费特制锚具，临时锚具可以重复使用，大批量生产时经济，质量稳定，适用于中小型构件工厂化生产。

6.1.2 后张法

后张法是先制作构件并预留孔道，待混凝土达到一定强度后在孔道内穿入预应力钢筋，在构件上进行张拉，然后用锚具将钢筋在构件端部锚固，从而对构件施加预应力。钢筋锚固后，应对孔道进行压力灌浆。后张法构件的预应力是通过构件端部的锚具直接挤压混凝土而获得的，其主要施工工序如图 6.7 所示。

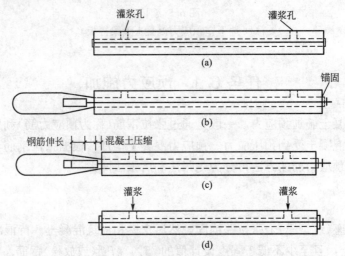

图 6.7　后张法工艺过程示意图
（a）穿钢筋；（b）安装千斤顶；（c）张拉钢筋；（d）锚固、灌浆

后张法构件是靠设置在钢筋两端的锚固装置来传递和保持预加应力的。用后张法生产预应力混凝土构件，主要需要永久性安装在构件上的工作锚具，锚具不能重复使用，成本高，但不需要台座，施工工艺较复杂。后张法更适用于在现场成型的大型预应力混凝土构件，在现场分阶段张拉的大型构件以至整个结构。后张法的预应力筋可按照设计需要做成曲线或折线形状以适应荷载的分布状况，使支座处部分预应力筋可以承受部分剪力。

特别提示

先张法与后张法虽然以张拉钢筋在浇筑混凝土的前后来区分，但其本质差别却在于对混凝土构件施加预压力的途径。先张法通过预应力筋与混凝土之间的粘结力施加预应力；而后张法则通过钢筋两端的锚具施加预应力。

任务 6.2　预应力混凝土构件设计

6.2.1　对材料的要求

1. 钢筋

预应力钢筋在张拉时受到很大的拉应力，在使用荷载作用下，其拉应力还会继续提高，因此必须采用高强度钢筋。

预应力钢筋宜采用钢绞线、消除应力钢丝和热处理钢筋。

2. 混凝土

用于预应力混凝土结构的混凝土应符合下列要求。

（1）高强度。预应力混凝土在制作阶段受拉区混凝土一直处于高应力状态，受压区可能受拉也可能受压，特别是受压区混凝土受拉时最容易开裂，这将影响在使用阶段压区的受压性能，因此，混凝土必须有足够的强度。此外，采用高强度混凝土可以有效减少截面尺寸，减轻自重。《混凝土结构规范》规定：预应力混凝土结构强度等级不应低于C30，当采用钢绞线、钢丝、热处理钢筋时预应力混凝土结构强度等级不宜低于C40。

（2）收缩小、徐变小。由于混凝土收缩徐变的结果，使得混凝土得到的有效预压力减少，即预应力损失，所以在结构设计中应采取措施减少混凝土收缩徐变。

6.2.2 确定预应力筋的张拉力

预应力筋的张拉力 P_j 按下式计算：

$$P_j = \sigma_{con} \cdot A_p$$

式中　σ_{con}——预应力筋的张拉控制应力值，N/mm^2；

　　　A_p——预应力筋的截面面积，mm^2。

其中，张拉控制应力应按设计规定取值，《混凝土结构设计规范》（GB 50010—2001）规定：σ_{con} 不宜超过表 6-1 的数据，也不应小于 $0.4 f_{ptk}$。

表 6-1　张拉控制应力 σ_{con} 限值

钢种	张拉方法	
	先张法	后张法
消除应力钢丝、钢绞线	$0.75 f_{ptk}$	$0.75 f_{ptk}$
热处理钢筋	$0.70 f_{ptk}$	$0.65 f_{ptk}$

注：f_{ptk} 为预应力筋强度标准值。

6.2.3 计算预应力损失 σ

预应力钢筋在张拉时所建立的预拉应力在预应力混凝土构件施工及使用过程中，会由于张拉工艺、材料特性和环境条件等种种原因并随着时间的推移不断下降，预应力钢筋应力的降低称为预应力损失。正确估计预应力的损失是很重要的，它关系到预应力构件的成败。因为预应力的损失使构件的刚度和抗裂度降低，甚至损失过大而达不到预应力的作用。这就是预应力发现的初期，无高强材料和对预应力损失认识不清，是预应力失败的主要原因。

1. 预应力损失的原因及分类

（1）锚具变形和钢筋内缩引起的预应力损失 σ_{l1}。

（2）预应力钢筋与孔道壁之间的摩擦引起的预应力损失 σ_{l2}。这是后张法构件在张拉时由于预应力筋与孔道壁之间的摩擦而引起的。

（3）混凝加热养护时，受张拉的钢筋与承受拉力的设备之间温差引起的预应力损失 σ_{l3}。蒸汽养护时，若受张拉的钢筋与承受拉力的设备（台座）之间的温差为 Δt，取钢筋的温度线

膨胀系数 $\alpha = 1 \times 10^{-5}/{}^\circ\text{C}$，钢筋的长度为 L，钢筋产生的温差变形为 ΔL。

则 σ_{13} 可按下式计算：

$$\sigma_{13} = \varepsilon_s E_s = \frac{\Delta L}{L} \cdot E_s = \frac{\alpha \cdot \Delta t \cdot L}{L} E_s = \alpha E_s \Delta t$$

$$= 2 \times 10^5 \times 1 \times 10^{-5} \cdot \Delta t = 2 \cdot \Delta t (\text{N/mm}^2)$$

（4）钢筋应力松弛引起的预应力损失 σ_{14}。这是由于钢筋在高应力作用下随时间而增长的塑性变形产生的。

（5）混凝土收缩，徐变引起的预应力损失 σ_{15}。

混凝土收缩和徐变均使构件长度缩短，使预应力筋的长度随之回缩，造成了预应力损失，该项损失约占预应力总损失的一半以上。

（6）用螺旋式预应力钢筋作配筋的环形构件，当构件直径 $d \leqslant 3\text{m}$ 时，由于混凝土的挤压引起预应力损失 σ_{16}，并取为 30N/mm^2。

2. 预应力损失的组合

上述各项预应力损失对先张法构件和后张法构件各不相同，其出现的先后也有差别。为了计算方便，预应力混凝土构件各阶段的预应力损失值需按表 6-2 的规定进行组合。

表 6-2　各阶段预应力损失值组合表

项次	预应力损失值的组合	先张法构件	后张法构件
1	混凝土预压前（第一批）损失 σ_{I}	$\sigma_{11} + \sigma_{13} + \sigma_{14}$	$\sigma_{11} + \sigma_{12}$
2	混凝土预压后（第二批）损失 σ_{II}	σ_{15}	$\sigma_{14} + \sigma_{15} + \sigma_{16}$

由于各项预应力损失的离散性，实际损失值与计算值有时误差很大，为了保证预应力构件的抗裂度，《混凝土结构规范》规定，当计算求得的预应力总损失 σ_l 小于下列数值时，则按下列数值取用：先张法构件，100N/mm^2；后张法构件，80N/mm^2。

<h1 align="center">小　　结</h1>

对构件施加预应力，可以提高构件的抗裂度和刚度，改善构件正常使用阶段的性能，从而在本质上克服了普通钢筋混凝土构件的缺点，并为使用高强度钢材和高强度混凝土创造了条件。

施加预应力的方法有先张法和后张法。先张法与后张法虽然以张拉钢筋在浇筑混凝土的前后来区分，但其本质差别却在于对混凝土构件施加预压力的途径。先张法通过预应力筋与混凝土之间的粘结力施加预应力；而后张法则通过钢筋两端的锚具施加预应力。

预应力损失是预应力混凝土构件的特有现象，它将导致预应力效果的降低。先张法和后张法的预应力损失项和出现损失的阶段有所差别，减少预应力损失是提高预应力效果的重要途径。

习　题

1. 为什么在普通钢筋混凝土中不能有效地利用高强度钢材和高强度混凝土，而在预应力混凝土结构中必须用高强度钢材和高强度混凝土？

2. 试比较普通钢筋混凝土结构与预应力混凝土结构的优缺点。

3. 预应力混凝土构件有哪些受力特征？

4. 先张法及后张法的主要张拉工艺、传力途径、适用范围是什么？

5. 预应力混凝土构件对材料有何要求？

6. 何谓张拉控制应力？

7. 预应力损失有哪几种？先张法构件和后张法构件的预应力损失各是如何组合的？

8. 如何采取措施减少预应力损失？

项目7

砌体结构房屋认识

教学目标

理解砌体结构材料及其组成和掌握其布置等基本概念，掌握砌体结构的受力分析以及静力计算方案的确定；了解砌体结构房屋的构造要求；了解砌体结构房屋其他构件（圈梁、过梁、墙梁）的基本性质。

教学要求

知识要点	能力要求	相关知识	所占分值（100分）
砌体结构基本概念	掌握砌体结构的材料和布置	砖石材料、砂浆	15
砌体结构受力分析	静力计算方案的确定	刚性方案、弹性方案、刚弹性方案	35
砌体结构房屋的构造	了解砌体相关规范中的构造要求	高厚比，砌体典型裂缝	25
砌体结构的构件	了解砌体基本构件的性质	圈梁、过梁、墙梁	25

引例

历史上的砌体结构有哪些？

讨论日常生活中所能看到的砌体结构形式。

由砖、石或砌块组成，并用砂浆粘结而成的材料称为砌体。由砌体砌筑而成的结构称为砌体结构。

砌体结构在我国有着悠久的历史，其中砌体与砖砌体在我国更是源远流长，构成了我国独特文化体系的一部分。

考古资料表明，我国在原始社会末期就有大型石砌祭坛遗址。在辽宁西部还发现有女神庙遗址和数处积石冢群，以及类似于城堡或广场的石砌城墙遗址，这些遗址距今已有 5000 多年的历史。隋代李春所建造的河北赵州桥(图 7.1)是世界上现存最早、跨度最大的空腹式单孔圆弧石拱桥。此桥无论在材料的使用上、结构受力上，还是在艺术造型和经济上达到了相当高的水平。

图 7.1 赵州桥

长城(图 7.2)是宏伟的土木工程，它始建于公元前七世纪春秋时期。秦代用乱石和土将原来秦、赵、燕国北面的城墙连接起来，明代又对万里长城进行了大的修筑，使其蜿蜒起伏达到 25400 里，部分城墙用精制的大块砖重修。长城是雄伟的砌体结构，是人类的一大奇迹。

图 7.2 万里长城

世界上许多文明古国应用砌体结构的历史也相当久远。约公元前 3000 年在古埃及所建成的 3 座大金字塔(图 7.3)。公元 70～82 年建成的罗马大斗兽场(图 7.4)，希腊的雅典卫城和一些公共建筑(运动场、竞技场等)，以及罗马的大引水渠、桥梁、神庙和教堂等，都是文化历史上的辉煌成就，至今仍是备受推崇和瞻仰的宝贵遗产。

图 7.3　金字塔

图 7.4　古罗马斗兽场

 预备知识

1. 砌体材料的组成

1) 砖石材料

砖石材料一般分为天然石材和人工砖石两类。

天然石材：当自重大于 18N/m³ 的称为重石，如花岗石、石灰石、砂石等；自重小于 18N/m³ 的称为轻石，如凝灰石、贝壳灰岩等；重石材由于强度大，抗冻性、抗水性、抗汽性均较好，通常用于建筑物的基础和挡土墙等。

人工砖石：经过烧结的普通砖、黏土空心砖、陶土空心砖，以及不经过烧结的硅酸盐砖、矿渣砖、混凝土砌块、土坯等。

普通黏土砖全国统一规格：240×115×53，具有这种尺寸的砖称为标准砖。

空心砖分为 3 种型号：KP1(240×115×90)、KP2(240×180×115)、KM1(190×190×90)。前两种可以与标准砖混砌。

砌块是尺寸较大的块体，其外形尺寸可达标准砖的 6~60 倍。砌块的规格尚不统一，通常将高度在 390mm 以下的砌块称为小型砌块；高度为 390~900mm 的砌块称为中型砌块；高度大于 900mm 的砌块称为大型砌块。

混凝土小型空心砌块主要由普通混凝土、轻骨料混凝土或工业废渣骨料混凝土制成，主规格尺寸为 390mm×190mm×190mm(其他规格尺寸由供需双方协商)，空心率为 25%~50%。

砖石材料的强度等级：

烧结普通砖、烧结多孔砖：MU30、MU25、MU20、MU15、MU10；

蒸压灰砂砖、蒸压粉煤灰砖：MU25、MU20、MU15、MU10；

块体的强度等级：MU20、MU15、MU10、MU7.5、MU5；

石材的强度等级：MU100、MU80、MU60、MU50、MU40、MU30、MU20。

2）砂浆

砂浆是由砂、矿物胶结材料与水按合理配比经搅拌而制成的。

砌体结构对砂浆的基本要求：强度、可塑性（流动性）、保水性。

砂浆的强度等级：边长为 70 毫米的立方体试块在 150C～250C 的室内自然条件下养护 24 小时，拆模后再在同样的条件下养护 28 天，加压所测得的抗压强度极限值。

砂浆的强度等级：M15、M10、M7.5、M5、M2.5，其中 M 表示 Mortar 的缩写。

砂浆的分类：水泥砂浆、混合砂浆（如水泥石灰砂浆、水泥黏土砂浆）、非水泥砂浆（如环氧树脂砂浆）。

2. 砌体房屋

1）砌体房屋结构形式的种类

（1）实心砌体：通常用作承重外墙、内墙以及砖柱。

（2）轻型气体：空斗墙、空气夹层墙、填充墙、多层墙等。

（3）大型砌块和大型墙板。

（4）天然石材砌体：料石砌体和毛石砌体。

（5）配筋砌体：在砌体内部配筋，通常分为网状配筋砌体和组合砌体。

2）砌体房屋承重墙体的布置

（1）纵墙承重体系。对于要求有较大空间的房屋（如厂房、仓库）或隔墙位置可能变化的房屋，通常无内横墙或横墙间距很大，因而由纵墙直接承受楼面、屋面荷载的结构布置方案即为纵墙承重方案，其屋盖为预制屋面大梁或屋架和屋面板，如图 7.5 所示。

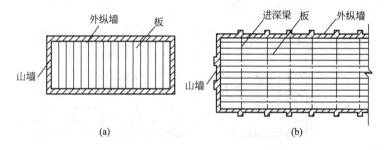

图 7.5 纵墙承重体系

（a）板直接搁置于纵墙；（b）设置进深梁

这类房屋的屋面荷载（竖向）传递路线为：

板→梁（或屋架）→纵墙→基础→地基。

纵墙门窗开洞受限、整体性差，适用于单层厂房、仓库、食堂。

纵墙承重体系的特点如下：

① 纵墙是主要的承重墙。横墙的设置主要是为了满足房间的使用要求，保证纵墙的侧向稳定和房屋的整体刚度，因而房屋的划分比较灵活。

② 由于纵墙承受的荷载较大，在纵墙上设置的门、窗洞口的大小及位置都受到一定的限制。

③ 纵墙间距一般比较大，横墙数量相对较少，房屋的空间刚度不如横墙承重体系。

④ 与横墙承重体系相比，楼盖材料用量相对较多，墙体的材料用量较少。

（2）横墙承重体系。当房屋开间不大（一般为 3～4.5m），横墙间距较小，将楼（或屋面）板直接搁置在横墙上的结构布置称为横墙承重方案，房间的楼板支承在横墙上，纵墙仅承受本身自重，如图 7.6 所示。

横墙承重方案有以下特点：

① 横墙是主要的承重墙。纵墙的作用主要是围护、隔断以及与横墙拉结在一起，保证横墙的侧向稳

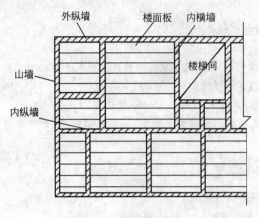

图 7.6　横墙承重体系

定。由于纵墙是非承重墙，对纵墙上设置门、窗洞口的限制较少，外纵墙的立面处理比较灵活。

②横墙间距较小，一般为 $3\sim4.5m$，同时又有纵墙在纵向拉结，形成良好的空间受力体系，刚度大，整体性好。对抵抗沿横墙方向作用的风力、地震力以及调整地基的不均匀沉降等较为有利；

③由于在横墙上放置预制楼板，结构简单，施工方便，楼盖的材料用量较少，但墙体的用料较多。

横墙承重体系在每个开间均设置横墙，适用于宿舍、住宅、旅馆等居住建筑和由小房间组成的办公楼等。横墙承重体系中，横墙较多，承载力和刚度比较容易满足要求，故可建造较高层的房层。

横墙承重方案的荷载主要传递路线为：

楼（屋）面板→横墙→基础→地基。

纵墙门窗开洞受限较少、横向刚度大、抗震性能好，适用于多层宿舍等居住建筑以及由小开间组成的办公楼。

（3）纵、横墙承重体系。当建筑物的功能要求房间的大小变化较多时，为了结构布置的合理性，通常采用纵横墙布置方案，如图 7.7 所示，纵横墙承重方案，既可保证有灵活布置的房间，又具有较大的空间刚度和整体性，所以适用于教学楼、办公楼、多层住宅等建筑。

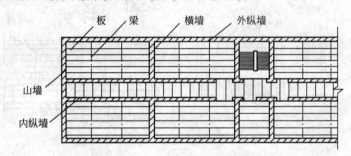

图 7.7　纵、横墙承重体系

此类房屋的荷载传递路线为：

$$楼（屋）面板→\begin{Bmatrix}梁→纵墙\\横墙\end{Bmatrix}→基础→地基。$$

（4）内框架承重体系。对于工业厂房的车间、仓库和商店等需要较大空间的建筑，可采用外墙与内柱同时承重的内框架承重方案，该结构布置为楼板铺设在梁上，梁两端支承在外纵墙上，中间支承在柱上，如图 7.8 所示。

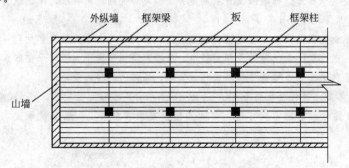

图 7.8　内框架承重体系

此类房屋的竖向荷载的传递路线为：

$$楼（屋）面板 \rightarrow 梁 \rightarrow \begin{cases} 外纵墙 \rightarrow 外纵墙基础 \\ 柱 \rightarrow 柱基础 \end{cases} \rightarrow 地基。$$

平面布置灵活、抗震性能差。应充分注意两种不同结构材料所引起的不利影响。

内框架承重方案房屋有以下特点。

① 墙和柱都是主要承重构件。因取消了承重内墙而由柱代替，房屋在使用上获较大空间，平面布置较灵活，易满足使用要求。

② 四周采用砖墙承重，与全框架结构相比，可节约钢材、水泥和木材。

③ 房屋竖向承重构件的材料不同，基础形式也不同，有时可能因结构出现不均匀变形而引起较大的附加内力。此外，由于横墙较少，因此房屋的空间刚度较差，在抗震设计中一定要满足《建筑抗震设计规范》中的有关规定。

这种布置方案，主要用于层数不多、楼面荷载不大的多层工业厂房、仓库和商店等要求空间较大的房屋中。

（5）底部框架承重体系。对于底层为商场、展览厅、食堂等需设置大空间，而上部各层为住宅、宿舍、办公室的建筑，可采用底部框架承重方案。该结构底部以柱代替内外墙，墙和柱都为主要承重构件，上刚下柔，刚度在底层和第二层间发生突变，如图7.9所示。

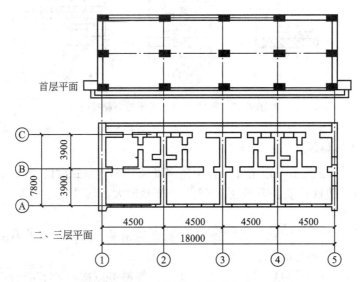

图7.9　底部框架承重方案

此类房屋的竖向荷载的传递路线如下。

上部几层梁板荷载 → 内外墙体 → 结构转化层 → 钢筋混凝土梁 → 柱 → 基础 → 地基。

底层平面布置灵活，但刚度突变对抗震性不利，需考虑上、下层抗侧移刚度比。

墙体布置一般原则如下。

① 尽可能采用横墙承重体系，尽量减少横墙间的距离，以增加房屋的整体刚度。

② 承重墙布置力求简单、规则，纵墙亦拉通，避免断开和转折，每隔一定距离设一道横墙，将内外纵墙拉结在一起，形成空间受力体系，增加房屋的空间刚度和增强调整地基不均匀沉降的能力。

③ 承重墙所承受的荷载力求明确，荷载传递的途径应简捷、直接。开洞时应使各层洞口上下对齐。

④ 结合楼盖、屋盖的布置，使墙体避免承受偏心距过大的荷载或过大的弯矩。

任务 7.1   砌体结构的受力分析——静力计算方案确定

7.1.1   砌体的力学性能

1. 砌体的轴心受压破坏特征(图 7.10)

砌体破坏的 3 个阶段:荷载达到破坏荷载的 $50\%\sim70\%$——单砖出现裂缝;$80\%\sim90\%$——个别裂缝连成几皮砖通缝;90% 以上——砌体裂成相互不连接的小立柱,最终被压碎或丧失稳定而破坏。

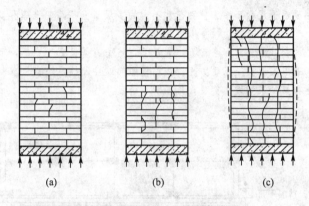

图 7.10   砌体的轴心受压破坏特征

2. 影响砌体抗压强度的主要因素

(1)砖和砂浆的强度:一般情况下,砌体强度随砖和砂浆强度的提高而提高。

(2)砂浆的弹塑性性质:砂浆强度越低,变形越大,转受到的拉应力和剪应力也越大,砌体强度也越低。

(3)砂浆铺砌时的流动性:流动性越大,灰缝越密实,可降低砖的弯剪应力;但流动性过大,会增加灰缝的变形能力,增加砖的拉应力。

(4)砖的形状和灰缝厚度:灰缝平整、均匀、等厚可以减小弯剪应力;方便施工的条件下,砌块越大越好。

(5)砌筑质量。

3. 砌体的抗压强度平均值

(1)砌体的抗压强度平均值计算式为

$$f_{\mathrm{m}}=0.46f_1^{0.9}(1+0.07f_2)(1.1-0.01f_2)\quad(f_2>10\mathrm{MPa})$$

对于 MU20 的砌体适当降低强度值;f_1 和 f_2 分别为砌块和砂浆的强度。

(2)单排孔混凝土砌块对孔砌筑时,灌孔砌体的抗压强度设计值为

$$f_{\mathrm{g}}=f+0.6\alpha f_{\mathrm{c}}$$

f_{g} 为灌孔砌体的强度设计值;f 为未灌孔砌体的抗压强度设计值;f_{c} 为灌孔混凝土

的轴心抗压强度设计值；α 为砌块砌体中混凝土灌孔混凝土面积和砌体毛面积的比值。

4. 砌体的抗拉、抗弯和抗剪强度平均值

砌体的抗压性能要比抗拉、抗弯和抗剪性能好得多。但工程中也会遇到受拉、受剪的情况。

砌体受拉、受弯和受剪破坏可能发生 3 种破坏：沿齿缝的破坏，沿砖石和竖向灰缝的破坏，沿通缝（灰缝）的破坏。

1）砌体的受拉破坏（图 7.11、图 7.12）

不允许出现沿通缝截面的受拉构件（图 7.11(c)），水平受拉时，可能沿齿缝破坏（图 7.11(b)），也可能沿砖和竖向灰缝破坏（图 7.11(a)）。

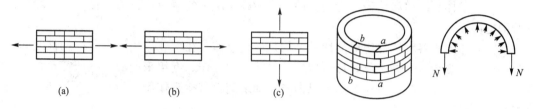

图 7.11　受拉砌体的破坏形式　　　　　　图 7.12　砌体的轴心受拉破坏

2）砌体的弯曲受拉破坏（图 7.13、图 7.14）

在竖向弯曲时，应采用沿通缝的抗拉强度；当在水平方向上弯曲时，可能有两种破坏形式：沿齿缝截面和沿竖向灰缝截面，取两种强度较小的计算。

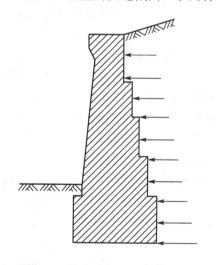
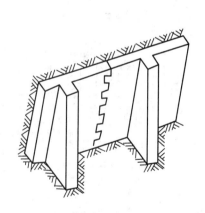

图 7.13　挡土墙压力引起竖向受弯　　　　图 7.14　扶壁式挡土墙侧向受弯

3）砌体的受剪

砌体常见的受剪主要是沿通缝截面或沿阶梯形截面。

砌体的粘结力分为法向粘结力和切向粘结力两种。

对于各类砌体的拉、弯、剪强度平均值采用统一的计算公式

$$f_{t,m},\ f_{tm,m},\ f_{vm}=k\sqrt{f_2}$$

可见，砌体抗拉、弯曲抗拉及抗剪强度主要取决于灰缝的强度。

7.1.2 砌体房屋的静力计算方案

1. 砌体房屋的空间工作性能

混合结构房屋墙体设计的内容包括墙体的内力计算、承载力计算和高厚比验算等。在进行墙体内力计算时，首先要建立计算简图，所采用的计算简图要尽量符合结构的实际受力情况，又要使计算尽可能简单、方便。

混合结构房屋是由屋盖、楼盖、纵墙、横墙和基础组成承重体系，来承受作用在房屋上的各种荷载。作用在屋盖和楼盖上的各种荷载，通过纵墙和横墙墙体传至基础和地基，这时纵、横墙体是屋盖和楼盖的支座。而当风荷载作用于外墙时，屋盖、楼盖及内墙又是外墙的支座。

实际上，由于各种构件组成的房屋结构是一个整体，在荷载作用下，各种构件之间相互作用、互相支承、共同工作，形成房屋的整体空间工作。近年来国内一些研究单位的实测与分析表明，多层房屋不仅沿房屋纵向各开间之间存在相互作用，而且上下各层之间也同时存在着相互作用。

下面用纵墙承重体系的砌体单层房屋为例，对砌体房屋的空间工作问题作进一步的分析。

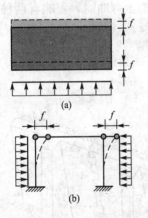

**图 7.15 某无山墙砌体房屋
计算单元示例**

假定该房屋不设山墙及内横墙，并假定房屋开间尺寸及开洞情况均相同，屋盖为钢筋混凝土预制梁、板，而外纵墙为砖砌承重墙，墙基础也为砖砌体，如图 7.15 所示。

这种混合结构房屋，荷载的传递路线是：

竖向荷载→屋面板→屋面梁→纵墙→基础→地基。

水平风荷载→纵墙→基础→地基。

假定作用于房屋上的荷载是均匀分布的，外纵墙窗口也是有规律均匀排列的，则在水平荷载作用下，整个房屋墙顶的变形（水平位移）也将是一样的。如果从两个窗口中线截取一个单元，这个单元的受力状态和整个房屋的受力状态是一样的。这样，可以这个单元的受力状态来代表整个房屋受力状态，这个单元称为计算单元。

在这类房屋中，荷载作用下的墙顶水平位移主要决定于纵墙的刚度，而屋盖结构的刚度只是保证传递水平荷载时两边外纵墙的位移相同。如果把计算单元的纵墙看作排架的立柱，把屋盖结构看作横梁，把基础看作立柱的固定端支座，屋盖结构和墙的连结点看作铰结点，这样，计算单元的受力状态如同一个单跨平面排架，属于平面受力体系。在这种情况下，可以认为各排架之间并无相互约束，即房屋的空间工作性能在这种情况不能体现，这时排架的内力可按有侧移排架进行计算。

如果该单层房屋两端有山墙，则由于两端山墙的约束，水平荷载传递的路线发生如下变化：

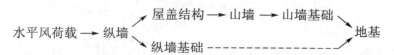

构件受力情况也发生了变化：屋盖可看作是以两端山墙为支座的水平梁，而山墙可看作是嵌固于基础上的悬臂梁，形成了空间的受力系统，如图 7.16 所示。

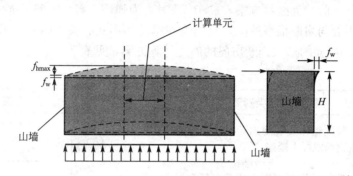

图 7.16 某有山墙砌体房屋计算单元示例

2. 房屋的静力计算方案

由前面的分析可以看出，对于混合结构房屋墙体的计算，采用什么样的计算简图，主要和房屋的空间工作性能有关。

在房屋的内力计算时，刚性方案、刚弹性方案和弹性方案 3 种静力计算方案的内力计算方法不同，如图 7.17 所示。

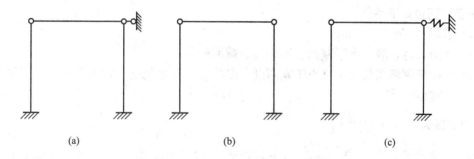

图 7.17 单层单跨房屋墙体的计算简图
（a）刚性方案；（b）弹性方案；（c）刚弹性方案

（1）刚性方案：房屋的空间刚度比较大，在水平荷载作用下，房屋的位移比较小，在进行内力计算时，可将墙体视为一竖向的梁，楼盖和屋盖为该梁的不动铰支座。

（2）弹性方案：房屋的空间刚度比较小，在荷载作用下位移比较大，在进行内力计算时，按屋架与墙柱铰接的排架或框架计算内力。

（3）刚弹性方案：房屋的空间刚度介于上述两者之间，在荷载作用下，房屋的位移不能忽略不计，在进行内力计算时按排架或框架计算，但要增加弹性支座。

设 μ_p 为没有横墙时房屋在水平荷载作用下的位移；μ_s 为该房屋在水平荷载作用下的真正位移。

令　$\eta = \dfrac{\mu_s}{\mu_p}$

则 η 称为考虑空间工作后的侧移折减系数，也称为空间性能影响系数，可查《规范》第 4.2.4 条表 4.2.4。

η 越大，空间刚度越小，η 值越小，空间刚度越大，因此可用 η 判断房屋的计算方案，理论分析，$\eta < 0.33$ 时，为刚性方案，$\eta > 0.77$ 时，为弹性方案，$0.33 \leqslant \eta \leqslant 0.77$ 为刚弹性方案。η 的大小主要与房屋横墙的间距及楼盖和屋盖的形式有关，因此还可以根据房屋横墙的间距及楼盖和屋盖的形式判断房屋的静力计算方案，见表 7-1。

表 7-1　房屋的静力计算方案

	屋盖或楼盖类别	刚性方案	刚弹性方案	弹性方案
1	整体式、装配整体或装配式无檩体系钢筋混凝土屋盖或钢筋混凝土楼盖	$s < 32$	$32 \leqslant s \leqslant 72$	$s > 72$
2	装配式有檩体系钢筋混凝土屋盖、轻钢屋盖和密铺望板的木屋盖或木楼盖	$s < 20$	$20 \leqslant s \leqslant 48$	$s > 48$
3	冷摊瓦木屋盖和石棉水泥轻钢屋盖	$s < 16$	$16 \leqslant s \leqslant 36$	$s > 36$

注：（1）表中 s 为房屋横墙间距，其长度单位为 m。

　　（2）当屋盖、楼盖类别不同或横墙间距不同时，可按《砌体结构设计规范》第 4.2.7 条的规定确定房屋的静力计算方案。

　　（3）对于无山墙或伸缩缝处无横墙的房屋，应按弹性方案考虑。

比较以上 3 种房屋，刚性方案最好，一般应尽量设计成刚性方案。另外，作为判断方案的横墙应满足如下条件。

（1）墙厚不宜小于 180mm。

（2）有洞口时，洞口水平截面积不超过总截面积的 50%。

（3）单层房屋横墙长度不宜小于其高度，多层房屋横墙长度不宜小于其总高度的 1/2。

**特别提示**

（1）当横墙不能同时符合上述要求时，应对横墙的刚度进行验算，如其最大水平位移值 $\mu_{max} \leqslant H/4000$（$H$ 为横墙总高度）时，仍可视作刚性或刚弹性方案房屋的横墙。

（2）凡符合第（1）条刚度要求的一段横墙或其他结构构件（如框架等），也可视作刚性或刚弹性方案房屋的横墙。

任务 7.2　砌体房屋的构造要求

7.2.1　墙柱的高厚比

1. 墙柱的高厚比的规定

墙柱的高度与厚度之比称为高厚比。在进行墙体设计时必须限制其高厚比，保证墙体的稳定性和刚度。影响高厚比的主要因素为：①砂浆的强度等级；②横墙的间距；③构造

支撑条件，如刚性方案允许高厚比可以大一些，弹性和刚弹性方案可以小一些；④砌体的截面形式；⑤构件的重要性和房屋的使用条件。

墙、柱的高厚比应按下式验算：

$$\beta = H_0/h \leqslant \mu_1\mu_2 \ [\beta] \tag{7-1}$$

式中　　H_0——墙、柱的计算高度；

　　　　h——墙厚或矩形柱与 H_0 相对应的边长；

　　　　μ_1——自承重墙允许高厚比的修正系数；

　　　　μ_2——有门窗洞口墙允许高厚比的修正系数；

　　　　$[\beta]$——墙、柱的允许高厚比。

计算高度的规定如下。

对墙、柱进行承载力计算或验算高厚比时所采用的高度称为计算高度，用 H_0 表示。它是由实际高度 H 并根据房屋类别和构件两端支承条件而确定的。按照弹性稳定理论分析结果并结合工程实践经验，《砌体结构设计规范》规定构件计算高度 H_0 按表 7-2 采用。

表 7-2　受压构件的计算高度 H_0

房屋类别			柱		带壁柱墙或周边拉结的墙		
			排架方向	垂直排架方向	$s>2H$	$2H \geqslant s>H$	$s \leqslant H$
有吊车的单层房屋	变截面柱上段	弹性方案	$2.5H_u$	$1.25H_u$	$2.5H_u$		
		刚性、刚弹性方案	$2.0H_u$	$1.25H_u$	$2.0H_u$		
	变截面柱下段		$1.0H_l$	$0.8H_l$	$1.0H_l$		
无吊车的单层和多层房屋	单跨	弹性方案	$1.5H$	$1.0H$	$1.5H$		
		刚弹性方案	$1.2H$	$1.0H$	$1.2H$		
	两跨或两跨以上	弹性方案	$1.25H$	$1.0H$	$1.25H$		
		刚弹性方案	$1.1H$	$1.0H$	$1.1H$		
	刚性方案		$1.0H$	$1.0H$	$1.0H$	$0.4s+0.2H$	$0.6s$

 特别提示

(1) 表中 H_u 为变截面柱的上段高度；H_l 为变截面柱的下段高度。

(2) 对于上端为自由端的构件，$H_0 = 2H$。

(3) 独立砖柱，当无柱间支撑时，柱在垂直排架方向的 H_0 应按表中数值乘以 1.25 后采用。

(4) s 为房屋横墙间距。

(5) 自承重墙的计算高度应根据周边支承或拉接条件确定。

2. 墙、柱的允许高厚比

墙、柱高厚比的最大允许限值称为允许高厚比，用 $[\beta]$ 表示。影响允许高厚比的因素有砂浆的强度等级、砌体的类型、构件的类型(墙、柱)、荷载作用方式及构件的重要性和门窗洞口的削弱、施工质量等。《砌体结构设计规范》根据以往设计经验和现阶段材料质量及施工技术水平确立了允许高厚比值，见表 7-3。

表 7-3　墙、柱的允许高厚比 [β] 值

砂浆强度等级	墙	柱
M2.5	22	15
M5.0	24	16
≥M7.5	26	17

特别提示

(1) 毛石墙、柱允许高厚比应按表中数值降低 20%。

(2) 组合砖砌体构件的允许高厚比，可按表中数值提高 20%，但不得大于 28。

(3) 验算施工阶段砂浆尚未硬化的新砌砌体高厚比时，允许高厚比对墙取 14，对柱取 11。

3. 其他高厚比验算

(1) 厚度 $h \leqslant 240mm$ 的自承重墙，允许高厚比修正系数 μ_1 应按下列规定采用：

① $h = 240mm$　$\mu_1 = 1.2$；

② $h = 90mm$　$\mu_1 = 1.5$；

③ $240mm > h > 90mm$　μ_1 可按插入法取值。

(2) 对于有门窗洞口的墙，允许高厚比修正系数 μ_2 应按下式计算：

$$\mu_2 = 1 - 0.4 \frac{b_s}{s} \tag{7-2}$$

式中　b_s——在宽度 s 范围内的门窗洞口总宽度；

　　　s——相邻窗间墙或壁柱之间的距离。

当按公式算得 μ_2 的值小于 0.7 时，应采用 0.7。当洞口高度等于或小于墙高的 1/5 时，可取 μ_2 等于 1.0。

7.2.2　一般构造要求

(1) 5 层及 5 层以上房屋的墙，以及受振动或层高大于 6m 的墙、柱所用材料的最低强度等级，应符合下列要求：

① 砖采用 MU10；

② 砌块采用 MU7.5；

③ 石材采用 MU30；

④ 砂浆采用 M5。

注：对于安全等级为一级或设计使用年限大于 50 年的房屋，墙、柱所用材料的最低强度等级应至少提高一级。

(2) 地面以下或防潮层以下的砌体，潮湿房间的墙，所用材料的最低强度等级应符合表 7-4 的要求。

表 7-4 所用材料的最低强度等级

基土的潮湿程度	烧结普通砖、蒸压灰砂砖		混凝土砌块	石材	水泥砂浆
	严寒地区	一般地区			
稍潮湿的	MU10	MU10	MU7.5	MU30	M5
很潮湿的	MU15	MU10	MU7.5	MU30	M7.5
含水饱和的	MU20	MU15	MU10	MU40	M10

注：（1）在冻胀地区，地面以下或防潮层以下的砌体，不宜采用多孔砖，如采用时，其孔洞应用水泥砂浆灌实。当采用混凝土砌块砌体时，其孔洞应采用强度等级不低于 Cb20 的混凝土灌实。

（2）对安全等级为一级或设计使用年限大于 50 年的房屋，表中材料强度等级应至少提高一级。

（3）承重的独立砖柱截面尺寸不应小于 240mm×370mm。毛石墙的厚度不宜小于 350mm，毛料石柱较小边长不宜小于 400mm。

注：当有振动荷载时，墙、柱不宜采用毛石砌体。

（4）跨度大于 6m 的屋架和跨度大于下列数值的梁，应在支承处砌体上设置混凝土或钢筋混凝土垫块；当墙中设有圈梁时，垫块与圈梁宜浇成整体。

① 对砖砌体为 4.8m；

② 对砌块和料石砌体为 4.2m；

③ 对毛石砌体为 3.9m。

（5）当梁跨度大于或等于下列数值时，其支承处宜加设壁柱，或采取其他加强措施：

① 对 240mm 厚的砖墙为 6m，对 180mm 厚的砖墙为 4.8m；

② 对砌块、料石墙为 4.8m。

（6）预制钢筋混凝土板的支承长度，在墙上不宜小于 100mm；在钢筋混凝土圈梁上不宜小于 80mm；当利用板端伸出钢筋拉结和混凝土灌缝时，其支承长度可为 40mm，但板端缝宽不小于 80mm，灌缝混凝土不宜低于 C20。

（7）支承在墙、柱上的吊车梁、屋架及跨度大于或等于下列数值的预制梁的端部，应采用锚固件与墙、柱上的垫块锚固：

① 对砖砌体为 9m；

② 对砌块和料石砌体为 7.2m。

（8）填充墙、隔墙应分别采取措施与周边构件可靠连接。

（9）山墙处的壁柱宜砌至山墙顶部，屋面构件应与山墙可靠拉结。

（10）砌块砌体应分皮错缝搭砌，上下皮搭砌长度不得小于 90mm。当搭砌长度不满足上述要求时，应在水平灰缝内设置不少于 2φ4 的焊接钢筋网片（横向钢筋的间距不宜大于 200mm），网片每端均应超过该垂直缝，其长度不得小于 300mm。

（11）砌块墙与后砌隔墙交接处，应沿墙高每 400mm 在水平灰缝内设置不少于 2φ4、横筋间距不大于 200mm 的焊接钢筋网片（图 7.18）。

（12）混凝土砌块房屋，宜将纵横墙交接处、距墙中心线每边不小于 300mm 范围内的孔洞，采用不低于 Cb20 灌孔混凝土灌实，灌实高度应为墙身全高。

（13）混凝土砌块墙体的下列部位，如未设圈梁或混凝土垫块，应采用不低于 Cb20 灌孔混凝土将孔洞灌实：

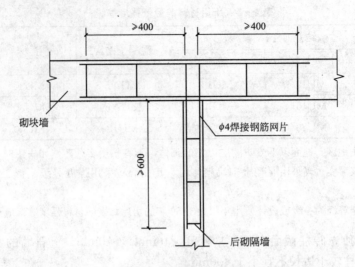

图 7.18　砌块墙与后砌隔墙交接处钢筋网片

① 搁栅、檩条和钢筋混凝土楼板的支承面下，高度不应小于 200mm 的砌体；

② 屋架、梁等构件的支承面下，高度不应小于 600mm，长度不应小于 600mm 的砌体；

③ 挑梁支承面下，距墙中心线每边不应小于 300mm，高度不应小于 600mm 的砌体。

（14）在砌体中留槽洞及埋设管道时，应遵守下列规定：

① 不应在截面长边小于 500mm 的承重墙体、独立柱内埋设管线；

② 不宜在墙体中穿行暗线或预留、开凿沟槽，无法避免时应采取必要的措施或按削弱后的截面验算墙体的承载力。

注：对受力较小或未灌孔的砌块砌体，允许在墙体的竖向孔洞中设置管线。

（15）夹心墙应符合下列规定：

① 混凝土砌块的强度等级不应低于 MU10；

② 夹心墙的夹层厚度不宜大于 100mm；

③ 夹心墙外叶墙的最大横向支承间距不宜大于 9m。

（16）夹心墙叶墙间的连接应符合下列规定：

① 叶墙应用经防腐处理的拉结件或钢筋网片连接；

② 当采用环形拉结件时，钢筋直径不应小于 4mm，当为 Z 形拉结件时，钢筋直径不应小于 6mm。拉结件应沿竖向梅花形布置，拉结件的水平和竖向最大间距分别不宜大于 800mm 和 600mm；对有振动或有抗震设防要求时，其水平和竖向最大间距分别不宜大于 800mm 和 400mm；

③ 当采用钢筋网片作拉结件时，网片横向钢筋的直径不应小于 4mm，其间距不应大于 400mm；网片的竖向间距不宜大于 600mm，对有振动或有抗震设防要求时，不宜大于 400mm；

④ 拉结件在叶墙上的搁置长度，不应小于叶墙厚度的 2/3，并不应小于 60mm；

⑤ 门窗洞口周边 300mm 范围内应附加间距不大于 600mm 的拉结件。

注：对安全等级为一级或设计使用年限大于 50 年的房屋，夹心墙叶墙间宜采用不锈钢拉结件。

7.2.3 防止或减轻墙体开裂的主要措施

1. 房屋墙身裂缝的主要部位

房屋墙身裂缝的主要部位有：房屋的高度、重量、刚度有较大变化处；地质条件变化处；基础底面或埋深变化处；房屋平面形状复杂的转角处；整体式屋盖或装配整体式房屋的顶层的墙体；房屋底层梁端部的纵墙；老房屋中相邻于新建房屋的墙体，等等。

2. 产生裂缝的根本原因

产生裂缝的根本原因有：由于温度变化引起的；由于地基不均匀沉降引起的。

其中，结构由于温度的变化引起热胀冷缩的变形称为温度变形。混凝土的线膨胀系数为 $1.0E-5$；砖墙的线膨胀系数为 $0.5E-5$。

3. 几种比较典型的裂缝

1）平屋顶下边外墙的水平裂缝和包角裂缝（图 7.19）

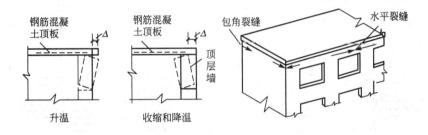

图 7.19 平屋顶下边外墙裂缝

2）内外纵墙和横墙的八字裂缝（图 7.20）

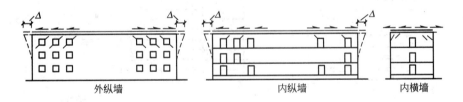

图 7.20 内外纵横墙的八字裂缝

3）房屋错层处的局部垂直裂缝（图 7.21）

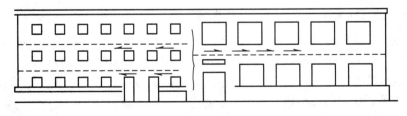

图 7.21 房屋错层墙体的局部垂直裂缝

4) 防止由于收缩和温度变化引起墙体开裂的主要措施

（1）设置温度伸缩缝。

（2）在房屋顶层宜设置钢筋混凝土圈梁。

（3）优先采用装配整体式有檩体系钢筋混凝土屋盖、装配式无檩体系钢筋混凝土屋盖或加气混凝土屋盖。

（4）屋盖结构的上层设置保温层或隔热层。

（5）当房屋的楼盖或屋盖不在同一标高时，较低的屋盖或楼盖与顶层较高的部分的墙体脱开做成变形缝。

5) 防止由于地基不均匀沉降引起墙体开裂的主要措施

（1）设置沉降缝。

（2）设置钢筋混凝土圈梁或钢筋砖圈梁。

（3）房屋应力求简单，横墙间距不宜过大；较长的房屋易设置沉降缝。

（4）合理安排施工程序，易先建较重的单元，后建较轻的单元。

7.2.4 网状配筋砖砌体构件

网状配筋砖砌体的种类如图 7.22 所示。

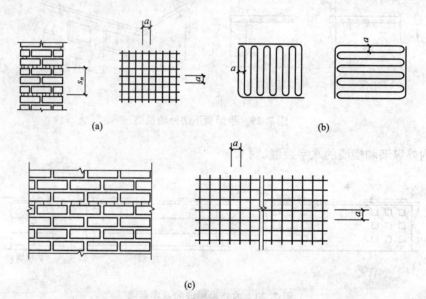

图 7.22 网状配筋砖砌体

（a）用方格网配筋的砖柱；（b）链弯钢筋网；（c）用方格网配筋的砖墙

1. 网状配筋砖砌体受压构件应符合的规定

（1）偏心距超过截面的核心范围，对于矩形截面即 $e/h > 0.17$ 时或偏心距虽未超过截面的核心范围，但构件的高厚比 $\beta > 16$ 时，不宜采用网状配筋砖砌体构件。

（2）对矩形截面构件，当轴向压力偏心方向的截面边长大于另一方向的边长时，除按偏心受压计算外，还应对较小边长方向按轴心受压进行计算。

（3）当网状配筋砌体构件下端与无配筋砌体交接时，尚应验算交接处无筋砌体的局部受压承载力。

2. 网状配筋砖砌体的构造要求

(1) 网状配筋砌体中的体积配筋率，不应小于 0.1%，并不应大于 1%。

(2) 采用钢筋网时，钢筋的直径宜采用 3～4mm；当采用链弯钢筋网时，钢筋的直径不应大于 8mm。

(3) 钢筋网中的钢筋间距，不应大于 120mm，并不应小于 30mm。

(4) 钢筋网的竖向间距，不应大于五皮砖，并不应大于 400mm。

(5) 网状配筋砌体所用的砂浆强度等级不应低于 M7.5；钢筋网应设置在砌体的水平灰缝之中，灰缝厚度应保证钢筋上下至少各有 2mm 后的砂浆层。

任务 7.3　砌体房屋其他构件简介

7.3.1　圈梁简介

砌体房屋中，在墙体内连续设置并形成水平封闭状的钢筋混凝土梁或钢筋砖梁称为圈梁。圈梁施工实例如图 7.23 所示。

(1) 圈梁的主要作用如下。

① 增加砌体结构房屋的空间整体性和刚度；

② 建筑在软弱地基或地基承载力不均匀的砌体房屋，可能会因地基的不均匀沉降而在墙体中出现裂缝，设置圈梁后，可抑制墙体开裂的宽度或延迟开裂的时间，还可有效地消除或减弱较大振动荷载对墙体产生的不利影响；

③ 跨越门窗洞口的圈梁，配筋若不少于过梁的配筋时，可兼作过梁。

图 7.23　圈梁施工实例

(2) 车间、仓库、食堂等空旷的单层房屋应按下列规定设置圈梁。

① 砖砌体房屋，檐口标高为 5～8m 时，应在檐口标高处设置圈梁一道，檐口标高大于 8m 时，应增加设置数量；

② 砌块及料石砌体房屋，檐口标高为 4～5m 时，应在檐口标高处设置圈梁一道，檐口标高大于 5m 时，应增加设置数量。

对有吊车或较大振动设备的单层工业房屋，除在檐口或窗顶标高处设置现浇钢筋混凝土圈梁外，尚应增加设置数量。

(3) 宿舍、办公楼等多层砌体民用房屋，且层数为 3～4 层时，应在檐口标高处设置圈梁一道。当层数超过 4 层时，应在所有纵横墙上隔层设置。多层砌体工业房屋，应每层设置现浇钢筋混凝土圈梁。设置墙梁的多层砌体房屋应在托梁、墙梁顶面和檐口标高处设置现浇钢筋混凝土圈梁，其他楼层处应在所有纵横墙上每层设置。

建筑在软弱地基或不均匀地基上的砌体房屋，除按本节规定设置圈梁外，尚应符合现行国家标准《建筑地基基础设计规范》GB 50007—2011 的有关规定。

（4）圈梁应符合下列构造要求。

① 圈梁宜连续地设在同一水平面上，并形成封闭状；当圈梁被门窗洞口截断时，应在洞口上部增设相同截面的附加圈梁。附加圈梁与圈梁的搭接长度不应小于其到中垂直间距的 2 倍，且不得小于 1m；

② 纵横墙交接处的圈梁应有可靠的连接。刚弹性和弹性方案房屋，圈梁应与屋架、大梁等构件可靠连接；

③ 钢筋混凝土圈梁的宽度宜与墙厚相同，当墙厚 $h \geqslant 240$mm 时，其宽度不宜小于 $2h/3$。圈梁高度不应小于 120mm。纵向钢筋不应少于 $4\phi10$，绑扎接头的搭接长度按受拉钢筋考虑，箍筋间距不应大于 300mm；

④ 圈梁兼作过梁时，过梁部分的钢筋应按计算用量另行增配。

（5）采用现浇钢筋混凝土楼(屋)盖的多层砌体结构房屋，当层数超过 5 层时，除在檐口标高处设置一道圈梁外，可隔层设置圈梁，并与楼(层)面板一起现浇。未设置圈梁的楼面板嵌入墙内的长度不应小于 120mm，并沿墙长配置不少于 $2\phi10$ 的纵向钢筋。

7.3.2 过梁设计简介

1. 过梁的分类和应用范围

混合结构房屋中门窗洞口上部所设置的梁称为过梁，它的作用是承受门窗洞口顶面以上砌体自重以及上层楼面梁板传来的均布荷载或集中荷载。根据所用材料的不同，过梁分为砖砌过梁和钢筋混凝土过梁两大类。砖砌过梁按其构造不同，又分为砖砌平拱过梁、砖砌弧拱过梁和钢筋砖过梁等几种形式，如图 7.24 所示。

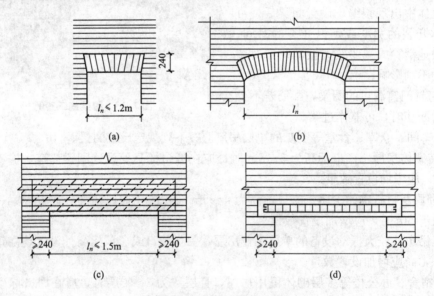

图 7.24 砌体过梁的分类

(a) 砖砌平拱过梁；(b) 砖砌弧拱过梁；(c) 砖砌弧拱；(d) 钢筋砖过梁

2. 过梁荷载

过梁上的荷载有两种：一种是仅承受墙体荷载，第二种是除承受墙体荷载外，还承受其上梁板传来的荷载。

　　试验表明，如过梁上的砌体采用水泥混合砂浆砌筑，当砖砌体的砌筑高度接近跨度的一半时，跨中挠度的增加明显减小。此时，过梁上砌体的当量荷载相当于高度等于1/3跨度时的墙体自重。这是由于砌体砂浆随时间增长而逐渐硬化，参加工作的砌体高度不断增加，使砌体的组合作用不断增强。当过梁上墙体有足够高度时，施加在过梁上的竖向荷载将通过墙体内的拱作用直接传给支座。因此，过梁上的墙体荷载应按如下方法取用。

　　（1）对砖砌体，当过梁上的墙体高度 $h_w < l_n/3$ 时，应按墙体的均布自重采用（图7.25（a）），其中 l_n 为过梁的净跨。当墙体高度 $h_w \geq l_n/3$ 时，应按高度为 $l_n/3$ 墙体的均布自重采用（图7.25（b））。

　　（2）对于混凝土砌块砌体，当过梁上的墙体高度 $h_w < l_n/2$ 时，应按墙体的均布自重采用（图7.25（c））。当墙体高度 $h_w \geq l_n/2$ 时，应按高度为 $l_n/2$ 墙体的均布自重采用（图7.25（d））。

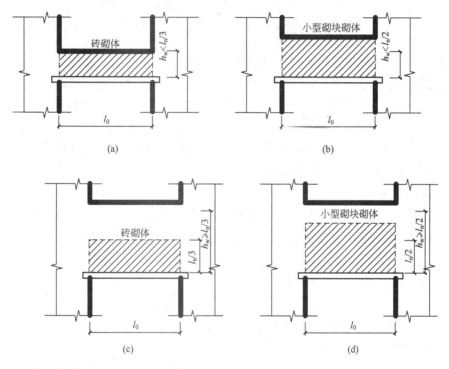

图7.25　过梁上的墙体荷载

　　对于梁板传来的荷载，试验结果表明，当在砌体高度等于跨度的0.8倍左右的位置施加外荷载时，过梁的挠度变化已很微小。因此可认为，在高度等于跨度的位置上施加外荷载时，荷载将全部通过拱作用传递，而不由过梁承受。对于过梁上部梁、板传来的荷载，《规范》规定，对于砖和小型砌块砌体，当梁、板下的墙体高度 h_w 小于 l_n 时，应计入梁、板传来的荷载。当梁、板下的墙体高度 h_w 不小于 l_n 时，可不考虑梁、板荷载。

3. 过梁的破坏

　　钢筋砖过梁的工作机理类似于带拉杆的三铰拱，有两种可能的破坏形式：正截面受弯破坏和斜截面受剪破坏。当过梁受拉区的拉应力超过砖砌体的抗拉强度时，则在跨中受拉区会出现垂直裂缝；当支座处斜截面的主拉应力超过砖砌体沿齿缝的抗拉强度时，在靠近支座处会出现斜裂缝，在砌体材料中表现为阶梯形斜裂缝，如图7.26（b）所示。

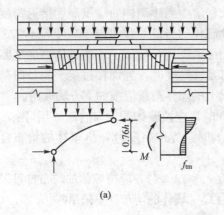
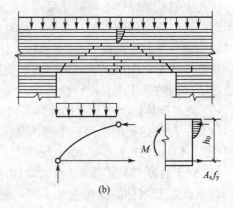

(a)　(b)

图 7.26　过梁破坏形式
(a) 砖砌平拱过梁；(b) 钢筋砖过梁

砖砌平拱过梁的工作机理类似于三铰拱，除可能发生受弯破坏和受剪破坏外，在跨中开裂后，还会产生水平推力。此水平推力由两端支座处的墙体承受。当此墙体的灰缝抗剪强度不足时，会发生支座滑动而破坏，这种破坏易发生在房屋端部的门窗洞口处墙体上，如图 7.26(a) 所示。

由过梁的破坏形式可知，应对过梁进行受弯、受剪承载力验算。对砖砌平拱还应按其水平推力验算端部墙体的水平受剪承载力。

4. 过梁的构造

(1) 砖砌过梁的跨度，不应超过下列规定：钢筋砖过梁为 1.5m；砖砌平拱为 1.2m。对有较大振动荷载或可能产生不均匀沉降的房屋，应采用钢筋混凝土过梁。

(2) 砌过梁的构造要求应符合下列规定：

① 砖砌过梁截面计算高度内的砂浆不宜低于 M5；

② 砖砌平拱用竖砖砌筑部分的高度不应小于 240mm；

③ 钢筋砖过梁底面砂浆层处的钢筋，其直径不应小于 5mm，间距不宜大于 120mm，钢筋伸入支座砌体内的长度不宜小于 240mm，砂浆层的厚度不宜小于 30mm。

7.3.3　墙梁简介

1. 概述

由支承墙体的钢筋混凝土梁及其上计算高度范围内墙体所组成的能共同工作的组合构件称为墙梁。其中的钢筋混凝土梁称为托梁。

在多层砌体结构房屋中，为了满足使用要求，往往要求底层有较大的空间，如底层为商店、饭店等，而上层为住宅、办公室、宿舍等小房间的多层房屋，可用托梁承托以上各层的墙体，组成墙梁结构，上部各层的楼面及屋面荷载将通过砖墙及支撑在砖墙上的钢筋混凝土楼面梁或框架梁(托梁)传递给底层的承重墙或柱。此外，单层工业厂房中外纵墙与基础梁、承台梁与其上墙体等也构成墙梁。与多层钢筋混凝土框架结构相比，墙梁节省钢材和水泥，造价低，因此应用广泛。

墙梁按支承情况分为简支墙梁、连续墙梁和框支墙梁(图 7.27)；按墙梁承受荷载情况可分为承重墙梁和自承重墙梁。承重墙梁除了承受托梁和托梁以上的墙体自重外，还承受由屋盖或楼盖传来的荷载。自承重墙梁仅承受托梁和托梁以上的墙体自重。

底层大空间房屋结构其墙梁不仅承受墙梁(托梁与墙体)的自重，还承受托梁及以上各层楼盖和屋盖荷载，因而属于承重墙梁(图 7.27)。单层工业厂房中承托围护墙体的基础梁、承台梁等与其上墙体构成的墙梁一般仅承受自重作用，为自承重墙梁。

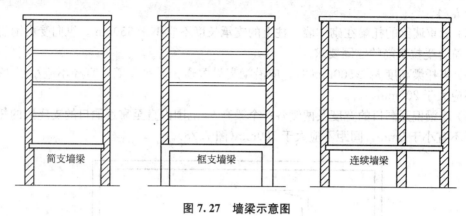

简支墙梁　　　框支墙梁　　　连续墙梁

图 7.27　墙梁示意图

2. 墙梁构造要求

1) 材料

(1) 托梁的混凝土强度等级不应低于 C30。

(2) 纵向钢筋宜采用 HRB335、HRB400 或 RRB400 级钢筋。

(3) 承重墙梁的块体强度等级不应低于 MU10，计算高度范围内墙体的砂浆强度等级不应低于 M10。

2) 墙体

(1) 框支墙梁的上部砌体房屋，以及设有承重的简支墙梁或连续墙梁的房屋，应满足刚性方案房屋的要求。

(2) 墙梁的计算高度范围内的墙体厚度，对砖砌体不应小于 240mm，对混凝土小型砌块砌体不应小于 190mm。

(3) 墙梁洞口上方应设置混凝土过梁，其支承长度不应小于 240mm；洞口范围内不应施加集中荷载。

(4) 承重墙梁的支座处应设置落地翼墙，翼墙厚度，对砖砌体不应小于 240mm，对混凝土砌块砌体不应小于 190mm，翼墙宽度不应小于墙梁墙体厚度的 3 倍，并与墙梁墙体同时砌筑。当不能设置翼墙时，应设置落地且上、下贯通的构造柱。

(5) 当墙梁墙体在靠近支座 1/3 跨度范围内开洞时，支座处应设置落地且上、下贯通的构造柱，并应与每层圈梁连接。

(6) 墙梁计算高度范围内的墙体，每天可砌高度不应超过 1.5m，否则应加设临时支撑。

3) 托梁

(1) 有墙梁的房屋的托梁两边各一个开间及相邻开间处应采用现浇混凝土楼盖，楼板厚度不宜小于 120mm，当楼板厚度大于 150mm 时，宜采用双层双向钢筋网，楼板上应少开洞，洞口尺寸大于 800mm 时应设洞边梁。

（2）托梁每跨底部的纵向受力钢筋应通长设置，不得在跨中段弯起或截断。钢筋接长应采用机械连接或焊接。

（3）墙梁的托梁跨中截面纵向受力钢筋总配筋率不应小于0.6%。

（4）托梁距边支座边$l_0/4$范围内，上部纵向钢筋面积不应小于跨中下部纵向钢筋面积的1/3。连续墙梁或多跨框支墙梁的托梁中支座上部附加纵向钢筋从支座边算起每边延伸不少于$l_0/4$。

（5）承重墙梁的托梁在砌体墙、柱上的支承长度不应小于350mm。纵向受力钢筋伸入支座应符合受拉钢筋的锚固要求。

（6）当托梁高度$h_b \geqslant 500$mm时，应沿梁高设置通长水平腰筋，直径不应小于12mm，间距不应大于200mm。

（7）墙梁偏开洞口的宽度及两侧各一个梁高h_b范围内直至靠近洞口的支座边的托梁箍筋直径不宜小于8mm，间距不应大于100mm（图7.28）。

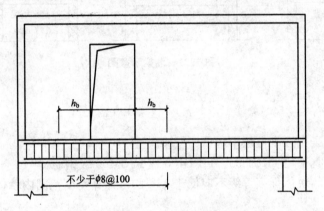

图7.28　偏开洞口时托梁箍筋加密区

小　结

　　砌体结构一般由砖石材料和砂浆通过粘结形成强度而组成；主要有纵墙承重、横墙承重、纵横墙承重、内框架承重以及底部框架承重等承重体系；砌体主要有受拉、受弯和受剪破坏3种破坏形式；静力计算方案主要有刚性方案、刚弹性方案和弹性方案3种；砌体结构房屋的构造除了一般构造要求外，尚需注意高厚比；砌体结构房屋其他构件（圈梁、过梁、墙梁）也在砌体结构中发挥重要作用。

习　题

1. 简述砌体结构的优点。
2. 简述砌体结构的缺点。
3. 简述横墙承重方案的特点。
4. 简述纵墙承重方案的特点。

5. 简述砌体受压破坏的特征。
6. 简述砌体受压单砖的应力状态。
7. 简述影响砌体抗压强度的因素。
8. 何为砌体结构墙柱高厚比？影响砌体允许高厚比的主要因素是什么？
9. 简述房屋静力计算方案的分类及各自定义。
10. 防止砌体结构墙体开裂主要有哪些措施？
11. 简述过梁可能发生的几种破坏形式。
12. 简述圈梁的定义及作用。
13. 简述墙梁的定义及设置特点。

项目8

钢筋混凝土结构房屋设计简介

教学目标

理解钢筋混凝土结构房屋类型并掌握其基本概念，掌握框架结构设计的基本理论及计算简介等；了解剪力墙结构的基本知识、结构布置和分类；知道框架-剪力墙结构的理论及类型。

教学要求

知识要点	能力要求	相关知识	所占分值（100分）
钢筋混凝土结构房屋	掌握钢筋混凝土结构房屋基本概念	生活中的钢筋混凝土房屋	15
框架结构设计	掌握基本理论及计算简介，如反弯点法	受力特点、结构类型	35
剪力墙结构设计	了解剪力墙结构的结构布置和分类	剪力墙的类型	25
框-剪结构设计	了解框-剪结构的理论及计算简介	框-剪结构的两种计算图	25

世界上有哪些著名的钢筋混凝土结构房屋？
钢筋混凝土结构房屋是如何发展起来的？

讨论日常生活中所能看到的钢筋混凝土结构形式。

从现代人类的工程建设史上来看，相对于砌体结构、木结构而言，混凝土结构是一种新兴结构，它的应用也不过一百多年的历史。总而言之，混凝土结构是在 19 世纪中期开始得到应用的，由于当时水泥和混凝土的质量都很差，同时设计计算理论尚未建立，所以发展比较缓慢。直到 19 世纪末以后，随着生产的发展，以及试验工作的开展、计算理论的研究、材料及施工技术的改进，这一技术才得到了较快的发展。目前已成为现代工程建设中应用最广泛的建筑材料之一。

在工程应用方面，混凝土结构最初仅在最简单的结构物如拱、板等中使用。随着水泥和钢材工业的发展。混凝土和钢材的质量不断改进，强度逐步提高。例如，美国在 20 世纪 60 年代使用的混凝土抗压强度平均为 28MPa，20 世纪 70 年代提高到 42MPa，近年来一些特殊需要的结构混凝土抗压强度可达 80～100MPa，而实验室做出的抗压强度最高已达 266MPa。苏联在 20 世纪 70 年代使用的钢材平均屈服强度为 380MPa，20 世纪 80 年代提高到 420MPa；美国在 20 世纪 70 年代钢材平均屈服强度已达 420MPa。预应力钢筋所用强度则更高。这些均为进一步扩大钢筋混凝土的应用范围创造了条件，特别是自 20 世纪 70 年代以来，很多国家已把高强度钢筋和高强度混凝土用于大跨、重型、高层结构中，在减轻自重、节约钢材上取得了良好的效果。

在 19 世纪末 20 世纪初，我国也开始有了钢筋混凝土建筑物，如上海市的外滩、广州市的沙面等，但工程规模很小，建筑数量也很少。新中国成立以后，我国在落后的国民经济基础上进行了大规模的社会主义建设。随着工程建设的发展及国家进一步的改革开放，混凝土结构在我国各项工程建设中得到迅速的发展和广泛的应用。

我国自 20 世纪 70 年代起，在一般民用建设中已较广泛地采用定型化、标准化的装配式钢筋混凝土构件，并随着建筑工业化的发展以及墙体改革的推行，发展了装配式大板居住建筑，在多高层建筑中还广泛采用大规模剪力墙承重结构外加挂板或外砌砖墙结构体系。各地还研究了框架轻板体系，最轻的每平方米仅为 3～5kN。由于这种结构体系的自重大大减轻，不仅节约材料消耗，而且对于结构抗震具有显著的优越性。

改革开放后，钢筋混凝土高层建筑在我国也有了较大的发展。继 20 世纪 70 年代北京饭店（图 8.1）、广州白云宾馆（图 8.2）和一批高层住宅（如北京前三门大街、上海漕溪路住宅建筑群）的兴建以后，20 世纪 80 年代，钢筋混凝土高层建筑的发展加快了步伐，结构体系更为多样化，层数增多，高度加大，已逐步在世界上占据领先地位；目前著名的钢筋混凝土结构建筑有台湾台北的 101 大厦（图 8.3），地上 101 层，地下 3 层，高 508m，为钢筋混凝土巨型结构；香港的中环广场（图 8.4）达 78 层，高 374m，三角形平面筒中筒结构，曾经是亚洲最高的混凝土建筑；广州国际大厦 63 层，高 199m，是 20 世纪 80 年代世界上最高的部分预应力混凝土建筑。随着高层建筑的发展，高层建筑结构分析方法和试验研究工作在我国得到了极为迅速的发展，许多方面已达到或接近于国际先进水平。

图 8.1 北京饭店

图 8.2　广州白云饭店

图 8.3　台北 101 大楼

图 8.4　香港中环广场

 预备知识

钢筋混凝土结构房屋

1. 多层及高层建筑的范围

(1)《高层建筑混凝土结构技术规程》以下简称(高规)JGJ 3—2002、J 186—2002 适用于 10 层及 10 层以上或高度超过 28m 的建筑。

(2) 多层及高层建筑的大致范围如下。

多层建筑：小于 10 层且高度不超过 28m 的建筑；

高层建筑：不小于 10 层或高度超过 28m 的建筑。

习惯上，对其中 10～18 层的建筑又称为小高层建筑；

18～40 层的建筑称为高层建筑；

大于 40 层的建筑称为超高层建筑。

2. 钢筋混凝土多层及高层建筑常用的结构体系

结构体系：指结构构件受力与传力的结构组成方式。

钢筋混凝土多层及高层建筑常用的结构体系有如下几种。

1) 框架结构体系

框架结构是由梁、柱刚接而构成的结构体系。其主要特点是建筑平面布置灵活，空间划分方便，如图 8.5 所示。

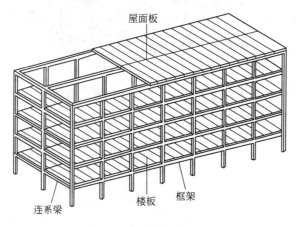

图 8.5 框架结构体系

框架结构是一种常用的结构体系，广泛应用于多层工业厂房及多高层办公楼、医院、旅馆、教学楼、住宅等建筑中。

框架结构侧向刚度小，属柔性结构，因而对其建造高度应予以控制。框架的合理建造高度一般为 30m 左右(6～15 层)。

异型柱框架：柱截面为 L 形、T 形、Z 形或"十"字形的框架结构称为异型柱框架结构，目前一般用于非抗震设计或按六、七度抗震设计的 12 层以下的建筑中。

2) 剪力墙体系

剪力墙是指固结于基础上的钢筋混凝土墙片，它具有很高的抗侧移能力，如图 8.6 所示。

剪力墙体系是把钢筋混凝土墙体作为竖向承重和抵抗水平力的构件的结构体系。

剪力墙结构的房屋横墙多，侧向刚度大，整体性好，并可使用大模板、滑升模板等先进施工方法，利于缩短工期，节省人力。但剪力墙结构的房间划分受到很大限制，因而一般用于住宅、旅馆等开间要求较小的建筑，其使用高度为 15～50 层。

框支剪力墙体系：把剪力墙体系的底层或底部两层的部分剪力墙改为框架，即为框支剪力墙体系。

3) 框架-剪力墙体系

框架-剪力墙体系是由框架和剪力墙共同承受外加荷载的结构体系，如图 8.7 所示。

框-剪体系的侧向刚度比框架结构大，大部分水平力由剪力墙承担，而竖向荷载主要由框架承担。

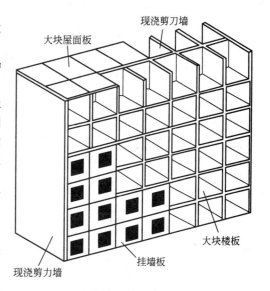

图 8.6 剪力墙体系

与框架结构体系相比，框-剪体系改善了框架结构侧向刚度小的缺点，部分保留了框架结构建筑平面布置灵活的优点；而与剪力墙体系相比，框-剪体系改善了剪力墙结构的房间划分限制的缺点，部分保留

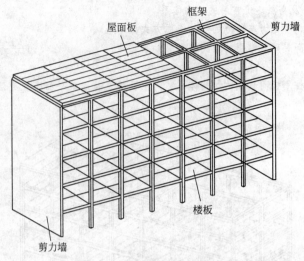

图 8.7 框架-剪力墙结构体系

了剪力墙结构侧向刚度大的优点。因而，框-剪体系在多层及高层办公楼、旅馆等建筑中得到了广泛应用。

框-剪体系的使用高度为 15～25 层，一般不宜超过 30 层。

4) 筒体体系

筒体体系是指由筒体为主组成的结构体系。主要用于高度很大的高层建筑中。

筒体是由若干片剪力墙围合而成的封闭井筒式结构，其受力情况相当于一个固定于基础上的筒形悬臂构件。

筒体有实腹筒与空腹筒之分，如图 8.8 所示。

实腹筒一般由电梯井、楼梯间、管道井等形成，开孔少，因其常位于房屋中部，故又称为核心筒。

空腹筒又称框筒，由布置在房屋四周的密排立柱(柱距一般为 1.22～3.0m)和截面高度很大的横梁(称为窗裙梁，截面高一般为 0.6～1.22m)组成。

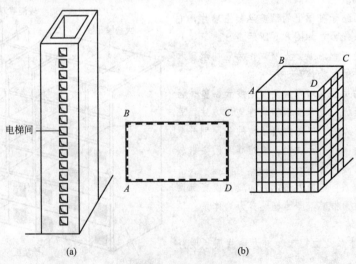

图 8.8 筒体体系

(a) 实腹筒；(b) 空腹筒

筒体体系可布置成框筒结构(图 8.9(a)、(b))、筒中筒结构(图 8.9(c))、框架-核心筒结构(图 8.9(d))、成束筒结构(图 8.9(e))和多重筒结构(图 8.9(f))等。

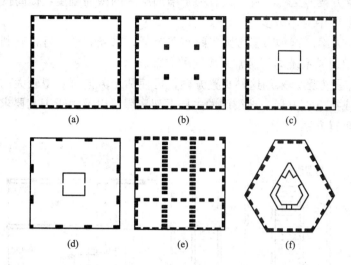

图 8.9 筒体体系的类型

（a）、（b）框筒结构；（c）筒中筒结构；
（d）框架-核心筒结构；（e）成束筒结构；（f）多重筒结构

任务 8.1 框架结构设计简介

8.1.1 框架结构的类型和结构布置

1. 结构类型

按照施工方法的不同，钢筋混凝土框架结构可分为全现浇式、全装配式、装配整体式及半现浇式 4 种形式。

1）全现浇框架

指全部构件均为现浇钢筋混凝土构件。对使用要求高、功能复杂或处于地震高烈度区域的框架房屋，宜采用全现浇框架。

2）全装配式框架

指梁、板、柱全部预制，然后在现场通过焊接拼装连接成整体的框架结构。这种形式在地震区不宜采用。

3）装配整体式框架

指将预制的梁、板、柱在现场安装就位后，焊接或绑扎节点区钢筋，在构件连接处现浇混凝土而形成整体框架结构。装配整体式框架是常用的框架形式之一。

4）半现浇框架

指将部分构件现浇、部分预制装配而形成的结构。半现浇框架是目前采用最多的框架形式之一。

2. 框架结构的结构布置

1）承重框架布置方案

根据结构上荷载传力的途径不同，主要承重框架有 3 种结构布置形式，如图 8.10 所示。

（1）横向布置方案。这种布置方案有利于增加房屋的横向刚度，提高抵抗横向水平力的能力，因此在实际中应用较多。

（2）纵向布置方案。这种布置方案房间布置灵活，采光和通风好，有利于提高楼层净高，需要采用集中通风系统的厂房常采用这种方案。

（3）纵横向布置方案。采用这种布置方案，可使两个方向都获得较大的刚度，因此柱网尺寸为正方形或接近正方形、地震区的多层框架房屋，以及由于工艺要求需双向承重的厂房常采用这种布置方案。

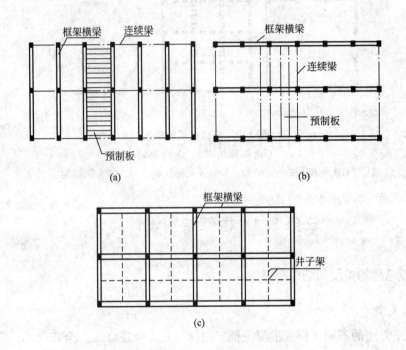

图 8.10　框架结构布置

（a）横向承重框架；（b）纵向承重框架；（c）纵横向承重框架

2）柱网布置和层高

框架结构房屋的柱网布置和层高，应根据生产工艺、使用要求、建筑材料、施工条件等因素综合考虑，并力求规则简单，有利于装配化、定型化和工业化。

工业建筑典型的柱网布置形式有内廊式、等跨式、不等跨式等。

工业建筑底层往往有较大的设备和产品，甚至有起重运输设备，故底层层高一般较大。底层常用层高为 4.2～8.4m，楼层常用层高为 3.9～7.2m。民用建筑的柱网尺寸和层高因房屋用途不同而变化较大，但一般按 300mm 进级。常用跨度为 4.8～6.6m，常用柱距为 3.9～6m。

采用内廊式时，走廊跨度一般为 2.4～3m，常用层高为 3.0～4.2m。

3）变形缝的设置

变形缝包括伸缩缝、沉降缝和防震缝。

（1）伸缩缝的设置。伸缩缝是为了避免温度应力和混凝土收缩应力使房屋产生裂缝而设置的钢筋混凝土框架结构伸缩缝的最大间距见表 8-1。

表 8-1   钢筋混凝土框架结构伸缩缝的最大间距   单位：mm

结构类别	室内或图中	露天
装配式框架	75	50
装配整体式、现浇式框架	55	35

（2）沉降缝的设置。沉降缝一般设置在地基土层压缩性有显著差异，或房屋高度、荷载有较大变化之处。沉降缝是为了避免地基不均匀沉降在房屋构件中引起裂缝而设置的，当房屋因上部荷载不同或因地基存在差异而有可能产生过大的不均匀沉降时，应设沉降缝将建筑物从基础至屋顶全部分开，使得各部分能够自由沉降，不致在结构中引起过大内力，避免混凝土构件出现裂缝。

房屋扩建时，新建部分与原有建筑结合处也需用沉降缝分开，因为原有建筑沉降已趋于稳定，高层建筑主体结构与附属裙房两者重量悬殊，应设缝分开，高层建筑常设地下室，沉降缝的设置会使地下室的构造复杂，施工困难，基础防水也不容易处理，可采取措施调整各部分沉降差，不留永久沉降缝。

（3）防震缝的设置。当房屋平面复杂、立面高差悬殊、各部分质量和刚度截然不同时，在地震作用下会产生扭转振动加重房屋的破坏，或在薄弱部位产生应力集中导致过大变形。为避免上述现象发生，必须设置防震缝，把复杂不规则结构变为若干简单规则结构。防震缝应有足够的宽度，以免地震作用下相邻房屋发生碰撞。缝宽随房屋高度不同而不同。

（4）实际工程中常通过采用合理的结构方案、可靠的构造措施和施工措施（如设置后浇带）减少或避免设置变形缝。

房屋既需设沉降缝又需设伸缩缝时，沉降缝可兼作伸缩缝，两缝合并设置。对于有抗震设防要求的房屋，其沉降缝和伸缩缝均应符合防震缝要求，并尽可能三缝合并设置。

8.1.2　框架结构的受力特点

1. 框架结构的组成

框架结构由梁、柱、节点及基础组成，节点构造十分重要。框架结构剖面示意图如图 8.11 所示。

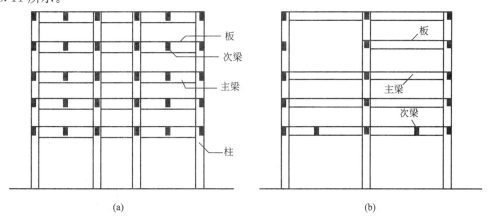

(a)   (b)

图 8.11　框架结构剖面示意图

（a）多层多跨框架的组成；（b）缺梁的框架

2. 框架结构的荷载及其传递

框架结构承受的荷载包括竖向荷载和水平荷载。竖向荷载包括结构自重及楼屋面活荷载，一般为分布荷载，有时有集中荷载。水平荷载主要为风荷载和水平地震作用。

竖向荷载传递路线根据楼屋盖布置方式不同而不同：现浇平板楼屋盖主要向距离较近的梁上传递，预制板楼盖上的荷载传至支承板的梁上。

水平荷载分别由纵、横向框架承担。

梁或柱的长度用节点间的距离表示，如图 8.12 所示。由图可见，框架柱轴线之间的距离即为框架梁的计算跨度；框架柱的计算高度应为各横梁形心轴线间的距离，当各层梁截面尺寸相同时，除底层柱外，柱的计算高度即为各层层高。对于梁、柱、板均为现浇的情况，梁截面的形心线可近似取至板底。对于底层柱的下端，一般取至基础顶面；当设有整体刚度很大的地下室且地下室结构的楼层侧向刚度不小于相邻上部结构楼层侧向刚度的 2 倍时，可取至地下室结构的顶板处。

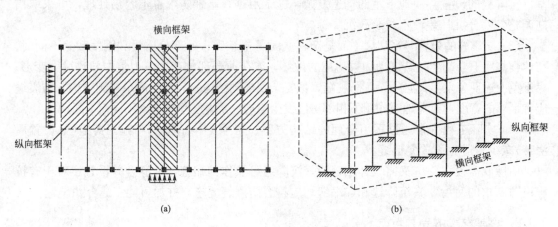

(a)   (b)

图 8.12　框架结构的计算单元

在实际工程中，框架柱的截面尺寸通常沿房屋高度变化，如图 8.13 所示。当上层柱截面尺寸减小但其形心轴仍与下层柱的形心轴重合时，其计算简图与各层柱截面不变时的相同。

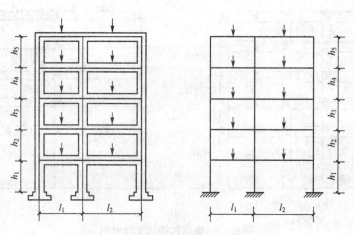

图 8.13　等截面框架结构计算简图

当上、下层柱截面尺寸不同且形心轴也不重合时，一般采取近似方法，即将顶层柱的形心线作为整个柱子的轴线，如图 8.14 所示。但是必须注意，在框架结构的内力和变形分析中，各层梁的计算跨度及线刚度仍应按实际情况取；另外，尚应考虑上、下层柱轴线不重合，由上层柱传来的轴力在变截面处所产生的力矩。此力矩应视为外荷载，与其他竖向荷载一起进行框架内力分析。

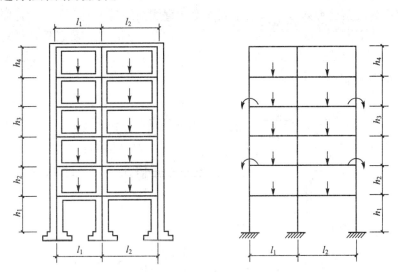

图 8.14　变截面框架结构计算简图

3. 框架结构的一般构造

1) 梁、柱截面形状及尺寸

框架梁的截面形状：现浇框架多做成矩形；装配整体式框架多做成花篮形；装配式框架可做成矩形、T 形或花篮形；连系梁的截面可做成 T 形、L 形、倒 L 形、倒 T 形、Z 形等，如图 8.15 所示。

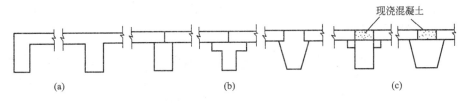

图 8.15　梁截面形状

框架梁的截面高度 h_b 可按 $(1/10\sim1/18)l_b$ 确定，但不宜大于净跨的 1/4；梁的截面宽度一般取梁高的 $1/2\sim1/3$，但不宜小于 $h_b/4$，也不宜小于 200mm；框架梁底面通常比连系梁低 50mm 以上。

柱的截面形状一般做成方形或矩形，其截面尺寸不小于 400mm350mm，也不宜大于柱净高的 1/4。

2) 现浇框架节点构造

(1) 图 8.16 所示，顶层中节点柱纵向钢筋和边节点柱内侧纵向钢筋应伸至柱顶；当从梁底边计算的直线锚固长度不小于 l_a（l_a 为受拉钢筋的最小锚固长度）时，可不必水平弯折，否则应向柱内或梁、板内水平弯折，当充分利用柱纵向钢筋的抗拉强度时，其锚固段弯折前的竖直投影长度不应小于 $0.5l_a$，弯折后的水平投影长度不宜小于的柱纵向钢筋直径的 12 倍。

（2）顶层端节点处，在梁宽范围以内的柱外侧纵向钢筋可与梁上部纵向钢筋搭接，搭接长度不应小于 $1.5l_a$；在梁宽范围以外的柱外侧纵向钢筋可伸入现浇板内，其伸入长度与伸入梁内的长度相同。当柱外侧的纵向钢筋的配筋率大于 1.2% 时，伸入梁内的柱纵向钢筋宜分两批截断，其截断点之间的距离不宜小于柱纵向钢筋直径的 20 倍。

① 梁上部纵向钢筋伸入节点端的锚固长度，直线锚固时不应小于 l_a，且伸过柱中心线的长度不宜小于梁纵向钢筋直径的 5 倍；当柱截面尺寸不足时，梁上部纵向钢筋应伸至节点对边并向下弯折，锚固段弯折前的水平投影长度不应小于 $0.4l_a$，弯折后的竖直投影长度应取梁纵向钢筋直径的 15 倍。

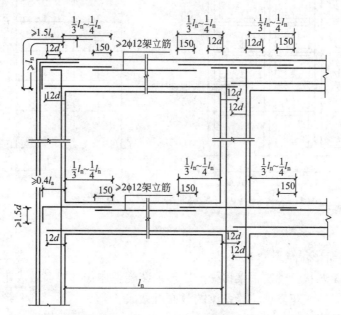

图 8.16　非抗震设计时框架梁、柱纵向钢筋在节点区的锚固要求

8.1.3　多层框架结构房屋的荷载

作用于多层房屋上的荷载有两类：一类是竖向荷载，包括结构自重（永久荷载）和楼（屋）盖的均布荷载（可变荷载）；另一类是水平荷载，包括风荷载和地震作用（均是可变荷载）。在多层房屋中，往往是竖向荷载对结构设计起控制作用。

1. 竖向荷载

1）永久荷载

永久荷载主要包括结构自重及各种建筑装饰材料、饰面等的自重。一般可按结构构件的几何尺寸和材料自重计算。

2）屋面活荷载

屋面活荷载主要包括屋面均布活荷载和积雪荷载。《建筑结构荷载规范》规定，屋面均布活荷载不应与积雪荷载同时考虑。设计计算时，取两者中较大值。

当采用上人屋面时，屋面均布活荷载标准值取 0.7kN/m²，上人屋面取 1.5kN/m²，当上人屋面兼作其他用途时，应按相应的楼面活荷载标准值取用。

3）楼面活荷载

（1）民用建筑楼面均布活荷载标准值按《建筑结构荷载规范》采用。在设计楼面梁、墙、柱及基础时，要根据梁的承荷面积及墙、柱及基础计算截面以上的总层数，对楼面荷载乘以相应的折减系数。

当楼面梁的承荷面积超过 25m² 时，计算梁荷载时楼面活荷载折减系数为 0.9；墙、柱及基础的活荷载楼层折减系数见表 8-2。

表 8-2　活荷载按楼层的折减系数

计算截面以上的层数	1	2～3	4～5	6～8	9～20	＞20
计算截面以上活荷载总和的折减系数	1.0(0.9)	0.85	0.70	0.65	0.60	0.55

注：当楼面梁的承荷面积超过 25m² 时，采用括号内的系数。

（2）工业建筑楼面活荷载：一般设备、零件、管道或运输工具都可折算成均布荷载计算，如有较大的设备，则可按实际情况计算。工业建筑楼面活荷载标准值的取值详见《建筑结构荷载规范》。

2. 水平荷载

作用于多层房屋的水平荷载主要是风荷载。

垂直作用于建筑物表面上的风荷载标准值应按下列公式计算：

$$\omega_k = \beta_z \mu_s \mu_z \omega_0 \tag{8-1}$$

式中　ω_k——风荷载标准值，kN/m^2；

β_z——高度 z 处的风振系数，即考虑风荷载动力效应的影响，对房屋高度不大于 30m 或高宽比小于 1.5 的建筑结构可不考虑此影响，$\beta_z=1.0$；

μ_s——风荷载体型系数，对于矩形平面的多层房屋，迎风面为 +0.8（压力），背风面为 -0.5（吸力），其他形状平面的 μ_s 详见《荷载规范》；

μ_z——风压高度变化系数，应根据地面粗糙度类别按表 8-3 取用。地面粗糙度分 A、B、C、D 4 类。A 类指近海海面和海岸、湖岸及沙漠地区；B 类指田野、乡村、丛林、丘陵以及房屋比较稀疏的乡镇和城市郊区；C 类指有密集建筑群的城市市区；D 类指有密集建筑群且房屋较高的城市市区；

ω_0——基本风压，kN/m^2，应按《建筑结构荷载规范》给出的 50 年一遇的风压采用，但不得小于 $0.3kN/m^2$。

表 8-3　风压高度变化系数 μ_z

离地面或海平面的高度/m	地面粗糙度类别			
	A	B	C	D
5	1.17	1.00	0.74	0.62
10	1.38	1.00	0.74	0.62
15	1.52	1.14	0.74	0.62
20	1.63	1.25	0.84	0.62
30	1.80	1.42	1.00	0.62
40	1.92	1.56	1.13	0.73

注：离地面或海平面的高度超过 40m 的风压高度变化系数 μ_z 详见《荷载规范》。

8.1.4 竖向荷载作用下框架内力分析的近似方法

1. 分层法

1) 计算假定

为了简化计算，对竖向荷载作用下框架结构的内力分析，可作如下假定。

(1) 框架的侧移忽略不计，即不考虑框架侧移对内力的影响。

(2) 每层梁上的荷载对其他层梁、柱内力的影响忽略不计，仅考虑对本层梁、柱内力的影响。

2) 计算要点

计算时，将各层梁及其上、下柱所组成的敞口框架作为一个独立计算单元(图 8.17(b))，用弯矩分配法分层计算各榀敞口框架的杆端弯矩，由此求得的梁端弯矩即为其最后弯矩。因每一层柱属于上、下两层，所以每一层柱的最终弯矩需由上、下两层计算所得的弯矩值叠加得到。上、下层柱的弯矩叠加后，节点弯矩一般不会平衡，如欲进一步修正，可对不平衡弯矩再作一次弯矩分配。

把除底层柱以外的其他各层柱的线刚度乘以修正系数 0.9，据此来计算节点周围各杆件的弯矩分配系数；杆端分配弯矩向远端传递时，底层柱和各层梁的传递系数仍按远端为固定支承取为 1/2，其他各柱的传递系数考虑远端为弹性支承取为 1/3。

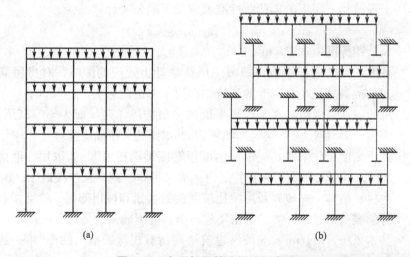

(a)   (b)

图 8.17 多层框架的分层法示意图

分层法的计算步骤如下。

(1) 将框架分层，各层柱的高度、梁的跨度及荷载均与原结构相同，计算简图中柱远端为固定。

(2) 计算梁、柱线刚度。

(3) 计算弯矩分配系数、固端弯矩、节点不平衡力矩，进行分配并向远端传递，得到单层敞口框架的弯矩图。

(4) 将上、下两层敞口框架分别计算得到的同一根柱的弯矩叠加。

(5) 绘出框架的弯矩图。

分层法适用于节点梁柱线刚度比 $\sum i_b \sum i_c \sum 3$，结构与荷载沿高度分布比较均匀的多层

框架的内力分析,满足上述条件,计算假定误差较小,计算结果精度较好。

2. 弯矩二次分配法

采用无侧移框架的弯矩分配法计算竖向荷载作用下框架结构的杆端弯矩,为了简化计算,可假定某一节点的不平衡弯矩只对与该节点相交的各杆件的远端有影响,而对其余杆件的影响忽略不计。计算时,先对各节点不平衡弯矩进行第二次分配,并向远端传递(传递系数均取1/2),再将因传递弯矩而产生的新的不平衡弯矩进行第二次分配,整个弯矩分配和传递过程即告结束,此即弯矩二次分配法。

8.1.5 水平荷载作用下框架结构内力和侧移的近似计算

框架结构在风荷载和水平地震力的作用下,可以简化为框架受节点水平集中力的作用,这时框架的侧移是主要变形因素。框架受力后的变位图和弯矩图如8.18所示,由图可见,各杆的弯矩图都是直线,每根杆件有一个反弯点,该点弯矩为零,剪力不为零。如果能够求出各柱的剪力和反弯点的位置,就可以很方便地算出柱端弯矩,进而可算出梁、柱内力。因此,水平荷载作用下框架结构近似计算的关键是确定各柱间的剪力分配和各柱的反弯点高度。

1. 反弯点法

反弯点法适用于结构比较均匀,层数不多的多层框架。当梁的线刚度 i_b 比柱的线刚度 i_c 大得多时 $(i_b/i_c > 3)$,采用反弯点法计算内力,可以获得良好的近似结果。

1) 基本假定

为了方便地求得各柱的柱间剪力和反弯点位置,根据框架结构的变形特点,作如下假定。

(1) 确定各柱间的剪力分配时,认为梁的线刚度与柱的线刚度之比为无限大,各柱上下两端均不发生角位移。

(2) 确定各柱的反弯点位置时,认为除底层以外的其余各层柱,受力后上下两端的转角相同。

(3) 不考虑框架梁的轴向变形,同一层各节点水平位移相等。

2) 同层各柱剪力分配

将图8.18(b)所示框架沿第 i 层各柱的反弯点处切开,令 V_i 为框架第 i 层的层间剪力,它等于 i 层以上所有水平力之和;V_{ik} 为第 i 层第 k 根柱分配到的剪力,假定第 i 层共有 m 根柱,由层间水平力平衡条件得

$$\sum_{k=1}^{m} V_{ik} = V_i \qquad (8-2)$$

由假定(1)可确定柱的侧移刚度,柱的侧移刚度表示柱上下两端发生单位水平位移时柱中产生的剪力,它与两端约束条件有关。若视横梁与刚性梁在水平力作用下柱端转角为零,可导出第 i 层 k 根柱的侧移刚度 d_{ik} 为

$$d_{ik} = \frac{12i_c}{h^3} \qquad (8-3)$$

式中　i_c——柱的线刚度;

　　　h——层高。

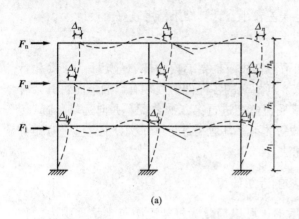

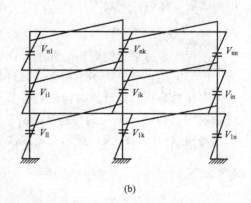

(a)　　　　　　　　　　　　　　　　　　　(b)

图 8.18　框架变位图和弯矩图

(a) 框架变位图；(b) 框架弯矩图

根据假定(3)，同层各柱端水平位移相等，第 i 层各柱柱端相对位移均为 Δ_i，按照侧移刚度的定义，有

$$V_{ik} = d_{ik}\Delta_i \tag{8-4}$$

将式(8-4)代入式(8-2)得

$$\sum_{k=1}^{m} d_{ik}\Delta_i = V_i$$

$$\Delta_i = \frac{1}{\sum\limits_{k=1}^{m} d_{ik}} V_i \tag{8-5}$$

再将式(8-5)代入式(8-4)得

$$V_{ik} = \frac{d_{ik}}{\sum\limits_{k=1}^{m} d_{ik}} V_i \tag{8-6}$$

从式(8-6)可知，各层的层间总剪力按各柱侧移刚度在该层侧移刚度所占比例分配到各柱。

3) 柱中反弯点位置

由假定(2)可确定柱的反弯点高度，柱的反弯点高度 yh 为反弯点至柱下端的距离，y 为反弯点高度与柱高的比值，h 为柱高。对于上部各层柱，因各柱上下端转角相等，这时柱上下两端弯矩相等，反弯点位于柱的中点处，$y = \frac{1}{2}$；对于底层柱，柱下端嵌固，转角为零，柱上端转角不为零，上端弯矩比下端小，反弯点偏离中点向上，可取 $y = \frac{2}{3}$。

4) 框架梁、柱内力

(1) 柱端弯矩。求得柱的反弯点高度 yh 后，根据图 8.19，按下式计算柱端弯矩：

$$M_{ik}^{d} = V_{ik} yh \tag{8-7}$$

$$M_{ik}^{u} = V_{ik}(1-y)h \tag{8-8}$$

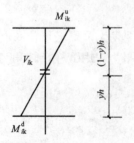

图 8.19　柱端弯矩计算

式中　M_{ik}^{d}——第 i 层第 j 根柱下端弯矩；

M_{ik}^u——第 i 层第 j 根柱上端弯矩。

（2）梁端弯矩。根据节点平衡条件，梁端弯矩之和等于柱端弯矩之和，节点左右梁端弯矩大小按其线刚度比例分配。由图 8.20 可得

$$M_b^l = (M_c^u + M_c^d) \frac{i_b^l}{i_b^r + i_b^l} \qquad (8-9)$$

$$M_b^r = (M_c^u + M_c^d) \frac{i_b^r}{i_b^r + i_b^l} \qquad (8-10)$$

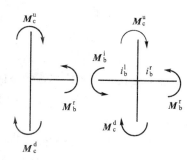

图 8.20　梁端弯矩计算

式中　M_c^u、M_c^d——节点上、下两端柱端弯矩，由式(8-7)、式(8-8)计算；

M_b^l、M_b^r——节点左右两端梁的弯矩；

i_b^l、i_b^r——节点左梁和右梁的线刚度。

（3）梁端剪力。根据梁的平衡条件，由图 8.21，可得梁端剪力

$$V_b^l = V_b^r = \frac{(M_b^l + M_b^r)}{l} \qquad (8-11)$$

式中　V_b^l、V_b^r——梁左、右两端剪力；

l——梁的跨度。

（4）柱的轴力。节点左右梁端剪力之和即为柱的层间轴力，由图 8.22 知，第 i 层第 k 根柱轴力为

$$N_{ik} = \sum_{j=i}^{n} (V_{jb}^l - V_{jb}^r) \qquad (8-12)$$

式中　N_{ik}——第 i 层第 k 根柱轴力；

V_{jb}^l、V_{jb}^r——第 i 层第 k 根柱轴两侧梁端传来的剪力。

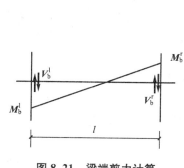

图 8.21　梁端剪力计算

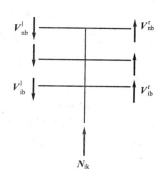

图 8.22　柱轴力计算

2. 改进反弯点法（D 值法）

当框架柱的线刚度大、上下层梁的线刚度变化大、上下层的层变化大时，用反弯点法计算框架在水平荷载作用下的内力将产生较大误差。因此，根据上述实际情况，提出了对框架的抗侧移刚度和反弯点高度进行修正的方法，称为反弯点法。修正后的柱侧移刚度用 D 表示，此法又称"D 值法"，它是对反弯点法求多层框架内力的一种改进。

3. 框架结构侧移的近似计算

框架结构在水平荷载作用下会产生侧移，侧移过大将导致填充墙开裂，内外墙饰面脱落，影响建筑物的使用。因此，需要对结构的侧移加以控制。控制侧移包括两部分内容：一是控制顶层最大侧移，二是控制层间相对侧移。

框架结构在水平荷载作用下的变形由总体剪切变形和总体弯曲变形两部分组成。总体剪切变形是由梁、柱弯曲变形引起的框架变形，它的侧移曲线和悬臂梁剪切变形曲线相似，故称其为总体剪切变形。

对于层数不多的框架，柱轴向变形引起的侧移很小，可以忽略不计，通常只考虑梁、柱弯曲变形引起的侧移。对于较高的框架(总高度 $H>50$m)或较柔的框架(高宽比 $H/B>4$)，由于柱子轴力较大，柱轴向变形引起的侧移不能忽略。实际工程中，这两种侧移均可采用近似算法进行计算。

任务 8.2　剪力墙结构设计简介

8.2.1　剪力墙结构概述

(1) 利用建筑物的墙体作为竖向承重和抵抗侧力的结构，称为剪力墙结构体系。墙体同时也作为维护及房间分隔的构件。

(2) 剪力墙的间距受楼板构件跨度的限制，一般为 3~8m。因而剪力墙结构适用于要求小房间的住宅、旅馆等建筑，此时可省去大量砌筑填充墙的工序及材料，如果采用滑升模板及大模板等先进的施工方法，施工速度将会很快。

(3) 剪力墙沿竖向应贯通建筑物全高，墙厚在高度方向可以逐步减少，但要注意避免突然减少很多。剪力墙厚度不应小于楼层高度的 1/25 及 160mm。

(4) 现浇钢筋混凝土剪力墙结构的整体性好，刚度大，在水平力作用下侧向变形很小。墙体截面面积大，承载力要求也比较容易满足，剪力墙的抗震性能也较好。因此，它适宜于建造高层建筑，在 10~50 层范围内都适用，目前我国 10~30 层的高层公寓式住宅大多采用这种体系。

(5) 剪力墙结构的缺点和局限性也是很明显的，主要是剪力墙间距太小，平面布置不灵活，不适用于建造公共建筑，结构自重较大。

(6) 为了减轻自重和充分利用剪力墙的承载力和刚度，剪力墙的间距要尽可能做大些，如做成 6m 左右。

(7) 剪力墙上常因开门开窗、穿越管线而需要开有洞口，这时应尽量使洞口上下对齐、布置规则，洞与洞之间、洞到墙边的距离不能太小。

(8) 因为地震对建筑物的作用方向是任意的，因此，在建筑物的纵横两个方向都应布置剪力墙，且各榀剪力墙应尽量拉通对直。

(9) 在竖向，剪力墙应伸至基础，直至地下室底板，避免在竖向出现结构刚度突变。但有时，这一点往往与建筑要求相矛盾。例如，在沿街布置的高层建筑中，一般要求在建筑物的底层或底部若干层布置商店，这就要求在建筑物底部取消部分隔墙以形成大空间，这时也可将部分剪力墙落地、部分剪力墙在底部改为框架，即成为框支剪力墙结构，也称为底部大空间剪力墙结构。

（10）当把墙的底层做成框架柱时，称为框支剪力墙，底层柱的刚度小，形成上下刚度突变，在地震作用下底层柱会产生很大的内力和塑性变形，致使结构破坏。因此，在地震区不允许单独采用这种框支剪力墙结构，如图8.23所示。

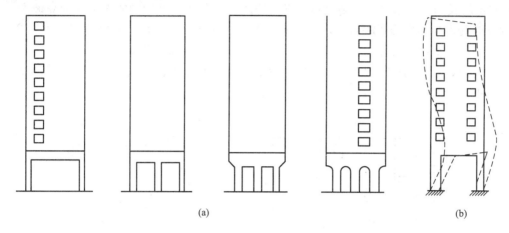

图 8.23 框支剪力墙

（11）剪力墙的开洞：在剪力墙上往往需要开门窗或设备所需的孔洞，当洞口沿竖向成列布置时，根据洞口的分布和大小的不同（图8.24），在结构上就有实体剪力墙、整体小开口剪力墙、联肢剪力墙、壁式框架等。

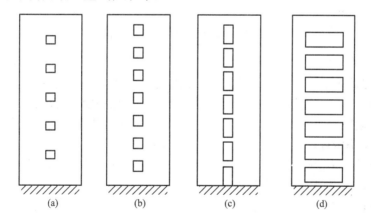

图 8.24 剪力墙开洞大小的变化

8.2.2 结构布置

（1）剪力墙结构是由纵向和横向钢筋混凝土墙所组成的，竖向荷载、风荷载及地震作用均由这些墙体承受。

（2）高层剪力墙结构，墙体应双向或多向布置，形成对承受竖向荷载有利、抗侧力刚度大的平面和竖向布局。在抗震结构中应避免仅单向有墙的结构布置形式，剪力墙结构的侧向刚度不宜过大。剪力墙间距不宜太密，宜采用大开间布置。剪力墙宜自下而上连续布置，避免刚度突变。

（3）高层建筑结构不应采用全部为短肢剪力墙的剪力墙结构。短肢剪力墙是指墙肢截面高度与厚度之比为 5~8 的剪力墙，一般剪力墙是指墙肢截面高度与厚度之比大于 8 的剪力墙。

（4）高层剪力墙结构的高宽比有一定的限值。高层剪力墙结构的基础应有一定的埋置深度，宜设置地下室。

（5）较长的剪力墙可用跨高比不小于 5 的弱连梁分成较为均匀的若干个独立墙段，每个独立墙段可为整体墙或联肢墙，每个独立墙段的总高度和墙段长度之比不应小于 2，避免剪切破坏，提高变形能力。每个墙段具有若干墙肢，每个墙肢的长度不宜大于 8m，如图 8.25 所示。当墙肢长度超过 8m 时，应采用施工时墙上留洞，完工时砌填充墙的结构洞方法，把长墙肢分成短墙肢，或仅在计算简图开洞处理。

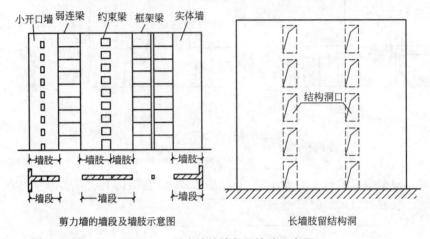

图 8.25 剪力墙的墙段及墙肢示意图

（6）应控制剪力墙平面外的弯矩。当剪力墙墙肢与其平面外方向的楼面梁连接时，应至少采取以下措施中的一种措施，以减小梁端部弯矩对墙的不利影响。

① 沿梁轴线方向设置与梁相连的剪力墙，抵抗该墙肢平面外弯矩。

② 当不能设置与梁轴线方向相连的剪力墙时，宜在墙与梁相交处设置扶壁柱。扶壁柱宜按计算结果确定截面及配筋。

③ 当不能设置扶壁柱时，应在墙与梁相交处设置暗柱，并宜按计算结果确定配筋。

④ 必要时，剪力墙内可设置型钢。

⑤ 将梁端设计成铰接或做成变截面梁（梁端截面减小），以减少梁在竖向荷载下的端弯矩对墙平面外弯曲的不利影响。

⑥ 梁与墙连接时，梁内钢筋应锚入墙内，并有足够的锚固长度；

⑦ 剪力墙结构的剪力墙沿竖向宜连续分布，上到顶下到底，中间楼层不宜中断。墙厚度沿竖向应逐渐减薄，截面厚度不宜变化太大。厚度改变与混凝土强度等级的改变宜错开楼层，避免结构刚度突变。

8.2.3 剪力墙的分类

1. 剪力墙的类别

一般按照剪力墙上洞口的大小、多少及排列方式，将剪力墙分为以下几种类型，如图 8.26 所示。

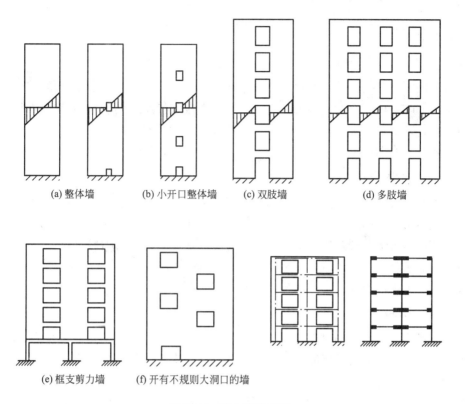

图 8.26　剪力墙的类别

1）整体墙

没有门窗洞口或只有很小的洞口，可以忽略洞口的影响。这种类型的剪力墙实际上是一个整体的悬臂墙，符合平面假定，正应力为直线规律分布，这种墙称为整体墙（图 8.26（a））。

2）小开口整体墙

当门窗洞口稍大一些，墙肢应力中已出现局部弯矩（图 8.26(b)），但局部弯矩的值不超过整体弯矩的 15% 时，可以认为截面变形大体上仍符合平面假定，按材料力学公式计算应力，然后加以适当的修正。这种墙称为小开口整体墙。

2. 双肢剪力墙和多肢剪力墙

开有一排较大洞口的剪力墙称为双肢剪力墙（图 8.26 (c)），开有多排较大洞墙口的剪力称为多肢剪力墙（图 8.26(d)）。由于洞口开得较大，截面的整体性已经破坏，正应力分布较直线规律差别较大。其中，洞口更大些，且连梁刚度很大，而墙肢刚度较弱的情况，已接近框架的受力特性，有时也称为壁式框架。

3. 框支剪力墙

当底层需要大的空间，采用框架结构支承上部剪力墙时，就是框支剪力墙（图 8.26(e)）。

4. 开有不规则大洞口的墙

有时由于建筑使用的要求会出现开有不规则大洞口的墙（图 8.26(f)）。

8.2.4 剪力墙的计算简介

1. 整体墙

凡墙面门窗等开孔面积不超过墙面面积的 15%，且孔间净距及孔洞至墙边的净距大于孔洞长边尺寸时，可以忽略洞口的影响，认为平面假定仍然适用，截面应力的计算可以按照材料力学公式进行计算。计算位移时，可按整体悬臂墙的计算公式进行，但要考虑洞口对截面面积及刚度的削弱。

2. 小开口整体墙

通过实验发现，小开口整体墙在水平荷载作用下的受力性能接近整体剪力墙，其截面在受力后基本保持平面，正应力也大体保持直线分布，各墙肢中仅有少量的局部弯矩；沿墙肢高度方向，大部分楼层中的墙肢没有反弯点。在整体上，剪力墙仍类似于竖向悬臂杆件，这就为利用材料力学公式计算内力和侧移提供了前提，再考虑局部弯曲应力的影响，进行修正，则可解决小开口剪力墙的内力和侧移计算。

3. 双肢剪力墙

双肢墙和多肢墙由于门窗洞口尺寸较大，墙截面上的正应力不再成直线分布，其受力和变形发生了变化，墙肢的线刚度比连梁的线刚度大得多，每根连梁中部有反弯点，各墙肢单独弯曲作用较显著，仅在少数层内墙肢出现反弯点，故需采用相应方法分析。

其中，双肢墙由于连系梁的连结，而使双肢墙结构在内力分析时成为一个高次超静定的问题。为了简化计算，一般可用解微分方程的办法（连续连杆法）计算。

4. 多肢剪力墙

具有多于一排且排列整齐的洞口时，就成为多肢剪力墙。多肢墙也可以采用连续连杆法求解，基本假定和基本体系取法都和双肢墙类似。由于墙肢及洞口数目比双肢墙多，因此沿竖向切口的基本未知量将相应增多。在每个连梁切口处建立一个变形协调方程，则可建立 k 个微分方程。要注意，在建立第 i 个切口处协调方程时，除了 i 跨连梁内力影响外，还要考虑第 $i-1$ 跨连梁内力和第 $i+1$ 跨连梁内力对 i 墙肢的影响，这是与双肢剪力墙的一个明显区别。

5. 剪力墙的分类判别式

以上讨论了按整体计算的剪力墙、小开口整体剪力墙、双肢墙、多肢墙等 4 种类型的剪力墙。

整体剪力墙如一根悬臂杆件，在墙肢整个高度方向上，弯矩图既不发生突变又不出现反弯点，变形曲线以弯曲型为主；小开口墙与双、多肢剪力墙，在连梁高度处的墙肢弯矩有突变，但在整个墙肢的高度方向上，它没有或仅仅在个别楼层才出现反弯点，剪力墙的变形曲线依然以弯曲型为主。

各类剪力墙因外形和洞口大小的不同，受力特点也不同，不但在墙肢截面上的正应力分布有区别，而且沿墙肢高度方向上弯矩的变化规律也不同。这类剪力墙在连系梁处有弯矩突变。其主要原因是因为连系梁对墙肢有约束作用，发生突变的弯矩值的大小，主要取决于连系梁刚度与墙肢刚度的比值。当剪力墙上的门窗洞口很大，连系梁的刚度很小而墙肢的刚度又相对较大时，连系梁对墙肢的约束作用很小，连系梁犹如铰接于墙肢的一个连杆，每一个墙肢相当于一个单肢的剪力墙，水平荷载全部由这些单肢墙承担，墙肢截面中正应力呈线性分布，轴力为零。反之，当剪力墙上的洞口很小，连系梁对墙肢的约束作用很强时，整个剪力墙的整体性很好，如小开口整体墙，在整个剪力墙的截面中，正应力呈线性分布或接近于线性分布。

当连系梁对墙肢的约束介于上述两种情形之间时，则剪力墙的整体性也介于上述两种情形之间，在整个剪力墙上的正应力不再呈线性分布，表示墙肢中的局部弯矩已十分明显。

由于各类剪力墙的受力特点和内力分布均有所区别，因此，设计时应首先判断它属于哪一种类型，然后再用相应的计算方法求出它的内力及侧移。

划分剪力墙类别时主要应考虑两个方面：一是各墙肢之间的整体性；二是是否出现反弯点，出现反弯点层数越多，就越接近框架。

8.2.5　剪力墙设计其他要求

剪力墙结构的布置和一般规定如下。

（1）高层剪力墙结构，墙体应沿主轴方向或其他方向双向布置，形成对承受竖向荷载有利、抗侧力刚度大的平面和竖向布局。在抗震结构中，应避免仅单向有墙的结构布置形式。剪力墙墙肢截面宜简单、规则，剪力墙结构的侧向刚度不宜过大。剪力墙间距不宜太密，宜采用大开间布置。剪力墙宜自下而上连续布置，避免刚度突变。

（2）一般剪力墙是指墙肢截面高度与厚度之比大于8的剪力墙，短肢剪力墙是指墙肢截面高度与厚度之比为5～8的剪力墙。高层建筑结构不应采用全部为短肢剪力墙的剪力墙结构。短肢剪力墙较多时，应布置简体（或一般剪力墙），形成短肢剪力墙与简体（或一般剪力墙）共同抵抗水平力的剪力墙结构。

（3）剪力墙开洞的构造要求为，当剪力墙墙面开有非连续小洞口（其各边长度小于800mm），且在整体计算中不考虑其影响时，应将洞口处被截断的分布筋量分别集中配置在洞口上、下和左、右两边（图8.27），且钢筋直径不应小于12mm。

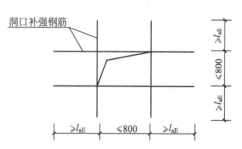

图8.27　剪力墙开洞的构造要求

任务8.3　框-剪结构设计简介

8.3.1　框架-剪力墙结构的特点

（1）框架-剪力墙结构，亦称框架-抗震墙结构，简称框架-剪力墙结构。它是框架结构和剪力墙结构组成的结构体系，既能为建筑使用提供较大的平面空间，又具有较大的抗侧力刚度。框架-剪力墙结构可应用于多种使用功能的高层房屋，如办公楼、饭店、公寓、住宅、教学楼、实验楼等。其组成形式一般有如下几种。

① 框架与剪力墙(单片墙、联肢墙或较小井筒)分开布置。

② 在框架的若干跨内嵌入剪力墙(有边框架-剪力墙力墙)。

③ 在单片抗侧力结构内连续布置框架和剪力墙。

④ 上述两种或 3 种形式的混合。

(2) 协同工作原理。前面分别分析了框架结构和剪力墙结构,两种结构体系在水平荷载下的变形规律是完全不相同的。框架的侧移曲线是剪切型,曲线凹向原始位置;而剪力墙的侧移曲线是弯曲型,曲线凸向原始位置。在框架-剪力墙结构中,由于楼盖在自身平面内刚度很大,在同一高度处框架、剪力墙的侧移基本相同。这使得框-剪结构的侧移曲线既不是剪切型,也不是弯曲型,而是一种弯、剪混合型,简称弯剪型。如图 8.28 所示,在结构底部,框架将把剪力墙向右拉;在结构顶部,框架将把剪力墙向左推。因而,框-剪结构底部侧移比纯框架结构的侧移要小一些,比纯剪力墙结构的侧移要大一些;其顶部侧移则正好相反。框架和剪力墙在共同承担外部荷载的同时,二者之间为保持变形协调还存在着相互作用。框架和剪力墙之间的这种相互作用关系即为协同工作原理。

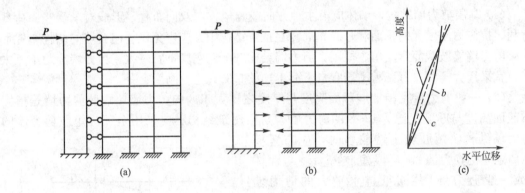

图 8.28　框架-剪力墙协同工作受力和变形

(3) 框架-剪力墙结构在水平力作用下,由于框架与剪力墙协同工作,在下部楼层,因为剪力墙位移小,它拉着框架变形,使剪力墙承担了大部分剪力;上部楼层则相反,剪力墙的位移越来越大,而框架的变形则相对较小,所以,框架除负担水平力作用下的那部分剪力外,还要负担拉回剪力墙变形的附加剪力,因此,在上部楼层即使水平力产生的楼层剪力很小,而框架中仍有相当数值的剪力。

有的假设剪力墙承担 80% 的水平力,框架承担 20% 的水平力。显然,这样不考虑框架和剪力墙协同工作的特点,一律按固定的比例来分配水平力,不仅太粗略,也是不合理的。所以,准确一些的计算应考虑框架-剪力墙的协同工作。正确地解决框架与剪力墙间的相互作用力。

框架-剪力墙结构协同工作的计算方法很多,但主要分为两大类:用矩阵位移法由电子计算机求解;在进一步的假设基础上的简化计算方法。

8.3.2　框架-剪力墙结构的两种计算图

框架-剪力墙结构的计算图,主要是确定如何合并总剪力墙、总框架,以及确定总剪

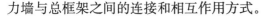

力墙与总框架之间的连接和相互作用方式。

剪力墙和框架之间的连接有两类。

1. 通过楼板

图 8.29(a)所示框架-剪力墙结构，框架和剪力墙是通过楼板的作用连接在一起的。刚性楼板保证了水平力作用下，同一楼层标高处剪力墙与框架的水平位移是相同的。另外，楼板平面外刚度为零，它对各平面抗侧力结构不产生约束弯矩。图 8.29(a)所示框架-剪力墙结构，其计算图如图 8.29(b)所示。图中总剪力墙包含 2 片剪力墙，总框架包含了 5 片框架，链杆代表刚性楼盖的作用，将剪力墙与框架连在一起，同一楼层标高处，有相同的水平位移。这种连接方式或计算图称为框架-剪力墙铰接体系。

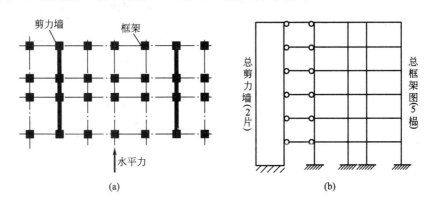

图 8.29 框架-剪力墙铰接体系
（a）结构平面图；（b）计算图

2. 通过楼板和连梁

图 8.30(a)所示结构平面是另一种情况。横向抗侧力结构有 2 片双肢墙和 5 榀框架，如图 8.30(b)所示，双肢墙的连梁对墙肢会产生约束弯矩。画计算图时为了简单划一，常将图 8.30(b)画为图 8.30(c)的形式，将连梁与楼盖链杆的作用综合为总连杆。图 8.30(c)中剪力墙与总连杆间用刚结表示剪力墙平面内的连梁对墙有转动约束，即能起连梁的作用；框架与总连杆间用铰接表示楼盖链杆的作用。被连接的总剪力墙包含 4 片墙，总框架包含 5 榀框架；总连杆中包含 2 根连梁，每根梁两端与墙相连，即 2 连梁的 4 个刚结端对墙肢有约束弯矩作用。这种连接方式或计算图称为框架-剪力墙刚结体系。

对于图 8.30(a)所示结构，当计算纵方向地震作用时，计算图仍可画为图 8.30(c)的统一形式。确定总剪力墙、总框架和总连杆时要注意，中间两片抗侧力结构中，既有剪力墙又有柱；一端与墙相连、另一端与柱（即框架）相连的梁也称为连梁，该梁对墙和柱都会产生转动约束作用；但该梁对柱的约束作用已反映在柱的 D 值中，该梁对墙的约束作用仍以刚结的形式反映，所以仍表示为图 8.30(c)中一端刚结、一端铰接的形式。故图 8.30(a)结构纵向地震作用的计算图仍为图 8.30(c)，总剪力墙包含 4 片墙，总框架包含 2 片框架和 6 根柱子（也起框架作用），总连杆中包含 8 根一端刚结、一端铰接的连梁，即 8 个刚结端对墙肢有约束弯矩作用。

图 8.29(b)和图 8.30(c)所示的计算图仍是一个多次超静定的平面结构。欲做简化计

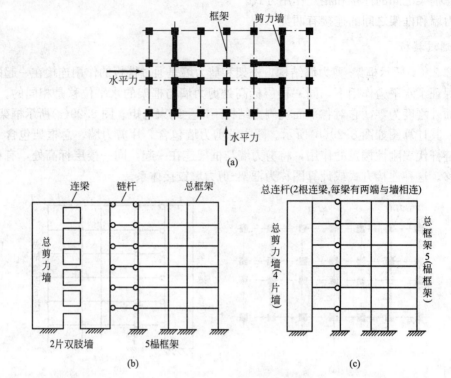

图 8.30　框架-剪力墙刚结体系

（a）结构平面图；（b）双肢墙与框架；（c）计算图

算还要作进一步的假设，采用更简单的计算图，才适于用人力计算。

　　最后要指出：计算地震力对结构的影响时，纵、横两个方向均需考虑。计算横向地震力时，考虑沿横向布置的抗震墙和横向框架；计算纵向地震力时，考虑沿纵向布置的抗震墙和纵向框架。取墙截面时，另一方向的墙可作为翼缘，取一部分有效宽度。

小　　结

　　　　钢筋混凝土房屋类型主要有框架结构、剪力墙结构和框架-剪力墙结构等。

　　框架结构在竖向荷载作用下的内力计算，可采用分层法。分层法计算时，将各层梁及上下柱所组成的框架作为一个独立的计算单元。梁的弯矩为分层法计算所得的弯矩，柱的弯矩需由上、下两层计算所得的弯矩值叠加得到；框架结构在水平荷载作用下的内力计算，应根据梁柱的线刚度比值分别采用反弯点法和 D 值法。

　　剪力墙结构一般按照其上洞口的大小、多少及排列方式，分为整体墙、小开口整体墙、双肢墙和多肢墙等，其受力特点和计算方法各有不同。

　　框架-剪力墙结构由框架结构和剪力墙结构组成，两种结构体系可以依据协同工作原理共同协调作用。计算方法主要有刚结体系和铰接体系两大类。

习　题

1. 试述分层法的计算步骤
2. 框架结构的结构布置有哪几种？
3. 防震缝、伸缩缝、沉降缝如何设置？其特点和要求是什么？
4. D值法的基本假定是什么？
5. 柱反弯点高度与哪些因素有关？
6. 反弯点法与D值法计算框架结构内力的具体步骤是什么？剪力墙结构应该如何布置？
7. 剪力墙的结构布置有哪些要求？
8. 剪力墙按受力特性的不同分为哪几类？各类的受力特点是什么？
9. 在什么情况下，框架-剪力墙结构的计算简图应采用刚结体系，什么情况下应采用铰接体系？

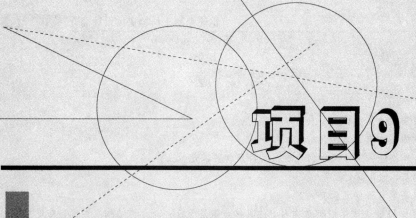

项目9

钢结构认识

引例1

世界上跨度最大的钢结构建筑——"鸟巢"

国家体育场(图9.1)是2008年北京奥运会的主场馆,由于造型独特,俗称"鸟巢"。体育场在奥运会期间设有10万个座位,承办该届奥运会的开、闭幕式,以及田径、足球等比赛项目。"鸟巢"是由2001年普利茨克奖获得者赫尔佐格、德梅隆与中国建筑师李兴刚等合作完成的巨型体育场设计,形态如同孕育生命的"巢",它更像一个摇篮,寄托着人类对未来的希望。设计者们对这个国家体育场没有做任何多余的处理,只是坦率地将建筑结构——钢结构暴露在外,因而自然形成了建筑的外观。

图9.1 国家体育场钢结构

世界上跨度最大的钢结构建筑、世界上最大的透明顶棚、世界上最大的环保型体育场……集诸多世界之最于一身的"鸟巢",承载了2008年北京奥运会的光荣与梦想。

"鸟巢"整体结构主要是由巨型主桁架(三角形钢柱+屋盖桁架)、立面次结构、屋盖次结构组成,共有24根桁架柱,呈鞍形,长轴为332.3m,短轴为296.4m,最高点高度为68.5m,最低点高度为42.8m,纵横交错的钢铁枝蔓是"鸟巢"设计中最华彩的部分。

看似轻灵的"鸟巢"钢结构总重达4.2万吨,单柱最重约700t,单榀桁架约207t。为了保证"鸟巢"的安全性,在"鸟巢"受力最为集中的24根柱子和柱角上使用了我国自主创新生产的Q460特型钢材。科研人员通过几千次的试验最终寻找到了钢材合适的配方配比,生产出了符合"鸟巢"使用要求的110mm厚的Q460E-Z35,保证了鸟巢的抗震性、抗低温性、焊接性,铸就了"鸟巢"的铁骨钢筋。

"鸟巢"外罩由不规则的钢结构构件编织而成,其中边长1m的方钢管被连接成120多根长短不同、倾斜角度多样的钢柱,70%以上都是双斜柱——一根柱子在垂直面上扭转两次。最高的钢柱全长21m,横跨体育场一至四层;最倾斜的钢柱和地面的夹角达到59°,钢柱的最大自转角度超过45°。

2009年,"鸟巢"入选为世界2010年十大建筑之一。许多建筑界专家都认为,"鸟巢"不仅为2008年奥运会树立了一座独特的历史性的标志性建筑,而且在世界建筑发展史上也具有开创性意义,将为21世纪的中国和世界建筑发展提供历史见证。

引例2

"春茧"

第26届世界大学生夏季运动会的主要分会场——深圳湾体育中心(图9.2),被人们形象地称为"春茧"。该体育中心在建筑设计上采用线条柔美的椭圆形屋盖,利用白色的巨型网格状钢结构屋盖将场馆包裹在内，"春茧"这一昵称也因此得名，寓意体育健儿在这里"破茧而出、冲向世界"。

图 9.2　深圳湾体育中心

深圳湾体育中心由日本佐藤公司设计，总投资达 20 多亿元，总建筑面积达 25.6 万平方米。"春茧"造型独特，美观大方，采用"三位一体"结构，将主要设施"一场两馆"在南部进行了一体化紧凑设计，以钢结构的单层空间网壳构成一个整体，将体育场、体育馆、游泳馆三大设施覆盖在一个动态的一体化屋面空间下，整合成一个新颖的体育设施。据了解，这样的设计方式是国内首创，在国际上也少有，它有效地提高了土地的使用效率，是保留最大的、利于今后发展的室外用地。"春茧"与"鸟巢"一起获得"北有鸟巢，南有春茧"的赞美。

 预备知识

钢结构的特点及应用如下。

钢结构是目前我国在工业与民用建筑中广泛应用的一种建筑结构体系(图 9.3)。它通常由型钢、钢板或冷加工成形的薄壁型钢等制成的拉杆、压杆、梁、柱、桁架等构件组成，各构件或部件间采用焊接或螺栓连接。钢结构在土木工程中有着悠久的历史和广泛的应用。目前钢结构在我国的发展迎来了一个前所未有的时期，前景广阔。

图 9.3　钢结构建筑物

钢结构是由生铁结构逐步发展起来的，中国是最早用铁制造承重结构的国家。远在秦始皇时代(公元前二百多年)就有了用铁建造的桥墩，之后又在深山峡谷上建造铁链悬桥、铁塔等，这些表明我国古代建筑和冶金技术方面的高度水平。

中国古代在金属结构方面虽有卓越的成就，但由于受到内部的束缚和外部的侵略，相当一段时间内发展较为缓慢。即使这样，我国工程师和工人仍有不少优秀设计和创造，如1927年建成的沈阳皇姑屯机车厂钢结构厂房，1928~1931年建成的广州中心纪念堂圆屋顶，1934~1937年建成的杭州钱塘江大桥等。

20世纪50年代后，钢结构的设计、制造、安装水平有了很大提高，建成了大量钢结构工程，有些在规模上和技术上甚至已达到世界先进水平。如采用大跨度网架结构的首都体育馆、上海体育馆、深圳体育馆，大跨度三角拱形式的西安秦始皇陵兵马俑陈列馆，悬索结构的北京工人体育馆、浙江体育馆，高耸结构中的200m高广州广播电视塔、210m高上海广播电视塔、194m高南京跨江线路塔、325m高北京气象桅杆、板壳结构中有效容积达54000m³的湿式储气柜等。

近期，随着钢结构设计理论、制造、安装等方面技术的迅猛发展，各地建成了大量的高层钢结构建筑、轻钢结构、高耸结构、市政设施等。例如，位于上海浦东，420.5m高，88层，总建筑面积达28.7万平方米的金贸大厦；总建筑面积达20万平方米的上海浦东国际机场；主体建筑东西跨度288.4m，南北跨度274.7m，建筑高度70.6m，可容纳8万名观众的上海体育场；336m高，建于哈尔滨的黑龙江广播电视塔；以及横跨黄浦江的南浦大桥、杨浦大桥；等等。

与其他材料的结构相比，钢结构有如下一些特点。

(1) 材料的强度高，塑性和韧性好。钢材和其他建筑材料(诸如混凝土、砖石和木材)相比，强度要高得多。因此，特别适用于跨度大或荷载很大的构件和结构。钢材还具有塑性和韧性好的特点。塑性好，结构在一般条件下不会因超载而突然断裂；韧性好，结构对动力荷载的适应性强。良好的吸能能力和延性还使钢结构具有优越的抗震性能。另一方面，由于钢材的强度高，做成的构件截面小而壁薄，受压时需要满足稳定的要求，强度有时不能充分发挥。图9.4给出同样断面的拉杆和压杆受力性能的比较：拉杆的极限承载能力高于压杆。这和混凝土抗压强度远远高于抗拉强度形成鲜明的对比。

(2) 材质均匀，和力学计算的假定比较符合。钢材内部组织比较接近于匀质和各向同性体，而且在一定的应力幅度内几乎是完全弹性的。因此，钢结构的实际受力情况和工程力学计算结果比较符合。钢材在冶炼和轧制过程中，质量可以严格控制，材质波动的范围小。

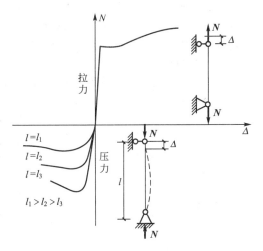

图9.4 钢拉杆和压杆性能比较

(3) 钢结构制造简便，施工周期短。钢结构所用的材料单纯而且是成材，加工比较简便，并能使用机械操作。因此，大量的钢结构一般在专业化的金属结构厂做成构件，精确度较高。构件在工地拼装，可以采用安装简便的普通螺栓和高强度螺栓，有时还可以在地面拼装和焊接成较大的单元再行吊装，以缩短施工周期。小量的钢结构和轻钢屋架也可以在现场就地制造，随即用简便机具吊装。此外，对已建成的钢结构也比较容易进行改建和加固，用螺栓连接的结构还可以根据需要进行拆迁。

(4) 钢结构的质量轻。钢材的密度虽比混凝土等建筑材料大，但钢结构却比钢筋混凝土结构轻，原因是钢材的强度与密度之比要比混凝土大得多。以同样的跨度承受同样荷载，钢屋架的质量最多不过钢筋混凝土屋架的1/3~1/4，冷弯薄壁型钢屋架甚至接近1/10，为吊装提供了方便条件。对于需要远距离运输的结构，如建造在交通不便的山区和边远地区的工程，质量轻也是一个重要的有利条件。屋盖结构的质量轻，对抵抗地震有利。另一方面，质轻的屋盖结构对可变荷载的变动比较敏感，荷载超额的不利影响比较大。有积灰荷载的结构如不注意及时清灰可能会造成事故。风吸力可能造成钢屋架的拉、压杆反号，设计时不能忽视。设计沿海地区的房屋结构，如果对飓风作用下的风吸力估计不足，则屋面系统有被掀起的危险。

(5) 钢材耐腐蚀性差。钢材耐腐蚀的性能比较差，必须对结构注意防护。尤其是暴露在大气中的结构(如桥梁)更应特别注意。这使维护费用比钢筋混凝土结构高。不过在没有侵蚀性介质的一般厂房中，构件经过彻底除锈并涂上合格的油漆，锈蚀问题并不严重。近年来出现的耐候钢具有较好的抗锈性能，已经逐步推广应用。

(6) 钢材耐热但不耐火。钢材长期经受 100℃ 辐射热时，强度没有多大变化，具有一定的耐热性能；但温度达 150℃ 以上时就须用隔热层加以保护。钢材不耐火，重要的结构必须注意采取防火措施。例如，利用蛭石板、蛭石喷涂层或石膏板等加以防护。防护使钢结构造价提高。目前已经开始生产具有一定耐火性能的钢材，这是解决问题的一个方向。

(7) 低温冷脆倾向。由厚钢板焊接而成的承受拉力和弯矩的构件及其连接节点在低温下有脆性破坏的倾向，应引起足够的重视。

(8) 密封性好。采用焊接连接的钢板结构具有较好的水密性和气密性，可用来制作压力容器、管道，甚至载人太空结构。

钢结构的合理应用范围不仅取决于钢结构本身的特性，还受到国民经济发展情况的制约。从建国到 20 世纪 90 年代中期，钢结构的应用经历了一个"节约钢材"阶段，即在土建工程中钢结构只用在钢筋混凝土不能代替的地方。原因是钢材短缺：1949 年全国钢产量只有十几万吨，虽然大力发展钢铁工业，钢产量一直跟不上社会主义建设宏大规模的要求。直至 1996 年钢产量达到一亿吨，局面才得到根本改变，钢结构的技术政策改成"合理使用钢材"。此后，钢结构在土建工程中的应用日益扩展。

从技术角度看，钢结构的合理应用范围包括以下几个方面。

(1) 大跨度结构。结构跨度越大，自重在全部荷载中所占比重也就越大，减轻自重可以获得明显的经济效果。因此，钢结构强度高而质量轻的优点对于大跨度桥梁和大跨度建筑结构特别突出。我国人民大会堂的钢屋架，各地体育馆的悬索结构、钢网架和网壳，陕西秦始皇墓陶俑陈列馆的三铰拱架都是大跨度屋盖的具体例子，如图 9.5 所示。很多大型体育馆屋盖结构的跨度都已超过 100m。1968 年在长江上建成的第一座铁路、公路两用的南京桥，最大跨度为 160m，其后在九江和芜湖建成的，跨度分别增大到 216m 和 312m。长江上的公路桥跨度更大，有 628m 的南京斜拉桥，900m 的西陵峡悬索桥和 1385m 的江阴悬索桥。

(a)　　　　　　　　　　　　　　　　　　(b)

图 9.5　钢结构

(a) 钢网壳；(b) 钢桥梁

(2) 重型厂房结构。钢铁联合企业和重型机械制造业有许多车间属于重型厂房，如图 9.6 所示。所谓"重"，就是车间里吊车的起重质量大(常在 100t 以上，有的达到 440t)，其中有些作业也十分繁重(24h 运转)。这些车间的主要承重骨架往往全部或部分采用钢结构。如新建的宝山钢铁公司，其主要厂房都是钢结构的。另外，有强烈辐射热的车间，也经常采用钢结构。

(3) 受动力荷载影响的结构。由于钢材具有良好的韧性，没有较大锻锤或其他产生动力作用设备的

图9.6 钢结构厂房

厂房，即使屋架跨度不很大，也往往用钢制成，如图9.7所示。对于抗震能力要求高的结构，用钢来做也是比较适宜的。

图9.7 重型吊车厂房

(4) 可拆卸的结构。钢结构不仅质量轻，还可以用螺栓或其他便于拆装的手段来连接。需要搬迁的结构，如建筑工地生产和生活用房的骨架、临时性展览馆等，如图9.8所示，钢结构最为适宜。钢筋混凝土结构施工用的模板支架，现在也趋向于用工具式的钢桁架。

(5) 高耸结构和高层建筑。高耸结构包括塔架和桅杆结构，如高压输电线路的塔架(图9.9(a))、广播和电视发射用的塔架和桅杆(图9.9(b))等。上海的东方明珠电视塔高度达468m。1977年建成的北京环境气象塔高325m，是5层拉线的桅杆结构。高层建筑的骨架也是钢结构应用范围的一个方面，地上88层地下3层的上海金茂大厦，高度为365m。

(6) 容器和其他构筑物。用钢板焊成的容器具有密封和耐高压的特点，广泛用于冶金、石油、化工企业中，包括油罐(图9.10)、煤气罐、高炉、热风炉等。此外，经常使用的还有皮带通廊栈桥、管道支架、钻井和采油塔架，以及海上采油平台等其他钢构筑物。

(7) 轻型钢结构。钢结构质量轻不仅对大跨度结构有利，对使用荷载特别轻的小跨度结构也有优势。因为荷载特别轻时，小跨度结构的自重也就成了一个重要因素。冷弯薄壁型钢屋架在一定条件下的用钢量可以不超过钢筋混凝土屋架的用钢量。轻型门式钢架因其轻便和安装迅速，近20年来如雨后春笋大量出现，如图9.11所示的轻钢厂房。

图9.8 钢结构展台

(a)   (b)   (c)

图9.9 高耸钢结构建筑物

（a）高压电线塔架；（b）电视塔；（c）上海环球金融中心

图9.10 油罐

（8）钢和混凝土的组合结构。钢构件和板件受压时必须满足稳定性要求，往往不能充分发挥它的强度高的作用，而混凝土则最宜于受压，不适于受拉，将钢材和混凝土并用，使两种材料都充分发挥它的长处是一种很合理的结构。近年来这种结构在我国获得长足的发展，广泛应用于高层建筑（如深圳的赛格广场）、大跨度桥梁、工业厂房和地铁站台柱等，主要构件形式有钢与混凝土组合梁和钢管混凝土柱等，如图9.12所示。

图 9.11　轻钢厂房

 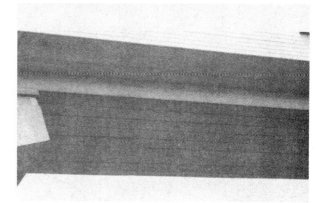

图 9.12　钢-混凝土桥梁

　　从全面经济观点看,钢结构还具有更多的优越性。在地基条件差的场地,多层房屋即使高度不是很大,钢结构因其质轻而降低基础工程造价,仍然可能是首选。在地价高昂的区域,钢结构则以占用土地面积小而显示它的优越性。工期短,投资及早得到回报是有利于选用钢结构的又一重要因素。施工现场可利用的面积狭小也是需要借用钢结构的一个条件。此外,现代化的建筑物中各类服务设施,包括供电、供水、中央空调和信息化、智能化设备,需用管线很多,钢结构易于和这些设施配合,使之少占用空间。因此,对多层建筑采用钢结构也逐渐成为一种趋势。

任务 9.1　钢结构的结构原理认识

　　任何结构都必须是几何不可变的空间整体,并且要在各类作用的效应之下保持稳定性能、必要的承载力和刚度。当结构的承重主体是桁架、刚架等平面体系时,需要设置一些辅助构件(如支撑、横隔等)将它们连成空间整体。

　　常见钢结构的结构形式有图 9.13 所示的几种。

　　钢结构广泛应用的各类结构,除了容器类结构外可以划分成两类,即跨越结构和高耸结构。前者是跨越地面上一定空间的结构,包括桥梁和单层房屋结构;后者则是从地面向上发展的结构,包括高层房屋、塔架和桅杆结构。层数不多的房屋则介于两者之间。

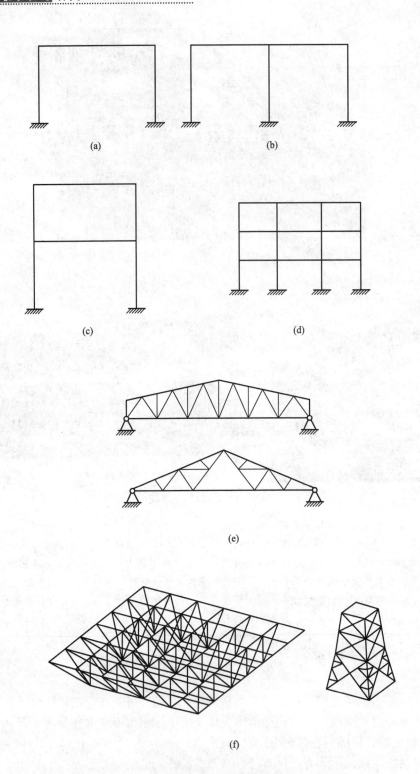

图 9.13   常见钢结构的结构形式

(a) 单层单跨；(b) 单层多跨；(c) 多层单跨；(d) 多层多跨；

(e) 平面桁架；(f)空间桁架；

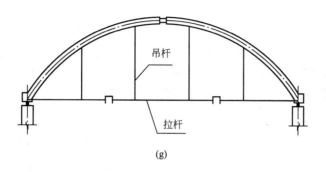

(g)

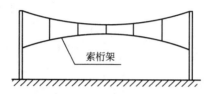

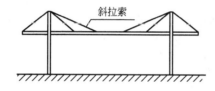

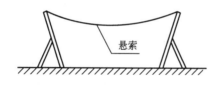

(h)

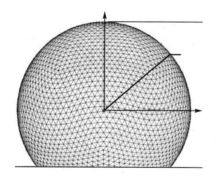

(i)

图 9.13(续)

(g) 拱架；(h) 索；(i) 壳体

9.1.1 跨越结构

早期的跨越结构都是由平面体系加支撑组成的。最典型的当属支在钢筋混凝土桥墩上的桁架桥。桁架桥的承重主体是两榀相互平行的桁架，称为主桁。两主桁的上弦之间组成水平支撑桁架，称为纵向联结系。下弦之间也是如此。图 9.14 所示是穿式铁路桁架桥的简图。此图略去桁架的斜杆，以免线条过多而看不清楚。

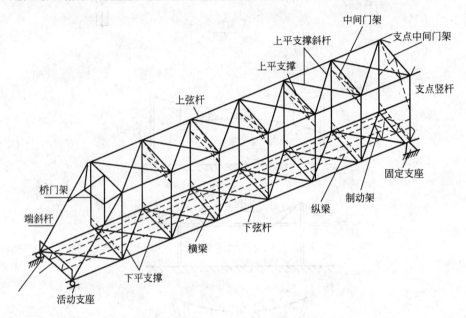

图 9.14 穿式桁架桥

除了水平支撑架外，在桁架两端斜杆（或端竖杆）之间组成桥门架，形成一个几何不可变的六面体。还在若干竖杆平面组成竖向支撑架以增强整个结构的抗横向摇摆的刚度。

穿式桁架桥的下弦平面还应有承受钢轨（或桥面板）的桥面系结构。它包括横梁和纵梁。横梁同时是下弦支撑桁架的横杆。

支撑系统虽属辅助结构，却起着多方面的作用：上、下水平支撑都承受风荷载。图 9.15 中主桁的支座在下弦端部。上弦支撑承受的风力要经桥门架传下来。下弦支撑还承受车辆摇摆力等。此外，水平支撑还使主桁受压杆件在平面外的计算长度减小。

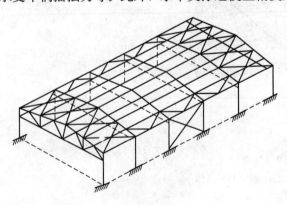

图 9.15 单层房屋结构的组成

单层房屋的屋盖结构也常用平面屋架（或和钢柱组成平面框架）和支撑体系组成，和桁架桥十分相似。不过屋盖结构中桁架榀数多，水平支撑架只需设在一部分桁架之间，未设支撑的开间则用纵向构件相联系。图 9.15 给出了单层房屋结构组成的示意图。纵向构件包括设置在两侧的纵向支撑架，使其在屋架上弦平面内形成刚性片体，以加强空间作用。如图 9.15 所示，框架柱列也要适当布置支撑，以保证纵向稳定性和刚度要求。结构的横向性能则由框架的抗侧移刚度提供。

在平面体系继续应用的同时，空间体系已在大跨度房中蓬勃发展。平板网架是我国用得较早而又较多的空间屋盖结构体系。它的特点是将屋面荷载双向或三向传递，减少甚至省去辅助性的支撑结构，从而使钢材利用得更为有效。图 9.16(a)所示的平板网架由许多倒置的四角锥组成，所有构件都是主要承重体系的部件，完全没有附加的支撑。图 9.16(b)所示穹顶结构是另一种空间结构形式，适合于平面为圆形或正多边形的建筑物。悬索屋盖结构则可以适应各种不同的建筑平面。

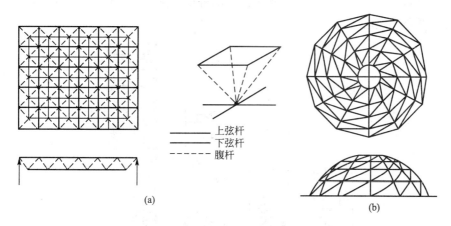

图 9.16　空间屋盖结构

大跨度的框架也可做成空间体系。图 9.17 所示的一座体育馆采用了 3 个大型空间框架。每个框架都是几何不可变体系，不需要设置支撑。屋面结构悬吊在三榀框架的下弦之间。

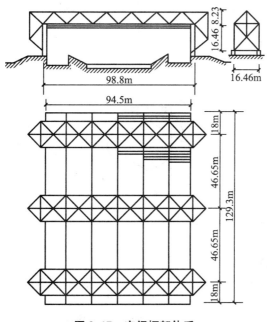

图 9.17　空间框架体系

9.1.2 高耸结构

当高层房屋结构两个方向的梁都和柱刚性连接而形成空间刚架时，可以无须设置支撑，如图 9.18 所示。但是。高耸结构不同于跨越结构的一个重要特点是，水平荷载（风力、地震的水平作用）可能居于主导地位。刚架以其构件的抗弯和抗剪来抵抗水平荷载，侧移变形比较大，对 20 层以上的楼房就显得刚度不足，需要借助于支撑或剪力墙图。如果房屋平面为狭长形，则可以仅在窄的一边设置支撑。高度很大而两个方向都需要支撑或剪力墙时可以做成竖筒。竖筒是重型支撑组成的外筒，适合于 100 层左右的房屋。这种结构方案已经像是一座塔架了。

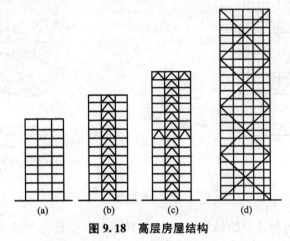

图 9.18 高层房屋结构

图 9.19(a)给出一个横截面为正六边形的塔架，它本身就是一座空间桁架。为了保证横截面的几何不变性，需要适当设置横隔。除了顶面和塔柱倾角改变处必须设置外，每隔一定高度还应设置。

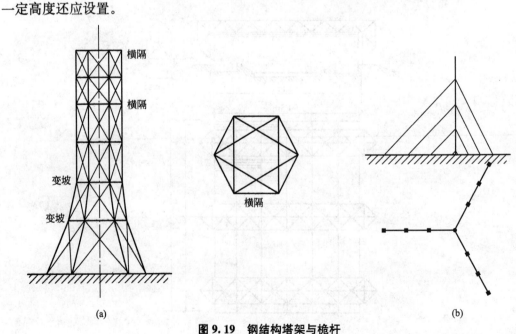

图 9.19 钢结构塔架与桅杆

（a）塔架结构；（b）桅杆结构

桅杆属于用纤绳抵抗水平作用和保持稳定的结构。纤绳层数随桅杆高度而定，矮者2～3层，高者5～6层。纤绳是柔性构件，安装时必须赋予一定的预拉力。预拉力的大小根据整体稳定和刚度要求计算确定。

任务 9.2　钢结构连接认识

9.2.1　钢结构对连接的要求及连接方法

钢结构是由钢板、型钢通过必要的连接组成构件，各构件再通过一定的安装连接而形成的整体结构。连接部位应有足够的强度、刚度及延性。连接构件间应保持正确的相互位置，以满足传力和使用要求。连接的加工和安装比较复杂、费工，因此选定合适的连接方案和节点构造是钢结构设计中重要的环节。连接设计不合理会影响结构的造价、安全和寿命。

设计时应根据连接节点的位置及其所要求的强度和刚度合理地确定连接方式及节点的细部构造和计算方法，并应注意以下几点。

（1）连接的设计应与结构内力分析时的假定相一致。

（2）结构的荷载，内力组合应能提供连接的最不利受力工况。

（3）连接的构造应传力直接，各零件受力明确，并尽可能避免严重的应力集中。

（4）连接的计算模型应能考虑刚度不同的零件间的变形协调。

（5）构件相互连接的节点应尽可能避免偏心，不能完全避免时应考虑偏心的影响。

（6）避免在结构内产生过大的残余应力，尤其是约束造成的残余应力，避免焊缝过度密集。

（7）厚钢板沿厚度方向受力容易出现层间撕裂，节点设计时应予以充分注意。

（8）连接的构造应便于制作、安装，综合造价低。

钢结构的连接方法可分为焊接、铆接、普通螺栓连接和高强度螺栓连接，如图9.20所示。

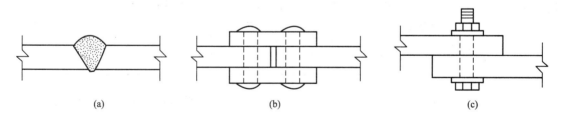

图 9.20　钢结构的连接方法
（a）焊接连接；（b）铆钉连接；（c）螺栓连接

焊接连接是钢结构最主要的连接方法，其优点是构造简单、不削弱构件截面、节约钢材、加工方便、易于采用自动化操作、连接的密封性好、刚度大。缺点是焊接残余应力和残余变形对结构有不利影响，焊接结构的低温冷脆问题也比较突出。

目前除少数直接承受动载结构的某些连接，如重级工作制吊车梁和柱及制动梁的相互连接、标架式桥梁的节点连接，从目前使用情况看不宜采用焊接外，焊接可广泛用于工业与民用建筑钢结构和桥梁钢结构。

铆钉连接的优点是塑性和韧性较好，传力可靠，质量易于检查，适用于直接承受动载结构的连接。缺点是构造复杂，用钢量多，目前已很少采用。

普通螺栓连接的优点是施工简单、拆装方便，缺点是用钢量多，适用于安装连接和需要经常拆装的结构。普通螺栓又分为 C 级螺栓和 A 级、B 级螺栓。C 级螺栓一般用 Q235 钢（用于螺栓时也称为 4.6 级）制成。A、B 级螺栓一般用 45 号钢和 35 号钢（用于螺栓时也称 8.8 级）制成。A、B 两级的区别只是尺寸不同，其中 A 级包括 $d \leqslant 24$，且 $L \leqslant 150mm$ 的螺栓，B 级包括 $d > 24$ 或 $L > 150mm$ 的螺栓，d 为螺杆直径，L 为螺杆长度。C 级螺栓加工粗糙，尺寸不够准确，只要求 Ⅱ 类孔，成本低，栓径和孔径之差，设计规范未作规定，通常取 $1.5 \sim 2.0mm$。由于螺栓杆与螺孔之间存在着较大的间隙，传递剪力时，连接较早产生滑移，但传递拉力的性能仍较好，所以 C 级螺栓广泛用于承受拉力的安装连接、不重要的连接或用作安装时的临时固定。A、B 级螺杆需要机械加工，尺寸准确，要求 Ⅰ 类孔，栓径和孔径的公称尺寸相同，容许偏差为 $0.18 \sim 0.25mm$ 间隙。这种螺栓连接传递剪力的性能较好，变形很小，但制造和安装比较复杂，价格昂贵，目前在钢结构中较少采用。钢结构连接方法的优缺点见表 9-1。

表 9-1　钢结构的连接方法

连接方法	优　点	缺　点
焊　接	对几何形体适应性强，构造简单，省材省工，易于自动化，工效高	对材质要求高，焊接程序严格，质量检验工作量大
铆　接	传力可靠，韧性和塑性好，质量易于检查，抗动力荷载好	费钢、费工
普通螺栓连接	装卸便利，设备简单	螺栓精度低时不宜受剪，螺栓精度高时加工和安装难度较大
高强螺栓连接	加工方便，对结构削弱少，可拆换，能承受动力荷载，耐疲劳，塑性、韧性好	摩擦面处理，安装工艺略为复杂，造价略高
射钉、自攻螺栓连接	灵活，安装方便，构件无须预先处理，适用于轻钢、薄板结构	不能受较大集中力

Ⅰ 类孔的精度要求为连接板组装时孔口精确对准，孔壁平滑，孔轴线与板面垂直。质量达不到 Ⅰ 类孔要求的都为 Ⅱ 类孔。

高强度螺栓连接和普通螺栓连接的主要区别是：普通螺栓扭紧螺帽时螺栓产生的预拉力很小，由板面挤压力产生的摩擦力可以忽略不计。普通螺栓连接抗剪时是依靠孔壁承压和栓杆抗剪来传力的。高强度螺栓除了其材料强度高之外，施工时还给螺栓杆施加很大的预拉力，使被连接构件的接触面之间产生挤压力，因此板面之间垂直于螺栓杆方向受剪时有很大的摩擦力。依靠接触面间的摩擦力来阻止其相互滑移，以达到传递外力的目的，因而变形较小。高强度螺栓抗剪连接分为摩擦型连接和承压型连接。前者以滑移作为承载能力的极限状态，后者的极限状态和普通螺栓连接相同。图 9.21 所示为抗剪螺栓剪力-位移曲线。

高强度螺栓摩擦型连接只利用摩擦传力这一工作阶段，具有连接紧密、受力良好、耐疲劳、可拆换、安装简单，以及动力荷载作用下不易松动等优点，目前在桥梁、工业与民用建筑结构中得到广泛应用。尤其在栓焊桁架桥、重级工作制厂房的吊车梁系统和重要建筑物的支撑连接中已被证明有明显的优越性。高强度螺栓承压型连接，起初由摩擦传力，后期则依靠栓杆抗剪和承压传力，它的承载能力比摩擦型的高，可以节约钢材，也具有连接紧密、可拆换、安装简单等优点。但这种连接在摩擦力被克服后的剪切变形较大，《规范》规定高强度螺栓承压型连接不得用于直接承受动力荷载的结构。

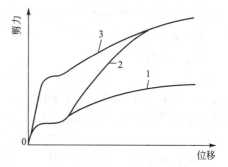

图9.21　抗剪螺栓剪力-位移曲线
1—普通螺栓；2—不加预拉力高强度螺栓；
3—加预拉力高强度螺栓

 特别提示

选用合理的连接方案，认真进行连接设计是钢结构设计中很重要的环节。连接设计原则是安全可靠、节约钢材、构造简单、施工方便且与结构计算简图相符合。

9.2.2　焊接连接

1. 常用的焊接方法

钢结构中一般采用的焊接方法有电弧焊、电渣焊、气体保护焊和电阻焊等，如图9.22所示。

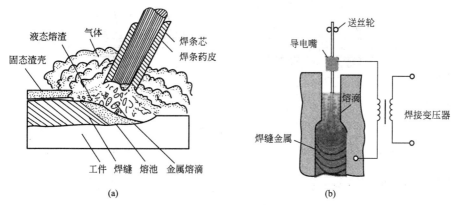

图9.22　焊接方法
（a）电弧焊；（b）电渣焊

电弧焊的质量比较可靠，是钢结构最常用的焊接方法。电弧焊可分为手工电弧焊、自动或半自动埋弧焊。手工电弧焊是通电后在涂有焊药的焊条与焊件间产生电弧，由电弧提供热源，使焊条熔化，滴落在焊件上被电弧所收成的小凹槽熔池中，并与焊件熔化部分结成焊缝。由焊条药皮形成的熔渣和气体覆盖熔池，防止空气中的氧、氮等有害气体与熔化的液体金属接触而形成脆性易裂的化合物。焊缝质量随焊工的技术水平而变化。手工电弧焊焊条应与焊件金属强度相适应，对 Q235 钢焊件用 43 系列型焊条，Q345 钢焊件用 E50 系列型焊条，Q390 钢焊件用 E55 系列型焊条。对不同钢种的钢材连接时，宜用与低强度钢材相适应的焊条。

自动或半自动埋弧焊是将光焊丝埋在焊剂层下，通电后，由电弧的作用使焊丝和焊剂熔化。熔化后的焊剂浮在熔化金属表面保护熔化金属，使之不与外界空气接触，有时焊剂还可供给焊缝必要的合金元素，以改善焊缝质量。自动焊的电流大、热量集中而熔深大，并且焊缝质量均匀，塑性好，冲击韧性高。半自动焊除由人工操作进行外，其余过程与自动焊相同，焊缝质量介于自动焊与手工焊之间。自动或半自动埋弧焊所采用的焊丝和焊剂要保证其熔敷金属的抗拉强度不低于相应手工焊焊条的数值，对 Q235 钢焊件可采用 H08、H08A 等焊丝；对 Q345 钢焊件可采用 H08A、H08MnA 和 H10Mn2 焊丝。对 Q390 钢焊件可采用 H08MnA、H10Mn2 和 H08MnMoA 焊丝。

电渣焊是利用电流通过熔渣所产生的电阻来熔化金属，焊丝作为电极伸入并穿过渣池，使渣池产生电阻热将焊件金属及焊丝熔化，沉积于熔池中，形成焊缝。电渣焊一般在立焊位置进行，目前多用熔嘴电渣焊，以管状焊条作为熔嘴，焊丝从管内递进。

气体保护焊是用焊枪中喷出的惰性气体代替焊剂，焊丝可自动送入，如 CO_2 气体保护焊是以 CO_2 作为保护气体，使被熔化的金属不与空气接触，电弧加热集中，熔化深度大，焊接速度快，焊缝强度高，塑性好。气体保护焊既可手工操作，也可进行自动焊接。气体保护焊在操作时应采取避风措施，否则容易出现焊坑、气孔等缺陷。

电阻焊是利用电流通过焊件接触点表面的电阻所产生的热量来熔化金属，再通过压力使其焊合，如图 9.23 所示。在一般钢结构中电阻焊只适用于板叠厚度不大于 12mm 的焊接。对冷弯薄壁型钢构件，电阻焊可用来缀合壁厚不超过 3.5mm 的构件，如将两个冷弯槽钢或 C 形钢组合为 I 形截面构件。

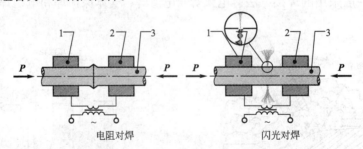

图 9.23　电阻焊

1—固定电极；2—可移动电极；3—焊件；**P**—压力

常见焊接方法的对比见表 9－2。

表 9－2　常见焊接方法

焊接方法		焊　条	焊　剂	操作方式	适应范围	质量状况
电弧焊	手工焊	短焊条（350～400mm）	附于焊条之药皮	全手动	工位复杂，形状复杂之焊缝	比自动焊略差
	自动焊	连续焊丝	焊剂	全自动	长而简单的焊缝	质量均匀，塑性、韧性好，抗腐蚀性强

续表

焊接方法		焊 条	焊 剂	操作方式	适应范围	质量状况
电弧焊	半自动焊	连续焊丝	CO_2 气体保护	人工操作前进	任意焊缝	质量均匀,塑性、韧性好,抗腐蚀性强
电阻焊		无	无	通电、加压、机械	薄板点焊	一般用作构造焊缝
气焊		短、光焊条	无(乙炔还原)	手工	薄板、小型、不同材质结构中	一般用作构造焊缝

2. 焊接连接的优缺点

焊接连接与螺栓连接、铆钉连接比较有下列优点。

(1) 不需要在钢材上打孔钻眼,既省工又不减损钢材截面,使材料可以充分利用。

(2) 任何形状的构件都可以直接相连,不需要辅助零件,构造简单。

(3) 焊缝连接的密封性好,结构刚度大。

但是焊缝连接也存在下列问题。

(1) 由于施焊时的高温作用,形成焊缝附近的热影响区,使钢材的金属组织和机械性能发生变化,材质变脆。

(2) 焊接的残余应力使焊接结构发生脆性破坏的可能性增大,残余变形使其尺寸和形状发生变化,矫正费工。

(3) 焊接结构对整体性不利的一面是,局部裂缝一经发生便容易扩展到整体。焊接结构低温冷脆问题比较突出。

常见的焊接缺陷有裂纹、气孔、未焊透、夹渣、咬边、烧穿、凹坑、塌陷、未焊满等。

3. 焊接的形式

(1) 按两焊件的相对位置分:平接,搭接,顶接。

(2) 对接焊缝按受力与焊缝方向分可分为以下两类。

① 直缝,作用力方向与焊缝方向正交。

② 斜缝,作用力方向与焊缝方向斜交。

(3) 角焊缝按受力与焊缝方向分可分为以下两类。

① 端缝,作用力方向与焊缝长度方向垂直。

② 侧缝,作用力方向与焊缝长度方向平行。

(4) 按焊缝连续性分可分为以下两类。

① 连续焊缝,受力较好;

② 断续焊缝,易发生应力集中。

(5) 按施工位置分可为:俯焊、立焊、横焊、仰焊,其中以俯焊施工位置最好,所以焊缝质量也最好,仰焊最差。

9.2.3 钢结构焊接焊缝的计算

1. 钢结构对接焊缝的计算

对接焊缝按坡口形式分为Ⅰ形缝、V形缝、带钝边单边V形缝、带钝边V形缝(也叫

Y 形缝）、带钝边 U 形缝、带钝边双单边 V 形缝和双 Y 形缝等。

对接焊缝的应力分布情况基本上与焊件相同，可用计算焊件的方法计算对接焊缝。对于重要的构件，按一、二级标准检验焊缝质量，焊缝和构件等强，不必另行计算，只有对三级焊缝才需要计算。

1）轴心受力的对接焊缝（图 9.24）

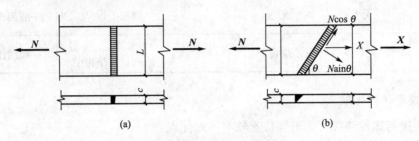

图 9.24 轴心力作用下对接焊缝连接

（a）正缝；（b）斜缝

垂直于轴心拉力或轴心压力的对接焊缝，其强度可按下式计算

$$\sigma = \frac{N}{l_w t} \leqslant f_t^w \text{ 或 } f_c^w$$

式中　N——轴心拉力或压力；

　　　l_w——焊缝的计算长度，当未采用引弧板和引出板施焊时，取实际长度减去 $2t$；

　　　t——在对接接头中连接件的较小厚度，在 T 形接头中为腹板厚度；

　　f_t^w、f_c^w——对接焊缝的抗拉、抗压强度设计值。

2）承受弯矩和剪力共同作用的对接焊缝

钢板对接接头受到弯矩和剪力的共同作用，正应力与剪应力图形分别为三角形与抛物线形，如图 9.25 所示，其最大值应分别满足下列强度条件

$$\sigma_{max} = \frac{M}{W_w} = \frac{6M}{l_w^2 t} \leqslant f_t^w$$

$$\tau_{max} = \frac{VS_w}{I_w t} = \frac{3}{2} \cdot \frac{V}{l_w t} \leqslant f_v^w$$

式中　W_w——焊缝截面模量；

　　　S_w——焊缝截面面积矩；

　　　I_w——焊缝截面惯性矩。

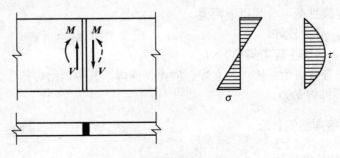

图 9.25 受弯受剪的对接连接

截面梁的对接接头,除应分别验算最大正应力和最大剪应力外,对于同时受有较大正应力和较大剪应力处,如腹板与翼缘的交接点,还应验算折算应力。

2. 钢结构角焊缝的计算

试验表明,直角角焊缝的破坏常发生在有效截面处(焊喉),故对角焊缝的研究均着重于这一部位,角焊缝应力分析如图 9.26 所示。

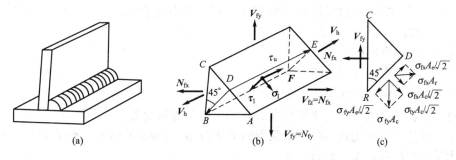

图 9.26　角焊缝应力分析

直角角焊缝在各种应力综合作用下的计算式为

$$\sqrt{\left(\frac{\sigma_f}{\beta_f}\right)^2 + \tau_f^2} \leqslant f_f^w$$

式中　σ_f——按焊缝有效截面计算,垂直于焊缝长度方向的应力;

　　　τ_f——按焊缝有效截面计算,沿焊缝长度方向的剪应力;

　　　β_f——正面角焊缝的强度设计值增大系数,对于承受静力荷载和间接承受动力荷载的结构,$\beta_f = 1.22$,对于直接承受动力荷载的结构 $\beta_f = 1.0$;(由于正面角焊缝的刚度大,韧性差,应将其强度降低使用。)

　　　f_f^w——角焊缝的抗拉、抗剪和抗压强度设计值。

1) 力与焊缝长度方向平行

侧缝:$\sigma_f = 0$;

假定:τ_f 均匀分布

$$\tau_f = \frac{N}{h_e \sum l_w} \leqslant f_f^w$$

2) 力与焊缝长度方向垂直

正缝:$\tau_f = 0$;

假定:σ_f 均匀分布

$$\sigma_f = \frac{N}{h_e \sum l_w} \leqslant \beta_f f_f^w$$

9.2.4　钢结构螺栓连接的计算

1. 普通螺栓的连接计算

1) 普通螺栓的抗剪承载力

抗剪螺栓的 4 种破坏情况为螺栓杆剪切破环、孔壁挤压或承压破坏、构件强度破坏、螺栓杆弯曲。

一般板连接钢材总厚度小于 5 倍螺栓直径不会发生螺栓杆弯曲破坏。

抗剪螺栓的承载力设计值

$$N_v^b = n_v(\pi d^2/4)f_v^b$$
$$N_c^b = d \cdot \sum t \cdot f_c^b$$
$$N_{v\min}^b = \min(N_v^b, N_c^b)$$

式中　n_v——螺栓受剪面数，单剪时 $n_v=1$，双剪时 $n_v=2$；

$\sum t$——同一受力方向承压构件的较小厚度，单剪时取 $\min(t_1, t_2)$，双剪时取 $\min(2t_1, t_2)$；

d——螺栓直径；

f_v^b——普通螺栓抗剪强度设计值；

f_c^b——普通螺栓孔壁承压强度设计值。

注意：螺栓沿受力方向的连接程度 l_1 太长时，各螺栓受力严重不均匀，两端的螺栓受力大于中间螺栓可能首先达到极限承载力而引起破坏。《规范》规定，当 $l_1 > 15d_0$ 时，螺栓承载力设计值应乘以折减系数，即

$$\beta = 1.1 - l_1/(150d_0)，取 \beta \geqslant 0.7$$

2）抗剪螺栓的计算

（1）构件受轴心力时，轴力 N 穿过螺栓群形心，螺栓均匀受剪。

每个螺栓的剪力为：$N_v = N/n$，n 为螺栓个数。

$$N_v \leqslant N_{v\min}^b \quad n \geqslant N/N_{v\min}^b，取 n = N/N_{v\min}^b$$

（2）螺栓群受扭矩 T。

$$N_{\max} = Tr_{\max}/\sum r_i^2 = Tr_{\max}/(\sum x_i^2 + y_i^2) \leqslant N_v^b$$

式中　r_i——第 i 个螺栓离螺栓群形心的连线距离；

x_i、y_i——第 i 个螺栓对螺栓群形心的 x 坐标、y 坐标；

T——螺栓群形心处的扭矩。

（3）螺栓群受扭受剪：扭矩 T，剪力 F_x，F_y。

$$N_{iy}^{F_y} = F_y/n \quad N_{ix}^{F_x} = F_x/n$$
$$N_{iy}^T = Tx_i/(\sum x_i^2 + y_i^2)$$
$$N_{ix}^T = Ty_i/(\sum x_i^2 + y_i^2)$$
$$N_i = \sqrt{(N_{iy}^{F_y} + N_{iy}^T)^2 + (N_{ix}^{F_x} + N_{ix}^T)^2} \leqslant N_{v\min}^b$$

式中　F_x、F_y——螺栓群形心处的 x 向剪力、y 向剪力。

3）抗拉螺栓的计算

（1）一个抗拉螺栓的承载力设计值。

最不利截面为螺栓有效截面，螺栓有效直径为 d_e，有效截面面积为

$$A_e = \pi d_e^2/4$$

d_e、A_e 根据螺栓直径查表求得。

抗拉螺栓的承载能力设计值

$$N_t^b = (\pi d_e^2/4)f_t^b = A_e f_t^b$$

（2）轴心力作用下螺栓群的抗拉计算。

所需螺栓数　　　　　　　　　　$n = N/N_t^b$

有时螺栓群受拉受剪，竖向力即剪力 V 可通过端板下部焊接承托板并且刨平顶紧来传

递，故不必再考虑竖向力。

（3）弯矩作用下的螺栓群计算。

螺栓群受弯矩时，中和轴以上的螺栓受拉，中和轴以下的钢板受压，由于受拉螺栓只是孤立的几个螺栓点，而受压钢板则是宽度很大的实体矩形面积，故钢板受压区高度总是很小，实际计算时中和轴可以为了安全而取中和轴位于最下排螺栓轴线上，如图 9.27 所示。

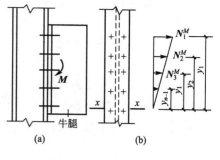

图 9.27　弯矩作用下抗拉螺栓计算

每个螺栓的拉力

$$N_i = My'_i / \sum y'^2_i$$

受力最大的螺栓应满足

$$N_1 = My'_1 / \sum y'^2_i \leqslant N^b_t$$

（4）弯矩和轴拉力共同作用下的螺栓群计算。

第一种情况：等效偏心力的偏心矩较小时，全部螺栓受拉，但不均匀分布。弯矩引起的力以螺栓群形心 O 处为中和轴。

$$e = M/N$$
$$N_{max} = N/n + Ney_{max} / \sum y^2_i \leqslant N^b_t$$
$$N_{min} = N/n - Ney_{min} / \sum y^2_i \geqslant 0$$

第二种情况：$N_{min} < 0$，偏心矩较大，端板底部出现受压区，重新取中和轴为最下排螺栓 O' 处。

$$N_1 = Ne'y'_1 / \sum y'^2_i \leqslant N^b_t$$

同时抗拉抗剪螺栓的计算为

$$N_v = V/n$$
$$N_t = N_x/n$$
$$\sqrt{(N_v/N^b_v)^2 + (N_t/N^b_t)^2} \leqslant 1$$
$$N_v \leqslant N^b_c$$

2. 摩擦型高强度螺栓的连接计算

1）摩擦型高强度螺栓的承载能力

受剪时以外剪力达到板件间可能发生的最大摩擦力为极限状态。

高强度螺栓的钢材：采用 8.8 级和 10.9 级两种，8 和 10 分别表示最低抗拉强度 f_u 为 800N/mm²（实际 830N/mm²）或 1000N/mm²（实际 1040N/mm²）。.8 和 .9 表示屈强比 $\alpha = f_y/f_u$ 为 0.8 或 0.9。

高强度螺栓的预拉力 P

$$P = (0.9 \cdot 0.9/1.2) f_y A_e = 0.675 f_y A_e$$

2）摩擦型高强度螺栓的连接计算

（1）摩擦型高强度螺栓连接的抗剪承载力。

$$N^b_v = 0.9 n_f \mu P$$

式中　n_f——传力摩擦面数，单剪时为 1，双剪时为 2。

　　μ——连接处构件接触面的抗滑移系数，如喷砂或喷砂后生赤锈，Q235 钢时
　　　　$\mu = 0.45$。

（2）摩擦型高强度螺栓连接的抗拉承载力。

$$N_t^b = 0.8P$$

（3）摩擦型高强度螺栓连接的构件净截面计算式为

$$\sigma = N'/A_n = N(1-0.5n/n_1)/A_n \leqslant f$$

式中　　n——节点上或接头一边的螺栓总数；

n_1——第一列螺栓数。

（4）抗剪摩擦型高强度螺栓的计算为

$$n = N/N_v^b$$

（5）抗拉摩擦型高强度螺栓的计算如下。

摩擦型高强度螺栓连接，弯矩引起的拉力名义上由螺栓承受，实际上主要靠钢板接触面预压力的减少来承受，而且减少后接触面间还有一定的夹紧力；压力则由钢板受压区承受。每个螺栓预压力面积 A_c 约为螺栓杆截面积的 $10 \sim 20$ 倍，实际上比较接近于该螺栓处的全部钢板面积。为方便计算并偏于安全，可假定弯矩受拉区和受压区、受力面积均按每个螺栓为 A_c 计算。中和轴在全部螺栓的形心 O 处水平轴，则

$$N_1 = My_1/\sum y_i^2 \leqslant N_t^b$$

若螺栓群形心处受弯矩和轴拉力同时作用，则中和轴总是在螺栓群形心 O 处。

$$N_{max} = N/n + Ney_{max}/\sum y_i^2 \leqslant N_t^b$$

$$N_{min} = N/n - Ney_{min}/\sum y_i^2 \geqslant 0$$

N_{min} 为负也可以。

（6）同时抗拉抗剪摩擦型高强度螺栓的计算如下。

螺栓群形心处受拉力 N_x 和剪力 N_y 时，应满足

$$N_t = N_x/n \quad N_v = N_y/n$$

$$N_v/N_v^b + N_t/N_t^b \leqslant 1$$

螺栓群形心处受弯矩 M 和剪力 N_y 时，有两种计算方法。

第一种：按最大受拉螺栓验算，认为总剪力由全部 n 个螺栓均匀分担，然后按最大受拉螺栓 1 的拉力 N_{t1} 和剪力 $N_v = V/n$ 验算螺栓的承载力。即

$$N_{t1} = My_1/\sum y_i^2$$

$$N_v = V/n$$

$$N_v/N_v^b + N_{t1}/N_t^b \leqslant 1$$

或　　$$N_v \leqslant N_{v(t1)}^b = 0.9n_f\mu(P - 1.25N_{t1})$$

第二种：认为不可能发生某一个螺栓处板件间的摩擦力被克服的局部单独滑移，只有当端板总剪力 V 达到和超过各螺栓处提供的板件间摩擦力总和时，端板才会发生整体的滑移，连接整体失效。此时应满足

$$N_{t1} \leqslant N_t^b = 0.8P$$

$$V \leqslant \sum_{i=1}^{n} N_{v(t1)}^b = \sum_{i=1}^{n} 0.9n_f\mu(P - 1.25N_{ti})$$

简化为

$$\overline{N_v} = V/n$$

$$\overline{N_{\mathrm{t}}} = \sum_{i=1}^{n} N_{\mathrm{t}i}/n$$

$$\overline{N_{\mathrm{v}}}/N_{\mathrm{v}}^{\mathrm{b}} + \overline{N_{\mathrm{t}}}/N_{\mathrm{t}}^{\mathrm{b}} = \overline{N_{\mathrm{v}}}/(0.9n_{\mathrm{f}}\mu P) + \overline{N_{\mathrm{t}}}/(0.8P) \leqslant 1$$

我国规范采用第二种方法。

任务 9.3　钢结构构件及钢屋盖认识

9.3.1　钢结构构件

1. 梁的类型

(1) 按弯曲变形状况分为单向弯曲构件和双向弯曲构件。

(2) 按支承条件分为简支梁、连续梁、悬臂梁。

(3) 按截面构成方式分为如下几种。

① 实腹式截面梁，它有如下两种。

型钢梁——通常采用工字钢（I 型钢）或宽翼缘工字钢（H 型钢）、槽钢和冷弯薄壁型钢等。工字钢和 H 型钢的材料在截面上的分布较符合受弯构件的特点，用钢较省。槽钢截面单轴对称，剪力中心在腹板外侧，绕截面受弯时易发生扭转。冷弯薄壁型钢多用在承受较小荷载的场合下，如房屋建筑中的屋面檩条和墙梁。

焊接组合截面梁——由若干钢板或钢板与型钢连接而成。它截面布置灵活，可根据工程的各种需要布置成工字形和箱形截面，多用于荷载较大、跨度较大的场合。

② 空腹式截面梁——可以减轻构件自重，也方便了建筑物中管道的穿行。

③ 组合梁——用钢筋砼和轧制型钢或焊接型钢构成。其中作为建筑物楼面、桥梁桥面的混凝土板也作为梁的组合部分参与抵抗弯矩。

2. 梁的截面形式

常见梁的截面形式有工字形、槽形、T 形及其变形、组合的截面形式，如图 9.28 所示。

3. 受弯构件设计的内容

钢结构设计的内容大致包括强度计算、整体稳定、局部稳定、刚度计算。

一般说来，梁的设计步骤通常是先根据强度和刚度要求，同时考虑经济和稳定性等各个方面，初步选择截面尺寸，然后对所选的截面进行强度、刚度、整体稳定和局部稳定的验算。如果验算结果不能满足要求，就需要重新选择截面或采取一些有效的措施予以解决。对组合梁，还应从经济上考虑是否需要采用变截面梁，使其截面沿长度的变化与弯矩的变化相适应。此外，还必须妥善解决翼缘与腹板的连接问题，受钢材规格、运输和安装条件的限制而必须设置拼接的问题，梁的支座及与其他构件连接的问题等。

4. 轴心受力构件的特点

轴心受力构件包括轴心受压杆和轴心受拉杆。轴心受力构件广泛应用于各种钢结构之中，如网架与桁架的杆件、钢塔的主体结构构件、双跨轻钢厂房的铰接中柱、带支撑体系的钢平台柱等。

实际上，纯粹的轴心受力构件是很少的，大部分轴心受力构件在不同程度上也受偏心力

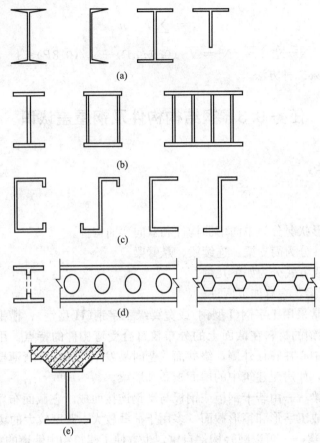

图 9.28　钢梁的截面形式

的作用，如网架弦杆受自重作用、塔架杆件受局部风力作用等。但只要这些偏心力作用非常小（一般认为偏心力作用产生的应力仅占总体应力的 3% 以下）就可以将其作为轴心受力构件。

5. 轴心受力构件的截面形式

轴心受力构件的截面形式如图 9.29 所示。

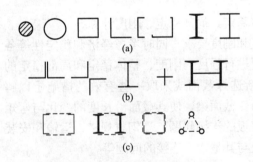

图 9.29　轴心受力构件的截面形式

（1）图 9.29（a）所示类为单个型钢实腹型截面，一般用于受力较小的杆件。

（2）图 9.29（b）所示类为多型钢实腹型截面，改善了单型钢截面的稳定各向异性特征，受力较好，连接也较方便。

（3）图 9.29（c）所示类为格构式截面，其回转半径大且各向均匀，用于较长、受力较大的轴心受力构件，特别是压杆。但其制作复杂，辅材用量多。

9.3.2　钢屋盖

1. 钢屋盖的组成和布置

钢屋盖可分为无檩屋盖和有檩屋盖，如图 9.30 所示。

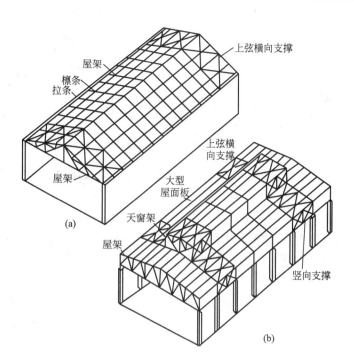

图 9.30 钢屋盖

(a) 有檩屋盖；(b) 无檩屋盖

无檩屋盖由屋架、天窗架、支撑(水平支撑、垂直支撑)、大型屋面板等组成，具有屋盖刚度大、整体性好、施工方便等特点，但其自重大、抗震性能差，可用于屋架坡度较小的屋盖等特点。

有檩屋盖由轻质屋面板、檩条、拉条、支撑、屋架等组成，其中，拉条的作用是减小檩条的侧向变形和扭转，一般设在檩条腹杆受压区域。有檩屋盖具有屋面材料轻、整体性、刚度差，有拉条(甚至斜拉条、撑杆等)、构造较复杂等特点，可用于屋架坡度较大的屋盖。

2. 屋盖结构的支撑

由屋架、檩条和屋面材料等构件组成的有檩屋盖是几何可变体系。屋架的受压上弦虽然与檩条连接，但所有屋架的上弦有可能向同一方向以半波的形式鼓曲，使得上弦的计算长度为屋架的跨度，承载力下降。其次，屋架下弦虽是拉杆，但侧向无联系时，会引起较大的水平振动和变位，增加杆件和连接中的受力。此外端墙传来的风荷载，仅靠屋架的弦杆承受和传递是不够的。故支撑设置有保证结构的空间稳定，增强屋架的侧向稳定，传递屋盖的水平荷载，便于屋盖的安全施工等作用。

3. 普通钢屋架

钢屋架是广泛应用于工业与民用建筑中较大跨度建筑物的屋盖承重结构。普通钢屋架由角钢、节点板焊接而成，具有屋架标准，受力性能好，构造简单，施工方便等特点。

1) 普通钢屋架的形式与尺寸

(1) 钢屋架的外形及腹杆布置。常见的钢屋架形式按其外形可分为三角形、梯形、平行弦、人字形等，如图 9.31 所示。屋架的选型应综合考虑使用要求、受力、施工及经济效果等因素。

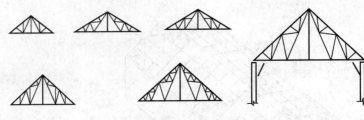

图 9.31　三角形屋架

三角形屋架适用于受力不均匀、刚度小、坡度大、排水好的有檩体系屋盖，用于中、小跨度轻屋面结构。

三角形屋架在布置腹杆时要同时处理好檩距和上弦节点之间的关系。

从内力分配的角度看，三角形屋架的外形不太合理，但是从建筑物的整体布局和用途出发，当采用短尺压型钢板、波形石棉瓦和瓦楞铁等时，其排水坡度要求较陡，还是应采用三角形屋架。

梯形钢屋架适用于屋面坡度平缓的无檩屋盖体系和采用长尺压型钢板和夹芯保温板的有檩屋盖体系。梯形屋架外形与均布荷载的弯矩图较接近，具有受力好、省材料的特点。

梯形屋架的腹杆体系可采用单斜式、人字式和再分式，如图 9.32 所示。

平行弦钢屋架的上、下弦杆平行，腹杆长度一致，杆件类型少，标准化、工业化程度高，主要用于单坡屋盖或用作托架、支撑体系，如图 9.33 所示。

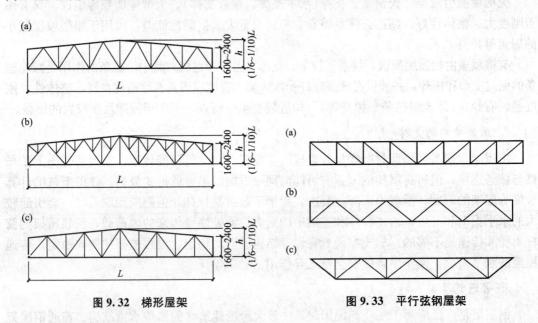

图 9.32　梯形屋架　　　　图 9.33　平行弦钢屋架

用两个平行弦屋架可做成人字形屋架，也可做成不同坡度（$i=1:10\sim1:20$），以增加建筑净空，减少屋顶感觉。人字形屋架有较好的空间观感，且腹杆长度一致，节点类型统一，在制造时不必起拱，符合标准化、工业化制造的要求，故多用于较大宽度。我国近年来在一些大跨度工业厂房中就采用了坡度 $i=5:100\sim2:100$ 的人字形屋架，取得了构造简单、制作方便的效果。

（2）屋架主要尺寸如下。

跨度：据工艺需要定，一般为 3m 的模数，如 12m、15m、18m、21m、24m、27m、30m、36m 等。

高度：三角形 $h\approx(1/4\sim1/6)L$；梯形跨中 $h\approx(1/6\sim1/10)L$，端部 $h\approx1.6\sim2.2$m（铰接时），$h\approx1.8\sim2.4$m（钢接时）。

屋架上弦节间：据屋面材料定，尽可能使荷载直接作用在屋架节点上。

2）钢屋架的杆件及节点设计

钢屋架的杆件一般采用由两个角钢组成的 T 形截面，所选截面在两个主轴方向应有相近的稳定性，有一定的侧向刚度。由于杆件计算长度不同，其截面形式也不相同。上弦杆及下弦杆一般采用两不等肢角钢短肢相连；支座斜杆采用两不等肢角钢长肢相连；其他腹杆采用两等肢角钢组成的 T 形截面；中央竖杆采用两等肢角钢组成的十字形截面。

钢屋架的各个杆件通过节点处的节点板连接。在节点处，杆件重心线应汇交于一点。节点板的形状应规整、简单，节点板的厚度为 8~12mm。节点设计计算时，一般先假定焊脚尺寸，再求出焊缝长度，最后根据焊缝长度确定节点板尺寸。

任务 9.4　钢梁承载力计算

在钢结构中，承受横向荷载作用的实腹式构件称为梁类构件，即钢梁。钢梁在土木工程中应用很广泛，如厂房建筑中的工作平台梁、吊车梁、屋面檩条和墙架横梁，以及桥梁、水工闸门、起重机、海上采油平台中的梁等。

梁的设计必须同时满足承载能力极限状态和正常使用极限状态。钢梁的承载能力极限状态包括强度、整体稳定和局部稳定 3 个方面。设计时要求在荷载设计值作用下，梁的抗弯强度、抗剪强度、局部承压强度和折算应力均不超过相应的强度设计值，保证梁不会发生整体失稳；同时保证组成梁的板件不出现局部失稳。正常使用极限状态主要指梁的刚度，设计时要求梁在荷载标准值作用下具有符合《规范》要求的足够的抗弯刚度。

9.4.1　钢梁的强度和刚度

1. 梁的强度

梁的强度包括抗弯强度、抗剪强度、局部承压强度和折算应力，设计时要求在荷载设计值作用下均不超过《钢结构设计规范》规定的相应的强度设计值。下面分别进行叙述。

1）抗弯强度

梁在弯矩作用下，截面上正应力的发展过程可分为 3 个阶段，分述如下。

（1）弹性工作阶段。当弯矩较小时，截面上应力分布呈三角形，中和轴为截面的形心轴，截面上各点的正应力均小于屈服应力 f_y。弯矩继续增加，直至最外边缘纤维应力达到屈服应力 f_y 时，弹性状态结束，相应的弹性极限弯矩 M_e 为

$$M_e=W_n f_y$$

式中　W_n——梁的净截面弹性抵抗矩。

（2）弹塑性工作阶段。弯矩继续增加，在梁截面上、下边缘各出现一个高度为 a 的塑性区，其应力 σ 达到屈服应力 f_y。而截面的中间部分区域仍处于弹性工作状态，此时梁处于弹塑性工作阶段。

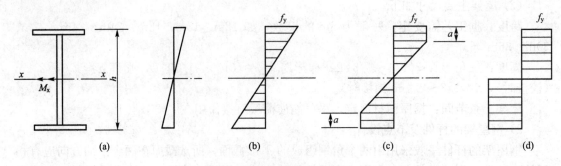

图 9.34 梁的正应力分布

（3）塑性工作阶段。随着弯矩再继续增加，梁截面的塑性区不断向内发展，直至全部达到屈服应力 f_y，此时梁的抗弯承载能力达到极限，截面所负担弯矩不再增加，而变形却可继续增大，形成"塑性铰"，相应的塑性极限弯矩 M_p 为

$$M_p = (S_{1n} + S_{2n}) f_y = W_{pn} f_y$$

式中　S_{1n}、S_{2n}——中和轴以上及以下净截面对中和轴的面积矩；

　　　W_{pn}——梁的净截面塑性抵抗矩，$W_{pn} = S_{1n} + S_{2n}$。

塑性抵抗矩与弹性抵抗矩的比值称为截面形状系数 γ。它的大小仅与截面的几何形状有关，而与材料及外荷载无关。实际上表示出截面在进入弹塑性阶段之后的后续承载力。γ 越大，表示截面的弹塑性后续承载能力越大。

$$\gamma = \frac{W_{pn}}{W_n} = \frac{W_{pn} f_y}{W_n f_y} = \frac{M_p}{M_e}$$

对于矩形截面 $\gamma = 1.5$，圆截面 $\gamma = 1.7$，圆管截面 $\gamma = 1.27$，工字形截面 $\gamma \approx 1.17$。说明在边缘纤维屈服后，矩形截面内部塑性变形发展还能使弯矩承载能力增大 50%，而工字形截面的弯矩承载能力增大则较小。

虽然考虑截面塑性发展似乎更经济，但若按截面塑性极限弯矩进行设计，可能使梁产生过大的挠度，受压翼缘过早失去局部稳定。因此，《钢结构设计规范》只是有限制地利用塑性，取截面塑性发展深度 $a \leqslant 0.125h$，并通过截面塑性发展系数 γ 来体现，且 $1.0 \leqslant \gamma < W_{pn}/W_n$，可查表取值。

因此，梁的抗弯强度计算公式如下。

单向弯曲时

$$\sigma = \frac{M_x}{\gamma_x W_{nx}} \leqslant f$$

双向弯曲时

$$\sigma = \frac{M_x}{\gamma_x W_{nx}} + \frac{M_y}{\gamma_y W_{ny}} \leqslant f$$

式中　M_x、M_y——绕 x 轴和 y 轴的弯矩；

　　　W_{nx}、W_{ny}——梁对 x 轴和 y 轴的净截面抵抗矩；

　　　γ_x、γ_y——截面塑性发展系数，当梁受压翼缘的自由外伸宽度与其厚度之比不大于 $13\sqrt{\dfrac{225}{f_y}}$ 时，按附表取值，否则 $\gamma_x = \gamma_y = 1.0$；

f——钢材的抗弯强度设计值，按附表采用。

对于直接承受动力荷载梁及需要计算疲劳的梁，须按弹性工作阶段进行计算，宜取 $\gamma_x = \gamma_y = 1.0$。

2）抗剪强度

一般情况下，梁同时承受弯矩和剪力的共同作用。对于外加剪力垂直于强轴的实腹梁来说，如工字形和槽形截面梁，翼缘处分担的剪力很小，可忽略不计，截面上的剪力主要由腹板承担。工字形和槽形截面梁腹板上的剪应力分布分别如图 9.35(a)、(b)所示。截面上的最大剪应力发生在腹板中和轴处。其承载能力极限状态以截面上的最大剪应力达到钢材的抗剪屈服强度为准，而抗剪强度计算式为

$$\tau = \frac{VS}{It_w} \leqslant f_v$$

式中　V——计算截面处沿腹板平面作用的剪力设计值；

　　　S——计算剪应力（此处即为中和轴）以上毛截面对中和轴的面积矩；

　　　I——毛截面惯性矩；

　　　t_w——腹板厚度；

　　　f_v——钢材的抗剪强度设计值。

由于型钢腹板较厚，一般均能满足上式要求。

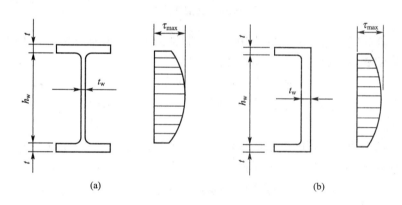

图 9.35　腹板剪应力

3）局部承压强度

当梁的翼缘受到沿腹板平面作用的集中荷载（如梁传来的集中力、支座反力和吊车轮压等）作用且该处又未设置支承加劲肋时，应验算腹板计算高度边缘的局部承压强度。

在集中荷载作用下，腹板计算高度边缘的压应力分布如图 9.36 的曲线所示。计算时假定集中荷载从作用点处以 45°角扩散，并均匀分布于腹板的计算高度边缘。梁的局部承压强度可按下式计算

$$\sigma_c = \frac{\psi F}{t_w l_z} \leqslant f$$

式中　F——集中荷载（对动力荷载应考虑动力系数）；

　　　ψ——集中荷载增大系数（对于重级工作制吊车轮压，$\psi = 1.35$；对于其他荷载，$\psi = 1.0$）；

　　　l_z——集中荷载在腹板计算高度边缘的假定分布长度（跨中 $l_z = a + 5h_y + 2h_R$，梁端

$l_z = a + 2.5h_y + a_1$）；

a——集中荷载沿梁跨度方向的支承长度（对吊车梁可取为 50mm）；

h_y——自梁承载的边缘到腹板计算高度边缘的距离；

h_R——轨道的高度（无轨道时 $h_R = 0$）；

a_1——梁端到支座板外边缘的距离（按实际取值，但不得大于 $2.5h_y$）。

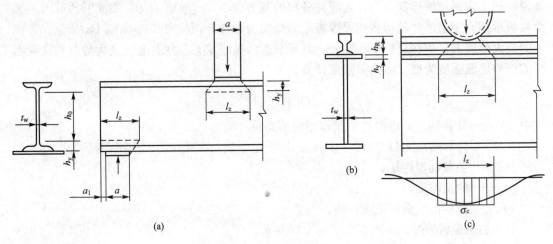

图 9.36 局部压应力

腹板的计算高度 h_0 按下列规定采用：①轧制型钢梁，为腹板在与上、下翼缘相接处两内弧起点间的距离；②焊接组合梁，为腹板高度。

当计算不满足上式时，在固定集中荷载处（包括支座处）应设置支承加劲肋予以加强，并对支承加劲肋进行计算。对于移动集中荷载，则应加大腹板厚度。

4）折算应力

当组合梁的腹板计算高度边缘处同时承受较大的正应力 σ、剪应力 τ 和局部压应力 σ_c 时，或同时承受较大的正应力 σ 和剪应力 τ 时，应按下式验算该处的折算应力

$$\sqrt{\sigma^2 + \sigma_c^2 - \sigma\sigma_c + 3\tau^2} \leqslant \beta_1 f$$

式中　σ、τ、σ_c——腹板计算高度边缘同一点上的弯曲正应力、剪应力和局部压应力，$\sigma = \dfrac{My}{I_{nx}}$，其中 I_{nx} 为梁净截面惯性矩，y 为计算点至梁中和轴的距离，σ、σ_c 均以拉应力为正值，压应力为负值；

β_1——折算应力的强度设计值增大系数（当 σ 和 σ_c 异号时，取 $\beta_1 = 1.2$；当 σ 和 σ_c 同号或 σ_c 时，取 $\beta_1 = 1.1$）。

实际工程中几种应力皆以较大值在同一处出现的概率很小，故将强度设计值乘以 β_1 予以提高。当 σ 和 σ_c 异号时，其塑性变形能力比 σ 和 σ_c 同号时大，因此 β_1 值取更大些。

2. 梁的刚度

梁刚度的验算相应于正常使用极限状态，当梁的刚度不足时，会产生较大的挠度，将影响结构的正常使用。例如，若平台梁的挠度过大，一方面会使人们感到不舒服和不安全，另一方面会影响操作；若吊车梁挠度过大，会使吊车运行困难，甚至不能运行。因此，应使用下式来保证梁的刚度不至于过小。

$$v \leqslant [v]$$

式中　v——荷载标准值作用下梁的最大挠度；

$[v]$——梁的容许挠度值，《钢结构设计规范》根据实践经验规定的容许挠度值。

 特别提示

钢梁挠度计算时，除了要控制受弯构件在全部荷载标准值下的最大挠度外，对承受较大可变荷载的受弯构件尚应保证其在可变荷载标准值作用下的最大挠度不超过相应的容许挠度值，以保证构件在正常使用时的工作性能。

9.4.2　钢梁的整体稳定

工字形截面梁承受弯曲平面内的横向荷载作用，若其截面形式为高而窄，则当荷载增大到一定程度时，梁除了仍有弯矩作用平面内的弯曲以外，会突然发生侧向弯曲和扭转，并丧失继续承载的能力，这种现象就称为梁的整体失稳，如图 9.37 所示。此时梁的抗弯承载能力尚未充分发挥。梁维持其稳定平衡状态所承受的最大弯矩称为临界弯矩。

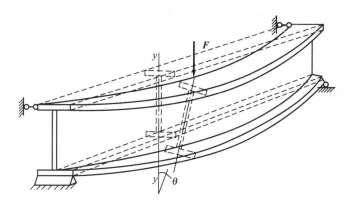

图 9.37　梁的整体失稳

横向荷载的临界值和它沿梁高的作用位置有关，如图 9.38 所示。荷载作用在上翼缘时，在梁产生微小侧向位移和扭转的情况下，荷载 F 将产生绕剪力中心的附加扭矩 F_e，它将对梁侧向弯曲和扭转起促进作用，使梁加速丧失整体稳定。但当荷载 F 作用在梁的下翼缘时，它将产生反方向的附加扭矩 F_e，有利于阻止梁的侧向弯曲扭转，延缓梁丧失整体稳定。因此，后者的临界荷载（或临界弯矩）将高于前者。

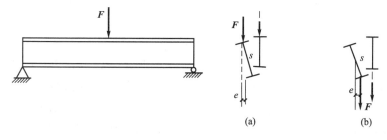

图 9.38　荷载位置对整体稳定的影响

1. 梁的扭转

梁整体失稳形态为双向弯曲加扭转，为此有必要简略介绍有关扭转的若干概念。根据支承条件和荷载形式的不同，扭转分为自由扭转和约束扭转两种形式。

1) 自由扭转

非圆截面构件扭转时，原来为平面的横截面不再保持为平面，产生翘曲变形，即构件在扭矩作用下截面上各点沿杆轴方向产生位移。如果扭转时轴向位移不受任何约束，截面可自由翘曲变形，称为自由扭转。自由扭转时，各截面的翘曲均相同，纵向纤维保持直线且长度保持不变，截面上无正应力，只有剪应力。沿杆件全长扭矩相等，单位长度扭转角 $\mathrm{d}\varphi/\mathrm{d}z$ 相等，并在各截面上产生相同的扭转剪应力，如图 9.39 所示。

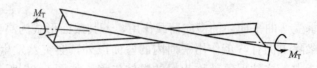

图 9.39　杆件的自由扭转

剪应力沿板厚方向呈三角形分布，扭矩与截面扭转角 φ 的关系为

$$M_t = GI_t \frac{\mathrm{d}\varphi}{\mathrm{d}z}$$

式中　M_t——截面的自由扭转扭矩；

　　　　G——材料的剪变模量；

　　　　φ——截面的扭转角；

　　　　I_t——截面的抗扭惯性矩（扭转常数）。

最大剪应力为

$$\tau_{\max} = \frac{M_t t}{I_t}$$

式中　t——狭长矩形截面的宽度。

钢结构构件通常采用工字形、槽形、T 形等截面，它们可以视为几个狭长矩形单元组成，此时整个截面的扭转常数可近似取各矩形单元扭转常数之和，即

$$I_t = \frac{\eta}{3} \sum_{i=1}^{n} t_i^3 b_i$$

式中　b_i、t_i——狭长矩形单元的长度和宽度；

　　　　η——考虑各板件相互连接联系的提高系数，对工字形截面可取 $\eta = 1.25$。

2) 约束扭转

由于支承条件或外力作用方式使构件扭转时截面的翘曲受到约束，称为约束扭转。此时相当于对梁的纵向纤维施加了拉伸或压缩作用。因此在截面上不仅产生剪应力，同时还产生正应力。双轴对称工字形截面悬臂构件在自由端处作用的外扭矩 M_T 使上、下翼缘向不同方向弯曲。自由端截面的翘曲变形最大，越靠近固定端截面的翘曲变形越小，在固定端处，翘曲变形完全受到约束，由此可知中间各截面受到约束的程度不同，如图 9.40 所示。

截面上的剪应力可以分为两部分：一部分为因扭转而产生的自由扭转剪应力 τ_t；另一

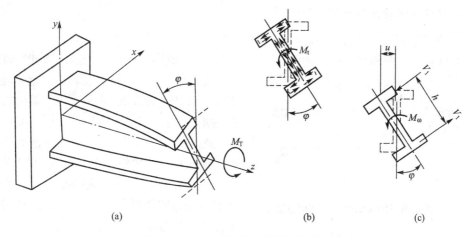

(a)　　　　　　　　　　(b)　　　　　　　(c)

图 9.40　工字形截面悬臂梁的约束扭转

部分为因翼缘弯曲变形而产生的弯曲扭转剪应力 τ_ω。这两部分剪应力的叠加即为截面上真实的剪应力分布。由力的平衡条件可知，由自由扭转剪应力 τ_t 形成的截面自由扭转力矩 M_t 与由弯曲扭转剪应力 τ_ω 形成的截面弯曲扭转力矩 M_ω 之和应与外扭矩 M_T 相平衡，即

$$M_T = M_t + M_\omega$$

其中，$M_\omega = V_1 h$，V_1 为弯曲扭转剪力，其计算方法如下。

在距固定端处为 z 的截面上产生扭转角 φ，上翼缘在 x 方向的位移各为。

$$u = \frac{h}{2}\varphi$$

其曲率为

$$\frac{\mathrm{d}^2 u}{\mathrm{d}z^2} = \frac{h}{2}\frac{\mathrm{d}^2\varphi}{\mathrm{d}z^2}$$

由曲率与弯矩的关系，有

$$M_1 = -EI_1\frac{\mathrm{d}^2 u}{\mathrm{d}z^2} = -EI_1\frac{h}{2}\frac{\mathrm{d}^2\varphi}{\mathrm{d}z^2}$$

式中　M_1——上翼缘的侧向弯矩；

　　　I_1——上翼缘对 y 轴的惯性矩。

由弯矩与剪力的关系，有

$$V_1 = \frac{\mathrm{d}M_1}{\mathrm{d}z} = -EI_1\frac{h}{2}\frac{\mathrm{d}^3\varphi}{\mathrm{d}z^3}$$

则

$$M_\omega = V_1 h = -EI_1\frac{h^2}{2}\frac{\mathrm{d}^3\varphi}{\mathrm{d}z^3} = -EI_\omega\frac{\mathrm{d}^3\varphi}{\mathrm{d}z^3}$$

式中　I_ω——截面的翘曲扭转常数，随截面形式不同而不同，对双轴对称工字形截面，

$$I_\omega = \frac{I_1 h^2}{2} = \frac{I_y h^2}{4}。$$

于是有

$$M_T = GI_t\frac{\mathrm{d}\varphi}{\mathrm{d}z} - EI_\omega\frac{\mathrm{d}^3\varphi}{\mathrm{d}z^3}$$

这就是开口薄壁杆件约束扭转微分方程。

2. 梁整体稳定的基本理论

1) 梁整体稳定的临界弯矩 M_{cr}

图 9.41 所示为两端简支的双轴对称工字形截面纯弯曲梁。此处所指的"简支"符合夹支条件，即支座处截面可自由翘曲，能绕 x 轴和 y 轴转动，但不能绕 z 轴转动，也不能侧向移动。在刚度较大的 yz 平面内，梁两端各承受弯矩 M 的作用。当弯矩较小时，梁仅发生竖向弯曲。当弯矩达到某一临界值时，梁发生弯矩失稳，产生侧向 xz 平面内的弯曲，并伴随截面扭转，此时对应的弯矩即为使梁产生整体失稳的临界弯矩 M_{cr}。下面叙述梁整体稳定的临界弯矩 M_{cr} 的计算方法。

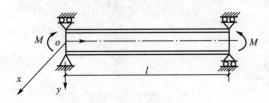

图 9.41 纯弯曲下的双轴对称工字形截面梁

图 9.42 所示为双轴对称工字形截面简支梁在纯弯曲下发生整体失稳时的变形情况。以截面的形心为坐标原点，固定的坐标系为 $Oxyz$；固定在截面上，随截面位移而移动的坐标系为 $O\xi\eta\zeta$。在分析中假定截面形状始终保持不变，因而截面特性 $I_x = I_\xi$ 和 $I_y = I_\eta$。截面形心 O 在 x、y 轴方向的位移为 u、v，截面扭转角为 φ。弯矩用双箭头向量表示，其方向按向量的右手规则确定，这样可以利用向量的分解方法求出弯矩的分量。

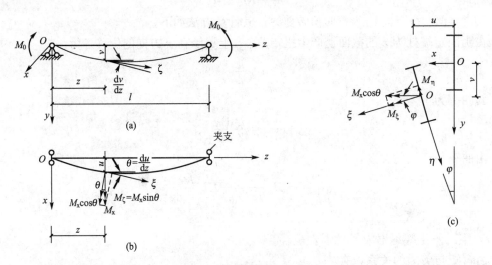

图 9.42 梁整体失稳时变形

在离梁左支座为 z 的截面上作用有弯矩 M_x，梁发生侧扭变形后，将 M_x 分解成 $M_x\cos\theta$ 和 $M_x\sin\theta$，将 $M_x\cos\theta$ 分解成 M_ξ 和 M_η。因 $\theta = \dfrac{du}{dz}$ 和截面转角 φ 都属微小量，可取

$$\sin\theta \approx \theta, \quad \cos\theta \approx 1, \quad \sin\varphi \approx \varphi, \quad \cos\varphi \approx 1$$

又由于梁承受纯弯曲，故 $M_x = M = $ 常量。于是得

$$\begin{cases} M_\xi = M_x\cos\theta\cos\varphi \approx M \\ M_\eta = M_x\cos\theta\sin\varphi \approx M\varphi \\ M_\zeta = M_x\sin\theta \approx M\theta = M\dfrac{du}{dz} \end{cases}$$

由上式可知原来的梁端弯矩 M 被分解为 M_ξ、M_η 和 M_ζ，其中 M_ξ 表示截面发生位移后

绕强轴的弯矩，M_η 表示截面发生位移后绕弱轴的弯矩，M_ζ 表示约束扭转扭矩。

由于位移很小，可近似认为 dz 段截面在 $\xi\zeta$ 和 $\eta\zeta$ 两平面内的曲率为 d^2u/dz^2 和 d^2v/dz^2。根据弯矩与曲率的关系分别对 M_ξ、M_η 和 M_ζ 建立 3 个平衡微分方程式如下。

$$M_\xi = -EI_x\frac{d^2v}{dz^2} = M$$

$$M_\eta = -EI_y\frac{d^2u}{dz^2} = M\varphi$$

$$M_\zeta = -EI_\omega\frac{d^3\varphi}{dz^3} + GI_t\frac{d\varphi}{dz} = M\frac{du}{dz}$$

相应的边界条件如下。

当 $z=0$ 或 $z=l$ 时，$u=v=\varphi=0$（表示梁端无位移、无扭转），$\dfrac{d^2\varphi}{dz^2}=0$（表示梁端截面可以自由翘曲）。

可以看出，特解 $u=0$、$\varphi=0$ 能够同时满足微分方程组和相应的边界条件，然而它对应的情况是梁未产生弯扭失稳。现在的问题是要求解弯矩 M 为多大的情况下会使梁整体失稳，即对应 u 和 φ 有非零解，而这个待定的 M 就是梁失稳时的临界弯矩。

将式 $M_\zeta = -EI_\omega\dfrac{d^3\varphi}{dz^3} + GI_t\dfrac{d\varphi}{dz} = M\dfrac{du}{dz}$ 微分一次，并将 d^2u/dz^2 代入，这样可消去变量 u，由此得到一个关于 φ 的常系数 4 阶齐次常微分方程

$$EI_\omega\frac{d^4\varphi}{dz^4} - GI_t\frac{d^2\varphi}{dz^2} - \frac{M^2}{EI_y}\varphi = 0$$

由上述边界条件可假定

$$\varphi = c\sin\frac{n\pi z}{l}$$

于是有

$$\left[EI_\omega\left(\frac{n\pi}{l}\right)^4 + GI_t\left(\frac{n\pi}{l}\right)^2 - \frac{M^2}{EI_y}\right]c\sin\frac{n\pi z}{l} = 0$$

要使上式对任何 z 值都能成立，并且 $c\neq 0$，必须使

$$EI_\omega\left(\frac{n\pi}{l}\right)^4 + GI_t\left(\frac{n\pi}{l}\right)^2 - \frac{M^2}{EI_y} = 0$$

由此解得最小临界弯矩为（$n=1$）

$$M_{cr} = \frac{\pi^2 EI_y}{l^2}\sqrt{\frac{I_\omega}{I_y}\left(1 + \frac{GI_t l^2}{\pi^2 EI_\omega}\right)}$$

此即纯弯曲时双轴对称工字形截面简支梁的临界弯矩。式中根号前的 $\pi^2 EI_y/l^2$ 即绕 y 轴屈曲的轴心受压构件欧拉公式。可见纯弯曲下双轴对称工字形简支梁临界弯矩大小与 3 种刚度（即侧向抗弯刚度 EI_y、抗扭刚度 GI_t 和翘曲刚度 EI_ω），以及梁的侧向无支跨度 l 有关。

对一般荷载（包括端弯矩和横向荷载）的单轴对称截面（截面仅对称于 y 轴），如图 9.43 所示，简支梁的弯矩屈曲临界弯

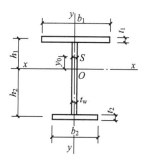

图 9.43　单轴对称截面

矩一般表达式为

$$M_{cr} = C_1 \frac{\pi^2 E I_y}{l^2} \left[C_2 a + C_3 \beta_y + \sqrt{(C_2 a + C_3 \beta_y)^2 + \frac{I_\omega}{I_y} \left(1 + \frac{G I_t l^2}{\pi^2 E I_\omega}\right)} \right]$$

$$\beta_y = \frac{1}{2 I_x} \int_A y(x^2 + y^2) dA - y_0$$

式中　　β_y——反映单轴对称截面几何特性的函数，当为双轴对称时，$\beta_y = 0$；

y_0——剪切中心的纵坐标，$y_0 = \dfrac{I_2 h_2 - I_1 h_1}{I_y}$，正值时，剪切中心在形心之下，负值时，在形心之上；

a——荷载作用点与剪切中心之间的距离，当荷载作用点在剪切中心以下时，取正值，反之取负值；

I_1、I_2——受压翼缘和受拉翼缘对 y 轴的惯性矩，$I_1 = t_1 b_1^3 / 12$，$I_2 = t_2 b_2^3 / 12$；

h_1、h_2——受压翼缘和受拉翼缘形心至整个截面形心的距离；

C_1、C_2、C_3——与荷载类型有关的系数，见表 9-3。

上述的所有纵坐标均以截面的形心为原点，y 轴指向下方时为正向。

梁整体稳定的临界弯矩 M_{cr} 还与荷载的类型及荷载作用点在梁截面上的位置有关。

表 9-3　C_1、C_2 和 C_3 系数

荷载情况	系　　　数		
	C_1	C_2	C_3
跨度中点集中荷载	1.35	0.55	0.40
满跨均布荷载	1.13	0.46	0.53
纯弯曲	1.00	0	1.00

2）梁的整体稳定系数 φ_b

双轴对称工字形截面简支梁的临界应力

$$\sigma_{cr} = \frac{M_{cr}}{W_x}$$

式中　　W_x——梁对 x 轴的毛截面抵抗矩。

梁的整体稳定应满足下式

$$\sigma = \frac{M_x}{W_x} \leqslant \frac{\sigma_{cr}}{\gamma_R} = \frac{\sigma_{cr}}{f_y} \frac{f_y}{\gamma_R} = \varphi_b f$$

式中　　φ_b——梁的整体稳定系数，$\varphi_b = \sigma_{cr} / f_y$，也就是说梁的整体稳定系数 φ_b 为整体失稳临界应力与钢材屈服应力的比值。

为了简化计算，《钢结构设计规范》取

$$I_t = \frac{1.25}{3} \sum b_i t_i^3 \approx \frac{1}{3} A t_1^2$$

$$I_\omega = \frac{I_y h^2}{4}$$

式中　　A——梁的毛截面面积；

t_1——受压翼缘厚度。

代入数值 $E=206\times10^3\text{N/mm}^2$，$E/G=2.6$，令 $I_y=Ai_y^2$，$l_1/i_y=\lambda_y$，并取 Q235 钢的 $f_y=235\text{N/mm}^2$，得到 Q235 钢双轴对称工字形截面简支梁稳定系数的近似值

$$\varphi_b=\frac{4320}{\lambda_y^2}\frac{Ah}{W_x}\sqrt{1+\left(\frac{\lambda_y t_1}{4.4h}\right)^2}$$

对于常见的截面尺寸及各种荷载条件，通过大量电算及试验结果统计分析，现行规范规定了梁整体稳定系数 φ_b 的计算式。

(1) 等截面焊接工字形(轧制 H 型钢)简支梁整体稳定系数 φ_b 按下式计算：

$$\varphi_b=\beta_b\frac{4320}{\lambda_y^2}\frac{Ah}{W_x}\left[\sqrt{1+\left(\frac{\lambda_y t_1}{4.4h}\right)^2}+\eta_b\right]\frac{235}{f_y}$$

式中　β_b——梁整体稳定的等效弯矩系数，按附表采用，它主要考虑各种荷载种类和作用位置所对应的稳定系数与纯弯条件下稳定系数的差异；

λ_y——梁在侧向支承点间对截面弱轴 y 轴的长细比，i_y 为梁毛截面对 y 轴的截面回转半径；

η_b——截面不对称影响系数，对双轴对称工字形截面(轧制 H 型钢)，$\eta_b=0$；对单轴对称工字形截面，加强受压翼缘 $\eta_b=0.8(2\alpha_b-1)$，加强受拉翼缘 $\eta_b=2\alpha_b-1$，其中 $\alpha_b=\dfrac{I_1}{I_1+I_2}$，$I_1$、$I_2$ 分别为受压翼缘和受拉翼缘对 y 轴的惯性矩。

(2) 轧制普通工字钢简支梁，其 φ_b 值直接由附表查得，若其值大于 0.6，须用 φ_b' 代替 φ_b。轧制槽钢简支梁、双轴对称工字形等截面(含 H 型钢)悬臂梁的 φ_b 值均可按附录计算。

3. 梁整体稳定的计算

梁整体失稳主要是由梁受压翼缘的侧向弯曲引起的，因此，如果采取必要的措施阻止梁受压翼缘发生侧向变形，就可以在构造上保证梁的整体稳定；另外，如果梁的整体稳定临界弯矩高于或接近于梁的屈服弯矩，验算梁的抗弯强度后也就不需再验算梁的整体稳定。故现行《钢结构设计规范》有如下规定。

(1) 符合下列情况之一时，可不计算梁的整体稳定性。

① 有刚性铺板密铺在梁的受压翼缘上并与其牢固相连，能阻止梁受压翼缘的侧向位移时。

② H 形钢或工字形截面简支梁受压翼缘的自由长度 l_1 与其宽度 b_1 之比不超过表 9-4 所规定的数值时。

③ 箱形截面梁(图 9.44)，其截面尺寸满足 $h/b_0\leqslant6$，且 $l_1/b_0\leqslant95(235/f_y)$。

表 9-4　H 型钢或工字形截面简支梁不需计算整体稳定性的最大 l_1/b_1 值

钢　号	跨中无侧向支承点的梁		跨中受压翼缘有侧向支承点的梁，不论荷载作用于何处
	荷载作用在上翼缘	荷载作用在下翼缘	
Q235	13.0	20.0	16.0
Q345	10.5	16.5	13.0
Q390	10.0	15.5	12.5
Q420	9.5	15.0	12.0

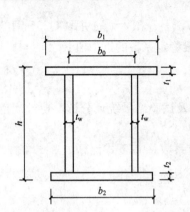

图 9.44　箱形截面梁

（2）当不满足上述条件时，《钢结构设计规范》规定的梁的整体稳定计算公式为

$$\frac{M_x}{\varphi_b W_x} \leqslant f$$

式中　M_x——绕强轴作用的最大弯矩；

　　　　W_x——按受压纤维确定的梁毛截面抵抗矩；

　　　　φ_b——梁的整体稳定系数。

（3）在两个主平面受弯的 H 型钢或工字形截面构件，其整体稳定性应按下式计算

$$\frac{M_x}{\varphi_b W_x} + \frac{M_y}{\gamma_y W_y} \leqslant f$$

式中　W_x、W_y——按受压纤维确定的对 x 轴和对 y 轴毛截面抵抗矩；

　　　　φ_b——绕强轴弯曲所确定的梁整体稳定系数。

该式是一个经验公式，式中 γ_y 为相对 y 轴的截面塑性发展系数，它并不表示绕 y 轴弯曲容许出现塑性，而是用来适当降低第二项的影响的。

要提高梁的整体稳定性，可加大梁的截面尺寸或在梁受压翼缘平面设置侧向支撑，前一种办法中以增大受压翼缘的宽度最有效。在对侧向支撑进行验算时，需将梁的受压翼缘视为轴心压杆来计算。

【例 9.1】　某简支梁，焊接工字形截面，跨度中点及两端都设有侧向支承，可变荷载标准值及梁截面尺寸如图 9.45 所示，荷载作用于梁的上翼缘。设梁的自重为 1.57kN/m，材料为 Q235B，试计算此梁的整体稳定性。

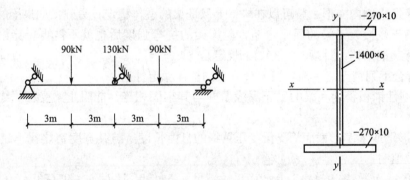

图 9.45　简支梁

【解】

梁受压翼缘自由长度 $l_1 = 6$m，$l_1/b_1 = 6000/270 = 22 > 16$，因此应计算梁的整体稳定。

梁截面几何特征为

$$I_x = 4050 \times 10^6 \text{mm}^4, \quad I_y = 32.8 \times 10^6 \text{mm}^4$$

$$A = 13800 \text{mm}^2, \quad W_x = 570 \times 10^4 \text{mm}^3$$

梁的最大弯矩设计值为

$$M_{max} = \frac{1}{8}(1.2 \times 1.57) \times 12^2 + 1.4 \times 90 \times 3 + 1.4 \times \frac{1}{2} \times 130 \times 6 = 958(\text{kN} \cdot \text{m})$$

（式中 1.2 和 1.4 分别为永久荷载和可变荷载的分项系数。）

钢梁整体稳定系数计算式为

$$\varphi_b = \beta_b \frac{4320}{\lambda_y^2} \frac{Ah}{W_x} \left[\sqrt{1 + \left(\frac{\lambda_y t_1}{4.4h} \right)^2} + \eta_b \right] \frac{235}{f_y}$$

查表得 $\beta_b = 1.15$

$$i_y = \sqrt{\frac{I_y}{A}} = \sqrt{\frac{32.8 \times 10^6}{13800}} = 48.75 \text{mm}$$

$$\lambda_y = \frac{6000}{48.75} = 123, \quad h = 1420 \text{mm}, \quad t_1 = 10 \text{mm}$$

$$\eta_b = 0, \quad f_y = 235 \text{N/mm}^2$$

代入 φ_b 公式有 $\varphi_b = 1.152 > 0.6$

经修正，可得 $\quad\quad \varphi_b' = 1.07 - \dfrac{0.282}{\varphi_b} = 0.825$

因此 $\quad\quad \dfrac{M_x}{\varphi_b' W_x} = \dfrac{958 \times 10^6}{0.825 \times 570 \times 10^4} = 203.7 \text{N/mm}^2 < 215 \text{N/mm}^2$

故梁的整体稳定可以保证。

【例9.2】 某简支钢梁，跨度为 6m，跨中无侧向支承点，集中荷载作用于梁的上翼缘，截面如图 9.46 所示，钢材为 Q345。求此梁的整体稳定系数。

【解】

截面几何特征为

$$h = 103 \text{cm}, \quad h_1 = 41.3 \text{cm}, \quad h_2 = 61.7 \text{cm}$$
$$I_x = 281700 \text{cm}^4, \quad I_y = 8842 \text{cm}^4$$
$$I_1 = 7909 \text{cm}^4, \quad I_2 = 933 \text{cm}^4, \quad A = 170.4 \text{cm}^2$$

$$\alpha_b = \frac{I_1}{I_1 + I_2} = \frac{7909}{8842} = 0.894 > 0.8$$

$$\xi = \frac{l_1 t_1}{b_1 h} = \frac{600 \times 1.6}{39 \times 103} = 0.239 < 0.5$$

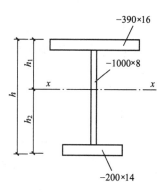

图 9.46 简支钢梁

查表，有

$$\beta_b = 0.9 \times (0.73 + 0.18\xi) = 0.9 \times (0.73 + 0.18 \times 0.239) = 0.696$$

$$i_y = \sqrt{\frac{I_y}{A}} = \sqrt{\frac{8842}{170.4}} = 7.2 \text{cm}$$

$$\lambda_y = \frac{600}{7.2} = 83.3, \quad t_1 = 1.6 \text{cm}, \quad f_y = 345 \text{N/mm}^2$$

$$W_x = \frac{I_x}{h_1} = \frac{281700}{41.3} = 6821 \text{cm}^3$$

$$\eta_b = 0.8(2\alpha_b - 1) = 0.8(2 \times 0.894 - 1) = 0.631$$

代入，得

$$\varphi_b = 0.696 \times \frac{4320}{83.3^2} \times \frac{170.4 \times 103}{6821} \times \left[\sqrt{1 + \left(\frac{83.3 \times 1.6}{4.4 \times 103} \right)^2} + 0.631 \right] \frac{235}{345} = 1.271 > 0.6$$

经修正，得

$$\varphi'_b = 1.07 - \frac{0.282}{1.271} = 0.848$$

9.4.3 钢梁的局部稳定和腹板加劲肋设计

在进行梁截面设计时，从节省材料的角度，希望选用较薄的截面，这样在总截面面积不变的条件下可以加大梁高和梁宽，提高梁的承载力、刚度及整体稳定性。但是如果梁的翼缘和腹板厚度过薄，则在荷载作用下板件可能产生波形凸曲，导致梁发生局部失稳，降低梁的承载能力，如图 9.47 所示。

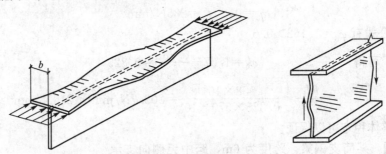

图 9.47　梁的局部失稳形式

轧制型钢梁的规格和尺寸都已考虑了局部稳定的要求，因此其翼缘和腹板的局部稳定问题不需进行验算。需要注意的是组合梁的局部稳定问题。梁的局部稳定问题实质是组成梁的矩形薄板在各种应力如 σ、τ、σ_c 的作用下的屈曲问题。

1. 矩形薄板的屈曲

板在各种应力作用下保持稳定所能承受的最大应力称为板的临界应力 σ_{cr}。根据弹性稳定理论，矩形薄板在各种应力单独作用下(图 9.48)失稳的临界应力可由下式计算

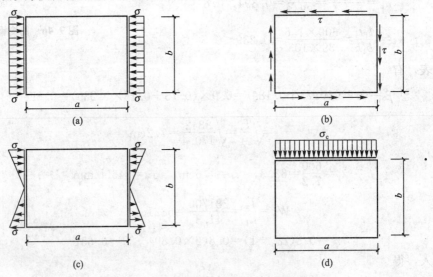

图 9.48　各种应力单独作用下的矩形板
(a) 受纵向均匀应力作用；(b) 受剪应力作用；
(c) 受弯曲正应力作用；(d) 上边缘受横向局部压应力作用

$$\sigma_{cr}（或\ \tau_{cr}）=k\ \frac{\pi^2 E}{12(1-\nu^2)}\left(\frac{t}{b}\right)^2$$

式中　　ν——钢材的泊松比；

　　　　k——板的压曲系数。

1）板件两端受纵向均匀压力

4 边简支板 $k=4$

3 边简支、1 边自由板 $k=0.425+\left(\dfrac{b}{a}\right)^2$

2）受剪应力作用的 4 边简支板

当 $\dfrac{a}{b}\leqslant 1$ 时，$k=4.0+\dfrac{5.34}{(a/b)^2}$；

当 $\dfrac{a}{b}\geqslant 1$ 时，$k=5.34+\dfrac{4.0}{(a/b)^2}$。

3）受弯曲正应力作用时

4 边简支板 $k=23.9$；

2 边受荷简支、另 2 边固定板 $k=39.6$。

4）上边缘受横向局部压应力作用时

当 $0.5\leqslant\dfrac{a}{b}\leqslant 1.5$ 时，$k=\left(4.5\dfrac{b}{a}+7.4\right)\dfrac{b}{a}$；

当 $1.5\leqslant\dfrac{a}{b}\leqslant 2.0$ 时，$k=\left(11-0.9\dfrac{b}{a}\right)\dfrac{b}{a}$。

可见，矩形薄板的 σ_{cr} 除与其所受应力、支承情况和板的长宽比（a/b）有关外，还与板的宽厚比（b/t）的平方成反比。试验证明，减小板宽可有效地提高 σ_{cr}。另外，σ_{cr} 与钢材强度无关，这就意味着采用高强度钢材并不能提高板的局部稳定性能。

2. 受压翼缘的局部稳定

工字形截面梁的受压翼缘板主要承受均布压应力作用，如图 9.49（a）所示。为了充分利用材料，采用令板件的局部屈曲临界应力等于材料的屈服强度的方法来确定翼缘板的最小宽厚比，以保证板件在强度破坏前不致发生局部失稳。考虑翼缘板在弹塑性阶段屈曲，板沿受力方向的弹性模量降低为切线弹性模量 $E_t=\eta E$，而在垂直受力方向仍为 E，其性质属于正交异性板。其临界应力可用下式计算

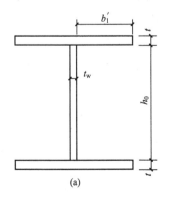

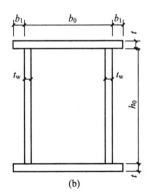

图 9.49　工字形截面和箱形截面

$$\sigma_{cr}(\text{或 } \tau_{cr}) = \frac{\chi\sqrt{\eta}k\pi^2 E}{12(1-\nu^2)}\left(\frac{t}{b}\right)^2$$

受压翼缘板的外伸部分为 3 边简支、1 边自由的矩形板，其屈曲系数 $k=0.425$；由于支承翼缘板的腹板一般较薄，对翼缘的约束作用很小，因此取弹性嵌固系数 $\chi=1.0$，取 $\eta=E_t/E=0.4$，$E=2.06\times10^5\,\text{N/mm}^2$，$\upsilon=0.3$，由 $\sigma_{cr}\geqslant f_y$ 即可得到梁受压翼缘自由外伸宽度 b_1' 与其厚度 t 之比应满足下式

$$\frac{b_1'}{t}\leqslant 13\sqrt{\frac{235}{f_y}}$$

当梁在弯矩 M_x 作用下的强度按弹性计算时，即取 $\gamma_x=1.0$ 时限值可放宽为

$$\frac{b_1'}{t}\leqslant 15\sqrt{\frac{235}{f_y}}$$

箱形截面梁在两腹板间的受压翼缘（宽度为 b_0，厚度为 t）（图 9.49(b)）可按 4 边简支的纵向均匀受压板计算，屈曲系数 $k=4.0$，且偏安全地取 $\chi=1.0$，$\eta=0.25$，可得其宽厚比限值为

$$\frac{b_0}{t}\leqslant 40\sqrt{\frac{235}{f_y}}$$

当受压翼缘板设置纵向加劲肋时，b_0 取腹板与纵向加劲肋之间的翼缘板无支承宽度。由上可知，选择梁翼缘板尺寸时要综合考虑强度、整体稳定和局部稳定的要求。

3. 腹板的局部稳定

梁腹板是 4 边简支的或考虑有弹性嵌固的矩形板，其受力状况较复杂，以受剪力为主，同时还承受弯曲正应力及横向压应力，因而梁腹板的局部失稳形态是多种多样的。在多向应力状态下，临界应力计算较复杂。为了更好地了解和分析腹板局部失稳的本质，有必要先对 4 边支承的矩形板分别在剪应力、弯曲正应力和局部压应力单独作用下的失稳问题进行分析。

1）腹板的受力特征

（1）剪应力作用下矩形板的屈曲如下。

图 9.50 所示为 4 边简支的矩形板，4 边作用均匀分布的剪应力 τ，由于其主压应力方向为 $45°$，因而板屈曲时产生大致沿 $45°$ 方向倾斜的鼓曲。在剪应力作用下，板没有受荷边与非受荷边的区别，只有长边与短边的不同，临界剪应力为

$$\tau_{cr}=\left[5.34+\frac{4}{(l_{max}/l_{min})^2}\right]\frac{\pi^2 E}{12(1-\nu)^2}\left(\frac{t_w}{l_{min}}\right)^2$$

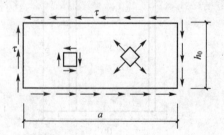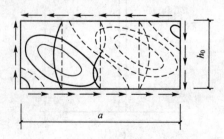

图 9.50 板的纯剪屈曲

式中 t_w——板厚；

l_{max}、l_{min}——分别为板的长边和短边。

考虑翼缘对腹板的嵌固作用，$\chi=1.25$，$E=2.06\times10^5\,\text{N/mm}^2$，$\nu=0.3$，则

当 $a\geqslant h_0$ 时，有

$$\tau_{cr}=233\times10^3\left[4+5.34(h_0/a)^2\right](t_w/h_0)^2$$

当 $a<h_0$ 时，有

$$\tau_{cr}=233\times10^3\left[5.34+4(h_0/a)^2\right](t_w/h_0)^2$$

式中 a——腹板横向加劲肋的间距；

h_0——腹板计算高度。

以 $\lambda_s=\sqrt{f_{vy}/\tau_{cr}}$ 为参数，称为腹板受剪计算时的通用高厚比，其中 f_{vy} 为剪切屈服强度，其值为 $f_y/\sqrt{3}$，τ_{cr} 为临界剪应力。

得到

当 $a/h_0\leqslant1.0$ 时，$\lambda_s=\dfrac{h_0/t_w}{41\sqrt{4+5.34(h_0/a)^2}}\sqrt{\dfrac{f_y}{235}}$

当 $a/h_0>1.0$ 时，$\lambda_s=\dfrac{h_0/t_w}{41\sqrt{5.34+4(h_0/a)^2}}\sqrt{\dfrac{f_y}{235}}$

当 $\lambda_s\leqslant0.8$ 时，$\tau_{cr}=f_v$

当 $0.8<\lambda_s\leqslant1.2$ 时，$\tau_{cr}=\left[1-0.59(\lambda_s-0.8)^2\right]f_v$

当 $\lambda_s>1.2$ 时，$\tau_{cr}=1.1f_v/\lambda_s^2$

式中 f_v——钢材的抗剪强度设计值。

当某一腹板区格所受剪应力 $\tau\leqslant\tau_{cr}$ 时，梁腹板就不会发生剪切局部失稳。防止腹板剪切失稳的有效方法是设置横向加劲肋，因为减少 a/h_0 可以增大剪切临界应力。横向加劲肋的最小间距为 $0.5h_0$，最大间距为 $2h_0$（对无局部压应力的梁，当 $h_0/t_w\leqslant100$ 时可采用 $2.5h_0$）。

（2）弯曲正应力作用下矩形板的屈曲如下。

图 9.51 所示为 4 边简支矩形板在弯曲正应力作用下的屈曲形态。屈曲时在板高度方向为一个半波，沿板长度方向一般为多个半波。板的弯曲临界应力为

$$\sigma_{cr}=\frac{\chi k\pi^2 E}{12(1-\nu^2)}\left(\frac{t_w}{h_0}\right)^2$$

式中 k——屈曲系数，与板的支承条件、长短边长比值，以及纵向半波数有关，对于不同的半波数，k 值的曲线如图 9.52 所示。

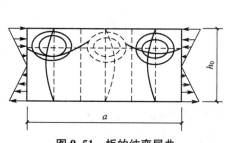

图 9.51 板的纯弯屈曲

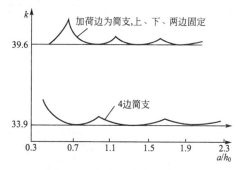

图 9.52 板的纯弯曲屈曲系数

对于 4 边简支板，理论分析得到的 $k_{\min}=23.9$，对于加荷边为简支，上、下两边为固定的 4 边支承板，$k_{\min}=39.6$。对于梁腹板而言，翼缘对腹板有弹性嵌固作用，试验研究表明，当梁受压翼缘扭转受到约束时，弹性嵌固系数 $\chi=1.66$；无约束时 $\chi=1.23$。对于受纯弯曲应力的矩形板，k 取 24.0。因此可得

$\sigma_{\mathrm{cr}}=7.4\times10^6(t_{\mathrm{w}}/h_0)^2$（梁受压翼缘扭转受完全约束时）

$\sigma_{\mathrm{cr}}=5.5\times10^6(t_{\mathrm{w}}/h_0)^2$（梁受压翼缘扭转无约束时）

以 $\lambda_{\mathrm{b}}=\sqrt{f_{\mathrm{y}}/\sigma_{\mathrm{cr}}}$ 为参数，称为腹板受弯计算时的通用高厚比，得到

当钢梁受压翼缘扭转受完全约束时，

$$\lambda_{\mathrm{b}}=\frac{2h_0/t_{\mathrm{w}}}{177}\sqrt{\frac{f_{\mathrm{y}}}{235}}$$

其他情况时，

$$\lambda_{\mathrm{b}}=\frac{2h_0/t_{\mathrm{w}}}{153}\sqrt{\frac{f_{\mathrm{y}}}{235}}$$

当 $\lambda_{\mathrm{b}}\leqslant0.85$ 时，$\sigma_{\mathrm{cr}}=f$

当 $0.85<\lambda_{\mathrm{b}}\leqslant1.25$ 时，$\sigma_{\mathrm{cr}}=[1-0.75(\lambda_{\mathrm{b}}-0.85)]f$

当 $\lambda_{\mathrm{b}}>1.25$ 时，$\sigma_{\mathrm{cr}}=1.1f/\lambda_{\mathrm{b}}^2$

式中　f——钢材的抗弯强度设计值。

防止腹板弯曲失稳的有效方法是设置纵向加劲肋，通过减小板件的 h_0 来增大 σ_{cr}。由于腹板屈曲的范围处于受压区，因此纵向加劲肋要布置在受压区一侧。

(3) 横向压应力作用下矩形板的屈曲如下。

当梁上翼缘作用有较大的集中荷载而且无法设置支承加劲肋时（如吊车轮压），腹板边缘将承受局部压应力 σ_{c} 作用，并可能产生横向屈曲。图 9.53 所示为局部横向荷载作用下腹板的屈曲。屈曲时腹板在横向和纵向都只出现一个半波，其临界应力为

$$\sigma_{\mathrm{c,cr}}=186\times10^3k\chi\left(\frac{t_{\mathrm{w}}}{h_0}\right)^2$$

式中　当 $0.5\leqslant a/h_0\leqslant1.5$ 时，$k\chi=10.9+13.4(1.83-a/h_0)^3$；

当 $1.5<a/h_0\leqslant2$ 时，$k\chi=18.9-5a/h_0$。

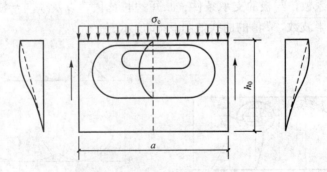

图 9.53　板在横向压应力作用下的屈曲

以 $\lambda_{\mathrm{c}}=\sqrt{f_{\mathrm{y}}/\sigma_{\mathrm{c,cr}}}$ 为参数，称为腹板受局部压力计算时的通用高厚比，得到

当 $0.5 \leqslant \dfrac{a}{h_0} \leqslant 1.5$ 时，$\lambda_c = \dfrac{h_0/t_w}{28\sqrt{10.9+13.4(1.83-a/h_0)^3}}\sqrt{\dfrac{f_y}{235}}$

当 $1.5 < \dfrac{a}{h_0} \leqslant 2$ 时，$\lambda_c = \dfrac{h_0/t_w}{28\sqrt{18.9-5a/h_0}}\sqrt{\dfrac{f_y}{235}}$

当 $\lambda_c \leqslant 0.9$ 时，$\sigma_{c,cr} = f$

当 $0.9 < \lambda_c \leqslant 1.2$ 时，$\sigma_{c,cr} = [1-0.79(\lambda_c-0.9)]f$

当 $\lambda_c > 1.2$ 时，$\sigma_{c,cr} = 1.1f/\lambda_c^2$

防止腹板在局部横向压应力作用下的失稳的有效措施是在板件上翼缘附近设置短加劲肋。

2）腹板局部稳定计算

钢梁腹板在多种应力（σ，τ，σ_c）共同作用下，其受力情况比在单种应力作用下更为复杂，板件的局部稳定性更差。设计时，先根据构造要求布置加劲肋，再验算各区格腹板的平均作用应力是否小于其相应的临界应力，若不满足，重新调整各类加劲肋间距，重新验算，直至满足局部稳定条件。

（1）仅布置横向加劲肋的梁腹板。腹板梁翼缘和两个横向加劲肋之间形成的区格同时承受弯曲正应力 σ、剪应力 τ 和局部横向压应力 σ_c 的作用，如图 9.54 所示。

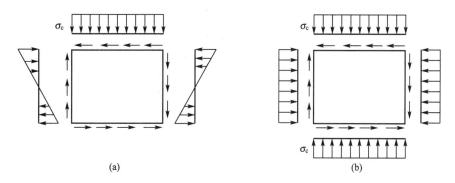

(a)   (b)

图 9.54 多种应力作用下的腹板

此时区格板件的局部稳定按下列公式计算

$$\left(\dfrac{\sigma}{\sigma_{cr}}\right)^2 + \left(\dfrac{\tau}{\tau_{cr}}\right)^2 + \dfrac{\sigma_c}{\sigma_{c,cr}} \leqslant 1$$

式中 σ——所计算腹板区格内，由平均弯矩产生的腹板计算高度边缘的弯曲正应力；

τ——所计算腹板区格内，由平均剪力产生的腹板平均剪应力，$\tau = V/(h_0 t_w)$；

σ_c——腹板计算高度边缘的局部压应力；

σ_{cr}、τ_{cr}、$\sigma_{c,cr}$——分别为各种应力（σ、τ、σ_c）单独作用下腹板区格的临界应力。

（2）同时布置横向加劲肋和纵向加劲肋的梁腹板。此种情况下，纵向加劲肋将腹板分隔成上、下两个区格，即区格Ⅰ和区格Ⅱ，这两区格板的局部稳定性需要分别计算。

① 梁受压翼缘与纵向加劲肋之间的区格Ⅰ的局部稳定性的计算如下。

此区格的受力情况如图 9.54(b)所示，区格板高度为 h_1，该区格板受到纵向压应力 σ、剪应 τ 和局部横向压应力 σ_c 的共同作用，其局部稳定按下列公式验算

$$\dfrac{\sigma}{\sigma_{cr1}} + \left(\dfrac{\tau}{\tau_{cr1}}\right)^2 + \left(\dfrac{\sigma_c}{\sigma_{c,cr1}}\right)^2 \leqslant 1$$

② 受拉翼缘与纵向加劲肋之间的区格Ⅱ的局部稳定性的计算如下。

$$\left(\frac{\sigma_2}{\sigma_{cr2}}\right)^2+\left(\frac{\tau_2}{\tau_{cr2}}\right)^2+\frac{\sigma_{c2}}{\sigma_{c,cr2}}\leqslant 1$$

式中　σ_2——所计算腹板区格内由平均弯矩产生的腹板在纵向加劲肋处的弯曲压应力；

τ_2——由平均剪力产生的平均剪应力；

σ_{c2}——腹板在局部加劲肋处的横向压应力，取 $\sigma_{c2}=0.3\sigma_c$。

③ 在梁受压翼缘与纵向加劲肋之间设有短加劲肋的区格板

4. 腹板加劲肋的设计

在实际工程中，常采用如图 9.55 所示布置加劲肋的方法来防止腹板屈曲。加劲肋分横向加劲肋、纵向加劲肋和短加劲肋，设计时由不同的情况选用不同的布置形式。

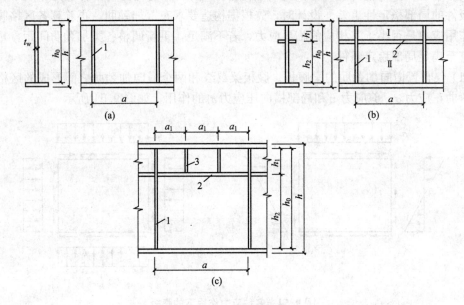

图 9.55　加劲肋布置

1—横向加劲肋；2—纵向加劲肋；3—短加劲肋

1）加劲肋的布置要求

《钢结构设计规范》规定腹板加劲肋的配置应根据梁腹板的高厚比 h_0/t_w 值进行。

（1）当 $h_0/t_w\leqslant 80\sqrt{235/f_y}$ 时，对有局部压应力（$\sigma_c\neq 0$）的梁应按构造设置横向加劲肋；对无局部压应力（$\sigma_c=0$）的梁可不设置加劲肋。

（2）当 $h_0/t_w>80\sqrt{235/f_y}$ 时，应按计算配置横向加劲肋。

（3）当 $h_0/t_w>170\sqrt{235/f_y}$（此时梁受压翼缘受到侧向约束，如有刚性辅板牢固连接等）或者 $h_0/t_w>150\sqrt{235/f_y}$（其他受压翼缘未受到侧向约束情况）或者按计算需要时，应在弯曲应力较大的区格的受压区增加设置纵向加劲肋。局部压应力很大的梁，必要时尚宜在受压区设置短加劲肋。

任何情况下，梁腹板 h_0/t_w 不应超过 $250\sqrt{235/f_y}$。

（4）钢梁支座处和上翼缘受有较大固定集中荷载处宜设支承加劲肋。

2) 加劲肋的截面尺寸及构造要求(图 9.56)

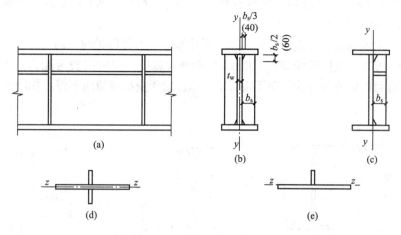

图 9.56 腹板加劲肋的构造

加劲肋按其作用可分为两类：一类是仅分隔腹板以保证腹板局部稳定，称为间隔加劲肋；另一类除了上面的作用外，还起传递固定集中荷载或支座反力的作用，称为支承加劲肋。间隔加劲肋仅按构造条件确定截面，而支承加劲肋截面尺寸尚需满足受力要求。

为使梁的整体受力不致产生人为的侧向偏心，加劲肋最好在腹板两侧成对布置。在条件不容许时，也可单侧配置，但支承加劲肋和重级工作制吊车梁的加劲肋不能单侧布置。

加劲肋作为腹板的侧向支承，自身必须具有一定的刚度，其截面可以采用钢板或型钢。现行《钢结构设计规范》规定，在腹板两侧成对配置的钢板横向加劲肋，其截面尺寸应符合下列要求

外伸宽度　$b_s \geqslant h_0/30+40$　(mm)

厚度　$t_s \geqslant b_s/15$

在腹板一侧配置的钢板横向加劲肋，其外伸宽度应大于按公式算得的 1.2 倍，厚度不应小于其外伸宽度的 1/15。

当同时配置纵、横加劲肋时，在纵、横加劲肋的交叉处，横肋连续，纵肋中断。横向加劲肋不仅是腹板的侧向支承，还作为纵向加劲肋的支座。因而其截面尺寸除符合上述规定外，其截面对 z 轴的惯性矩尚应满足下列要求

$$I_z \geqslant 3h_0 t_w^3$$

纵向加劲肋对 y 轴的截面惯性矩应符合下列要求。

当 $a/h_0 \leqslant 0.85$ 时，$I_y \geqslant 1.5 h_0 t_w^3$；

当 $a/h_0 > 0.85$ 时，$I_y \geqslant \left(2.5-0.45 \dfrac{a}{h_0}\right)\left(\dfrac{a}{h_0}\right)^2 h_0 t_w^3$。

z 轴和 y 轴规定为：当加劲肋在两侧成对配置时，分别为腹板中心的水平向轴线和竖向轴线；当加劲肋在腹板一侧配置时，为与加劲肋相连的腹板边缘的水平向轴线和竖向轴线。

短加劲肋的最小间距为 $0.7h_1$（h_1 为纵肋到腹板受压边缘的距离）。短加劲肋的外伸宽度应取为横向加劲肋外伸宽度的 0.7~1.0 倍，厚度不应小于短加劲肋外伸宽度的 1/15。

用型钢(工字钢、槽钢、肢尖焊于腹板的角钢)做成的加劲肋，其截面惯性矩不得小于相应钢板加劲肋的惯性矩。

为避免焊缝的集中和交叉，焊接梁的横向加劲肋与翼缘连接处应切角，所切斜角宽约 $b_s/3$（但不大于 40mm），高约 $b_s/2$（但不大于 60mm），b_s 为加劲肋的宽度。在纵向加劲肋与横向加劲肋的相交处，纵肋也要切角。

吊车梁横向加劲肋的上端应与上翼缘刨平顶紧，当为焊接梁时，尚宜焊接。中间横向加劲肋的下端一般在距受拉翼缘 50～100mm 处断开，以提高梁的抗疲劳能力。为了增大梁的抗扭刚度，也可以短角钢与加劲肋下端焊牢，但顶紧于受拉翼缘而不焊，如图 9.57 所示。

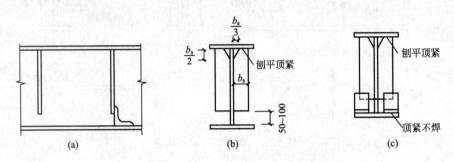

图 9.57　吊车梁横向加劲肋

3）支承加劲肋的计算

在支座处及上翼缘有固定集中荷载处要设支承加劲肋。支座处支承加劲肋如图 9.58 所示的两种构造形式：平板式支座，用于梁支座反力较小的情况；突缘式支座，用于梁支座反力较大的情况。

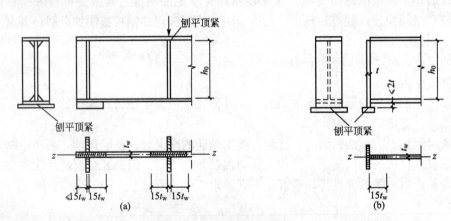

图 9.58　支承加劲肋的构造

（a）平板式支座；（b）突缘式支座

支承加劲肋的截面尺寸除应满足上述构造条件外，还应满足传力要求。

（1）按轴心压杆验算加劲肋在腹板平面外的稳定性，应按下式计算

$$\sigma = \frac{N}{\varphi A} \leq f$$

式中　N——支承加劲肋传递的荷载；

　　　　A——支承加劲肋受压构件的截面面积，它包括加劲肋截面面积和加劲肋每侧各 $15t_w\sqrt{235/f_y}$ 范围内的腹板面积；

φ——轴心受压稳定系数，由 $\lambda = l_0/i_z$ 值可查表求得，其中计算长度 l_0 取腹板计算高度 h_0，i_z 为计算截面绕 z 轴的回转半径。

（2）当支承加劲肋传力较小时，支承加劲肋端部与梁上翼缘可用角焊缝传力，并计算焊缝强度。当传力较大时，支承加劲肋端部应刨平并与梁上翼缘顶紧（焊接梁尚宜焊接），并按下式验算其端面承压应力

$$N/A_{ce} \leqslant f_{ce}$$

式中　A_{ce}——端面承压面积，即支承加劲肋与翼缘接触面净面积；

　　　f_{ce}——钢材的端面承压（刨平顶紧）设计强度。

（3）支承加劲肋与腹板连接的焊缝计算，计算时设焊缝承受全部集中荷载，并假定应力沿焊缝全长均匀分布。

对于突缘支座，必须保证支承加劲肋向下的伸出长度不大于其厚度的两倍。

小　结

　　钢结构与其他结构形式相比具有明显的优势和显著的特点，应用范围相当广泛。
　　钢结构的连接方法主要有焊接、螺栓连接和铆接。焊接和螺栓连接是钢结构的主要连接方法。焊接和螺栓连接均应进行相应的计算，以满足受力要求和构造要求。
　　钢构件有受弯、轴心受力等形式，钢屋架是广泛应用的一种屋盖承重结构。
　　钢梁应满足强度、刚度和稳定性的要求。梁的强度条件包括抗弯强度、抗剪强度和局部承压强度条件，应分别按公式进行验算。梁的刚度条件通过限制挠度进行验算。梁的整体稳定性条件用稳定性系数法进行计算。

习　题

1. 钢结构具有哪些特点？结合实际说明钢结构的应用。

2. 钢结构的连接形式有哪些？各有什么特点？如何进行选用？

3. 确定屋架形式需要考虑哪些因素？常用的钢屋架形式有几种？

4. 钢屋架的上弦杆、下弦杆和腹杆各应采用哪种截面形式？其确定的原则是什么？

5. 长为5m的悬臂梁，梁端下翼缘悬挂一重物 F，梁截面如图9.59所示，材料为Q345钢。要使梁不至于丧失稳定，在不计梁的自重时，F 的最大容许值应是多少？

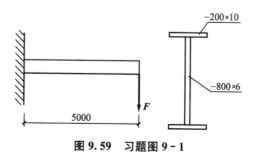

图9.59　习题图9-1

6. 某焊接工字形简支梁，荷载及截面情况如图 9.60 所示。其荷载分项系数为 1.4，材料为 Q235B，$F=300\text{kN}$，集中力位置处设置侧向支承。试验算其强度、整体稳定是否满足要求。

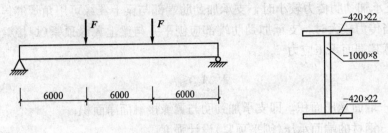

图 9.60　习题图 9-2

参 考 文 献

［1］中华人民共和国住房和城乡建设部. GB 50010—2010. 混凝土结构设计规范［S］. 北京：中国
建筑工业出版社，2010.

［2］沈蒲生. 混凝土结构设计原理［M］. 北京：高等教育出版社，2005.

［3］胡兴福. 建筑力学与结构［M］. 武汉：武汉理工大学出版社，2008.

［4］邹建奇，姜浩，段文峰. 建筑力学［M］. 北京：北京大学出版社，2010.

［5］罗迎社，喻小明. 工程力学［M］. 北京：北京大学出版社，2006.

［6］李乔. 混凝土结构设计原理［M］. 北京：中国铁道出版社，2005.

［7］赵国藩. 高等钢筋混凝土结构学［M］. 北京：机械工业出版社，2005.

［8］唐丽萍，乔志远. 钢结构制造与安装［M］. 北京：机械工业出版社，2008.

北京大学出版社高职高专土建系列规划教材

序号	书名	书号	编著者	定价	出版时间	印次	配套情况	
			基础课程					
1	工程建设法律与制度	978-7-301-14158-8	唐茂华	26.00	2012.7	6	ppt/pdf	
2	建设工程法规	978-7-301-16731-1	高玉兰	30.00	2012.8	10	ppt/pdf/答案	★
3	建筑工程法规实务	978-7-301-19321-1	杨陈慧等	43.00	2012.1	2	ppt/pdf	★
4	建筑法规	978-7-301-19371-6	董伟等	39.00	2012.4	2	ppt/pdf	★
5	AutoCAD 建筑制图教程	978-7-301-14468-8	郭慧	32.00	2012.4	12	ppt/pdf/素材	★
6	AutoCAD 建筑绘图教程	978-7-301-19234-4	唐英敏等	41.00	2011.7	2	ppt/pdf	★
7	建筑 CAD 项目教程（2010 版）	978-7-301-20979-0	郭慧	37.00	2012.7	1	pdf/素材	
8	建筑工程专业英语	978-7-301-15376-5	吴承霞	20.00	2012.4	6	ppt/pdf	★
9	建筑工程制图与识图	978-7-301-15443-4	白丽红	25.00	2012.4	7	ppt/pdf/答案	★
10	建筑制图习题集	978-7-301-15404-5	白丽红	25.00	2012.4	6	pdf	
11	建筑制图	978-7-301-15405-2	高丽荣	21.00	2012.4	6	ppt/pdf	★
12	建筑制图习题集	978-7-301-15586-8	高丽荣	21.00	2012.4	5	pdf	
13	建筑工程制图	978-7-301-12337-9	肖明和	36.00	2011.7	3	ppt/pdf/答案	
14	建筑制图与识图	978-7-301-18806-4	曹雪梅等	24.00	2012.2	3	ppt/pdf	★
15	建筑制图与识图习题册	978-7-301-18652-7	曹雪梅等	30.00	2012.4	3	pdf	
16	建筑构造与识图	978-7-301-14465-7	郑贵超等	45.00	2012.4	10	ppt/pdf	
17	建筑制图与识图	978-7-301-20070-4	李元玲	28.00	2012.2	1	ppt/pdf	★
18	建筑制图与识图习题集	978-7-301-20425-2	李元玲	24.00	2012.3	1	ppt/pdf	★
19	建筑工程应用文写作	978-7-301-18962-7	赵立等	40.00	2012.6	2	ppt/pdf	
20	建筑工程专业英语	978-7-301-20003-2	韩薇等	24.00	2012.1	1	ppt/ pdf	★
21	建设工程法规	978-7-301-20912-7	王先恕	32.00	2012.7	1	ppt/ pdf	
			施工类					
22	建筑工程测量	978-7-301-16727-4	赵景利	30.00	2012.4	6	ppt/pdf /答案	★
23	建筑工程测量	978-7-301-15542-4	张敬伟	30.00	2012.4	8	ppt/pdf /答案	★
24	建筑工程测量	978-7-301-19992-3	潘益民	38.00	2012.2	1	ppt/ pdf	★
25	建筑工程测量实验与实习指导	978-7-301-15548-6	张敬伟	20.00	2012.4	7	pdf/答案	
26	建筑工程测量	978-7-301-13578-5	王金玲等	26.00	2011.8	3	pdf	
27	建筑工程测量实训	978-7-301-19329-7	杨凤华	27.00	2012.4	2	pdf	★
28	建筑工程测量（含实验指导手册）	978-7-301-19364-8	石东等	43.00	2012.6	2	ppt/pdf	★
29	建筑施工技术	978-7-301-12336-2	朱永祥等	38.00	2012.4	7	ppt/pdf	★
30	建筑施工技术	978-7-301-16726-7	叶雯等	44.00	2012.7	4	ppt/pdf/素材	★
31	建筑施工技术	978-7-301-19499-7	董伟等	42.00	2011.9	2	ppt/pdf	★
32	建筑施工技术	978-7-301-19997-8	苏小梅	38.00	2012.1	1	ppt/pdf	★
33	建筑工程施工技术	978-7-301-14464-0	钟汉华等	35.00	2012.1	6	ppt/pdf	★
34	基础工程施工	978-7-301-20917-2	董伟等	35.00	2012.7	1	ppt/pdf	★
35	建筑施工技术实训	978-7-301-14477-0	周晓龙	21.00	2012.4	5	pdf	★
36	房屋建筑构造	978-7-301-19883-4	李少红	26.00	2012.1	1	ppt/pdf	★
37	建筑力学	978-7-301-13584-6	石立安	35.00	2012.2	6	ppt/pdf	★
38	土木工程实用力学	978-7-301-15598-1	马景善	30.00	2012.1	3	pdf/ppt	★
39	土木工程力学	978-7-301-16864-6	吴明军	38.00	2011.11	2	ppt/pdf	★
40	PKPM 软件的应用	978-7-301-15215-7	王娜	27.00	2012.4	4	pdf	★
41	工程地质与土力学	978-7-301-15376-9	杨仲元	40.00	2012.6	1	ppt/pdf	★
42	建筑结构	978-7-301-17086-1	徐锡权	62.00	2011.8	2	ppt/pdf /答案	★
43	建筑结构	978-7-301-19171-2	唐春平等	41.00	2012.6	2	ppt/pdf	★
44	建筑力学与结构	978-7-301-15658-2	吴承霞	40.00	2012.4	9	ppt/pdf	★
45	建筑材料	978-7-301-13576-1	林祖宏	35.00	2012.6	9	ppt/pdf	★
46	建筑材料与检测	978-7-301-16728-1	梅杨等	26.00	2012.4	7	ppt/pdf	★
47	建筑材料检测试验指导	978-7-301-16729-8	王美芬等	18.00	2012.4	4	pdf	
48	建筑材料与检测	978-7-301-19261-0	王辉	35.00	2012.6	2	ppt/pdf	★
49	建筑材料与检测试验指导	978-7-301-20045-8	王辉	20.00	2012.1	1	ppt/pdf	★
50	建设工程监理概论(第 2 版)	978-7-301-20854-0	徐锡权等	43.00	2012.7	1	ppt/pdf /答案	
51	建设工程监理	978-7-301-15017-7	斯庆	26.00	2012.7	5	ppt/pdf /答案	★
52	建设工程监理概论	978-7-301-15518-9	曾庆军等	24.00	2012.1	4	ppt/pdf	
53	工程建设监理案例分析教程	978-7-301-18984-9	刘志麟等	38.00	2011.7	1	ppt/pdf	★
54	地基与基础	978-7-301-14471-8	肖明和	39.00	2012.4	7	ppt/pdf	★
55	地基与基础	978-7-301-16130-2	孙平平等	26.00	2012.1	2	ppt/pdf	

序号	书名	书号	编著者	定价	出版时间	印次	配套情况	
56	建筑工程质量事故分析	978-7-301-16905-6	郑文新	25.00	2012.1	3	ppt/pdf	★
57	建筑工程施工组织设计	978-7-301-18512-4	李源清	26.00	2012.4	3	ppt/pdf	★
58	建筑工程施工组织实训	978-7-301-18961-0	李源清	40.00	2012.1	2	pdf	★
59	建筑施工组织项目式教程	978-7-301-19901-5	杨红玉	44.00	2012.1	1	ppt/pdf	
60	生态建筑材料	978-7-301-19588-2	陈剑峰等	38.00	2011.10	1	ppt/pdf	
61	钢筋混凝土工程施工与组织	978-7-301-19587-1	高 雁	32.00	2012.5	1	ppt / pdf	
	工 程 管 理 类							
62	建筑工程经济	978-7-301-15449-6	杨庆丰等	24.00	2012.7	10	ppt/pdf	★
63	建筑工程经济	978-7-301-20855-7	赵小娥等	32.00	2012.8	1	ppt/pdf	
64	施工企业会计	978-7-301-15614-8	辛艳红等	26.00	2012.2	4	ppt/pdf	★
65	建筑工程项目管理	978-7-301-12335-5	范红岩等	30.00	2012.4	9	ppt/pdf	★
66	建设工程项目管理	978-7-301-16730-4	王 辉	32.00	2012.4	3	ppt/pdf	★
67	建设工程项目管理	978-7-301-19335-8	冯松山等	38.00	2012.8	2	pdf/ppt	
68	建设工程招投标与合同管理	978-7-301-13581-5	宋春岩等	30.00	2012.4	11	ppt/pdf/答案/试题/教案	★
69	工程项目招投标与合同管理	978-7-301-15549-3	李洪军等	30.00	2012.2	5	ppt	★
70	工程项目招投标与合同管理	978-7-301-16732-8	杨庆丰	28.00	2012.4	5	ppt	★
71	建筑工程商务标编制实训	978-7-301-20804-5	钟振宇	35.00	2012.7	1	ppt	★
72	工程招投标与合同管理实务	978-7-301-19035-7	杨甲奇等	48.00	2011.8	2	pdf	★
73	工程招投标与合同管理实务	978-7-301-19290-0	郑文新等	43.00	2012.4	2	pdf	★
74	建设工程招投标与合同管理实务	978-7-301-20404-7	杨云会等	42.00	2012.4	1	ppt/pdf	
75	建筑施工组织与管理	978-7-301-15359-8	翟丽旻等	32.00	2012.7	8	ppt/pdf	★
76	建筑工程安全管理	978-7-301-19455-3	宋 健等	36.00	2011.9	1	ppt/pdf	
77	建筑工程质量与安全管理	978-7-301-16070-1	周连起	35.00	2012.1	3	pdf	
78	工程造价控制	978-7-301-14466-4	斯 庆	26.00	2012.4	7	ppt/pdf	★
79	工程造价管理	978-7-301-20655-3	徐锡权等	33.00	2012.7	1	ppt/pdf	
80	工程造价控制与管理	978-7-301-19366-2	胡新萍等	30.00	2012.1	1	ppt/pdf	★
81	建筑工程造价管理	978-7-301-20360-6	柴 琦等	27.00	2012.3	1	ppt/pdf	
82	建筑工程造价管理	978-7-301-15517-2	李茂英等	24.00	2012.1	4	pdf	
82	建筑工程计量与计价	978-7-301-15406-9	肖明和等	39.00	2012.8	10	ppt/pdf	★
84	建筑工程计量与计价实训	978-7-301-15516-5	肖明和等	20.00	2012.2	5	pdf	
85	建筑工程计量与计价——透过案例学造价	978-7-301-16071-8	张 强	50.00	2012.7	4	ppt/pdf	★
86	安装工程计量与计价	978-7-301-15652-0	冯 钢等	38.00	2012.2	6	ppt/pdf	★
87	安装工程计量与计价实训	978-7-301-19336-5	景巧玲等	36.00	2012.7	2	pdf/素材	★
88	建筑与装饰装修工程工程量清单	978-7-301-17331-2	翟丽旻等	25.00	2012.8	3	pdf/ppt	
89	建筑工程清单编制	978-7-301-19387-7	叶晓容	24.00	2011.8	1	ppt/pdf	★
90	建设项目评估	978-7-301-20068-1	高志云等	32.00	2012.1	1	ppt/pdf	★
91	钢筋工程清单编制	978-7-301-20114-5	贾莲英	36.00	2012.2	1	ppt / pdf	
92	混凝土工程清单编制	978-7-301-20384-2	顾 娟	28.00	2012.5	1	ppt / pdf	
93	建筑装饰工程预算	978-7-301-20567-9	范菊雨	38.00	2012.5	1	pdf/ppt	★
94	建设工程安全监理	978-7-301-20802-1	沈万岳	28.00	2012.7	1	pdf/ppt	
95	建筑力学与结构	978-7-301-20988-2	陈水广	32.00	2012.8	1	pdf/ppt	
	建 筑 装 饰 类							
96	中外建筑史	978-7-301-15606-3	袁新华	30.00	2012.2	6	ppt/pdf	★
97	建筑室内空间历程	978-7-301-19338-9	张伟孝	53.00	2011.8	1	pdf	★
98	室内设计基础	978-7-301-15613-1	李书青	32.00	2011.1	2	pdf	
99	建筑装饰构造	978-7-301-15687-2	赵志文等	27.00	2012.4	4	ppt/pdf	★
100	建筑装饰材料	978-7-301-15136-5	高军林	25.00	2012.4	3	ppt/pdf	
101	建筑装饰施工技术	978-7-301-15439-7	王 军等	30.00	2012.1	4	ppt/pdf	★
102	装饰材料与施工	978-7-301-15677-3	宋志春等	30.00	2010.8	2	ppt/pdf	★
103	设计构成	978-7-301-15504-2	戴碧锋	30.00	2009.7	1	pdf	

序号	书名	书号	编著者	定价	出版时间	印次	配套情况	
104	基础色彩	978-7-301-16072-5	张 军	42.00	2011.9	2	pdf	★
105	建筑素描表现与创意	978-7-301-15541-7	于修国	25.00	2011.1	2	pdf	★
106	3ds Max 室内设计表现方法	978-7-301-17762-4	徐海军	32.00	2010.9	1	pdf	
107	3ds Max2011室内设计案例教程(第2版)	978-7-301-15693-3	伍福军等	39.00	2011.9	1	ppt/pdf	
108	Photoshop 效果图后期制作	978-7-301-16073-2	脱忠伟等	52.00	2011.1	1	素材/pdf	★
109	建筑表现技法	978-7-301-19216-0	张 峰	32.00	2011.7	1	ppt/pdf	
110	建筑速写	978-7-301-20441-2	张 峰	30.00	2012.4	1	pdf	★
111	建筑装饰设计	978-7-301-20022-3	杨丽君	36.00	2012.2	1	ppt	
112	装饰施工读图与识图	978-7-301-19991-6	杨丽君	33.00	2012.5	1	ppt	
113	建筑装饰CAD项目教程	978-7-301-20950-9	郭 慧	32.00	2012.7	1	ppt/素材	
114	居住区景观设计	978-7-301-20587-7	张群成	47.00	2012.5	1	ppt	★
115	居住区规划设计	978-7-301-21013-4	张 燕	48.00	2012.8	1	ppt	★
	房 地 产 与 物 业 类							
116	房地产开发与经营	978-7-301-14467-1	张建中等	30.00	2012.7	5	ppt/pdf	★
117	房地产估价	978-7-301-15817-3	黄 晔等	30.00	2011.8	3	ppt/pdf	★
118	房地产估价理论与实务	978-7-301-19327-3	褚菁晶	35.00	2011.8	1	ppt/pdf	
119	物业管理理论与实务	978-7-301-19354-9	裴艳慧	52.00	2011.9	1	pdf	★
	市 政 路 桥 类							
120	市政工程计量与计价（第2版）	978-7-301-20564-8	郭良娟等	42.00	2012.7	1	Pdf/ppt	
121	市政桥梁工程	978-7-301-16688-8	刘 江等	42.00	2010.7	1	ppt/pdf	
122	路基路面工程	978-7-301-19299-3	偶昌宝等	34.00	2011.8	1	ppt/pdf/素材	
123	道路工程技术	978-7-301-19363-1	刘 雨等	33.00	2011.12	1	ppt/pdf	
124	建筑给水排水工程	978-7-301-20047-6	叶巧云	38.00	2012.2	1	ppt/pdf	
125	市政工程测量（含技能训练手册）	978-7-301-20474-0	刘宗波等	41.00	2012.5	1	ppt/pdf	
	建 筑 设 备 类							
126	建筑设备基础知识与识图	978-7-301-16716-8	靳慧征	34.00	2012.4	7	ppt/pdf	★
127	建筑设备识图与施工工艺	978-7-301-19377-8	周业梅	38.00	2011.8	1	ppt/pdf	★
128	建筑施工机械	978-7-301-19365-5	吴志强	30.00	2011.10	1	pdf/ppt	★

请登录 www.pup6.cn 免费下载本系列教材的电子书(PDF 版)、电子课件和相关教学资源。
欢迎免费索取样书，并欢迎到北京大学出版社来出版您的大作，可在 www.pup6.cn 在线申请样书和进行选题登记，也可下载相关表格填写后发到我们的邮箱，我们将及时与您取得联系并做好全方位的服务。
联系方式：010-62750667，yangxinglu@126.com，linzhangbo@126.com，欢迎来电来信咨询。